计算机简史

[英]马丁·坎贝尔-凯利 [美]威廉·阿斯普雷 著 蒋楠 译
[美]内森·恩斯门格 [美]杰弗里·约斯特 余晟 审校

第三版

COMPUTER:
A History of the
Information Machine

人民邮电出版社
北京

图书在版编目（CIP）数据

计算机简史：第三版 /（英）马丁·坎贝尔-凯利
等著；蒋楠译. -- 北京：人民邮电出版社，2020.4（2024.6重印）
（图灵新知）
ISBN 978-7-115-53513-9

Ⅰ.①计… Ⅱ.①马… ②蒋… Ⅲ.①电子计算机 –
技术史 – 世界 – 普及读物 Ⅳ.①TP3-091

中国版本图书馆CIP数据核字(2020)第036841号

内 容 提 要

这是一部计算机史的权威之作，追溯了计算机的史前史、发明、软硬件的创新、应用领域的扩展以及个人计算机和因特网的兴起。本书第三版增加了对软件和因特网的分析，涉及编程、社交网络、移动终端等诸多新话题。本书还探讨了谷歌、Facebook等行业巨擘的崛起与发展，讨论了强大的应用程序如何改变了人们的工作、消费、学习和社交方式。计算机与现代世界的"无缝"连接，令整个行业成为新时代关注的焦点。这是对计算机发展历程的深入探讨，也是对技术革新的慧眼观察。

本书面向信息技术和计算机技术从业者、计算机史以及相关课程的教师和学生，也适合对计算机史感兴趣的普通读者阅读。

◆ 著　　　　[英] 马丁·坎贝尔-凯利
　　　　　　[美] 威廉·阿斯普雷
　　　　　　[美] 内森·恩斯门格
　　　　　　[美] 杰弗里·约斯特
　　译　　　蒋　楠
　　审　校　余　晟
　　责任编辑　戴　童
　　责任印制　周昇亮

◆ 人民邮电出版社出版发行　　北京市丰台区成寿寺路11号
　　邮编　100164　电子邮件　315@ptpress.com.cn
　　网址　https://www.ptpress.com.cn
　　北京天宇星印刷厂印刷

◆ 开本：720×960　1/16　　　　插页：12
　　印张：23.75　　　　　　　　2020年4月第1版
　　字数：366千字　　　　　　　2024年6月北京第13次印刷
　　著作权合同登记号　图字：01-2020-0627号

定价：99.00元
读者服务热线：(010)84084456-6009　印装质量热线：(010)81055316
反盗版热线：(010)81055315
广告经营许可证：京东市监广登字20170147号

推荐序

我始终认为，有一些课程应在计算机专业本科认真教授，却很遗憾没有做好，比如软件工程，再如今天我要说的计算机简史。

如今，但凡学习一个新领域的知识，多半要从了解其历史开始。对我们普通人来说，只有知道了起源和由来，知道了"背后的故事"，理解起来才更加容易。但是回忆我们对计算机的学习，似乎全然不是这样。计算机似乎是从石头缝里蹦出来的，"正经"的教育是直接从二进制开始的，因为计算机"就是"这样工作的。我们很多人也听说过艾伦·图灵、约翰·冯·诺伊曼、ENIAC、分析机等名词，但羞愧的是，在很长的时间里，我都只有一些模糊的印象，也不知道它们之间的联系到底如何。总之，学习计算机科学似乎不需要了解历史，身后无足轻重，前方充满未知。

但是，事实真的如此吗？

软件行业流传着一幅漫画：开发软件就像制造小轿车，不是一开始就有设计图，也不是将轮子、车身、车门、发动机按部就班安装上去就可以的，而是大概先出现独轮车，接着出现自行车，然后是滑板车，之后是三轮自行车，继而是两轮摩托车……如此反复迭代，最后才得到成型的小轿车。这幅漫画讽刺的是开发新系统时"想当然"的做法，反映的是真实的探索过程。

其实，不只开发新系统是这样，计算机本身的发展也是这样。只有了解计算机发展的曲折过程，才能把各种关于计算机的知识归纳为有机的统一体；只有找到它们之间千丝万缕的联系，才能立体地了解这个行业。不信的话，且让我举几个例子。

第一个例子是差分机。

19世纪30年代，英国工程师查尔斯·巴贝奇发明了差分机，用来计算数学用表，这样，只要查表就能完成复杂的计算。差分机获得了广泛的赞誉，但巴贝奇不满足，他希望机器不应当只用来计算数，还应当有更广泛的用途。于是，他把自己的余生都投入到了分析机的制造当中。巴贝奇设计的分析机有三大突破：第一，它应当可以解决各种问题而不局限于计算；第二，它应当有一般性办法来描述解决问题的过程；第三，它的计算和存储是分离的。

如今我们看到，第一点正是后来图灵的突破性贡献，所谓"通用机"，其"通用"正在于此；第二点中的"一般性办法"，就是如今大家熟悉的编程；第三点极具前瞻性，如今大家熟知的冯·诺伊曼体系结构里，计算器、控制器、存储器、输入输出就是互相分离的部分。有意思的是，冯·诺伊曼在设计时深受生物学的影响，所以计算机的"内存"才叫 memory，与生物体的"记忆"是同一个单词。

可是，从巴贝奇设计分析机到哈佛大学和 IBM 实现真正意义上的通用计算机，中间还有一百多年，为什么这么久呢？因为巴贝奇当时完全以齿轮、条杆的机械方式制造分析机，而分析机的制造工艺远远超出了当时的机械加工水平。一份设计当然可以很巧妙，但如果它超前于当时的技术实现，就多半只能遗憾地停留在蓝图上。这个道理不只适用于巴贝奇，在今天的软件开发中仍然成立。

而且，因为分析机不成功，所以后人干脆停止了对这种"通用机"的探索，转而采用模拟方式解决问题。比如有重大现实意义的潮汐计算，不是通过数学和物理公式来完成的，而是经由一系列线缆、滑轮、传动轴、齿轮，从物理上微观模拟海上的重力变化，再绘制出水位的变化。对今天的科研人员来说，这大概有点荒谬，但在当时，这办法的确解决了问题。这个故事再一次告诉我们，科学从来也不是直线前进的。

第二个例子是实时系统。

今天大家都习惯于计算机的"实时"反馈，点击马上就得到反应，运行就可以看到结果。但是在计算机诞生后的很长时间里，它只要能足够快地计算预先设定的任务，正确给出结果即可。"实时"这种奢侈的特性，在其强烈的需求诞生之前，是不会有资源去实现的。

"实时"的第一个强烈需求，来自美国海军的飞行模拟器。随着军用飞机速度的不断提升，机型的不断增加，用真机培训飞行员的传统做法已经日益过时，海军必须有成本足够低、效率足够高、效果足够好的办法来批量培训合格飞行员，这种办法就是利用飞行模拟器。飞行模拟器要真正起作用，就必须实时对飞行员的操作给出反馈，传统的机械结构对此已经无能为力。

1945 年，通过一个偶然的机会，负责研制飞行模拟器的麻省理工学院伺服机构实验室助理主管杰伊·福里斯特知道了数字计算机。他迅速意识到，相比用传统的圆盘、齿轮、电阻来模拟飞机的状态，数字计算机有着无与伦比的优势，于是他力排众议改变项目计划，以数字计算机为基础研制飞行模拟器。

这种方案在理论上可行，但在实现上还有困难，因为当时的计算机采用水银延迟线存储，计算速度每秒不到一万次，而飞行模拟器要求运算速度至少达到每秒十万次。关键时刻，福里斯特又做了一个重大决策，斥巨资投入当时前景尚不明朗的静电存储管。结果到后来，飞行模拟器反而成了次要目标，配备静电存储管、性能强悍的"旋风"计算机才是最终结果。尽管美国海军对这一结果并不满意，但有价值的新技术总会在意想不到的领域找到落脚点。

1949 年，苏联第一颗原子弹爆炸。美国空军发现，如果要构建安全有效的防空网，就必须有足够强的计算能力把各方面信息综合起来，并统一调度截击机、高射炮以及后来的防空导弹。又是一个偶然的机会，美国防空系统工程委员会的主要委员瓦利教授知道了海军正在研制"旋风"计算机，于是空军接力提供后续的资金，同时，技术制造工作也从麻省理工逐渐转向 IBM。最终诞生的"半自动地面防空系统"（SAGE），其价值虽然因为洲际导弹的出现大打折扣，却催生了包含软件、硬件、通信在内的一整套生态系统，无数的民间承包商从中获得了宝贵的机会，最终在信息技术领域大展拳脚。

在 SAGE 开发中获得了足够多宝贵经验的 IBM 迅速发现，民用航空市场对实时计算的需求极其旺盛。当时民用航空市场正呈现井喷式增长，但订票服务仍然保持着相对原始的方式，许多人为了保险起见，不得不一次订两张票，起飞前再退掉一张，这反而加重了订票系统的压力。依靠 SAGE 的经验，IBM 斥巨资开发了 SABRE 系统，并于 1964 年首次投入使用。第二年，航空公司就因为客座率提高、客户服务的提升收回了成本。

从此，实时计算开始蔓延开来，在信用卡等新的领域大显神威，结果才有了今天我们"想当然"的实时服务。

第三个例子来自 IBM。

如今许多人提到 IBM，想到的是"蓝色巨人"，想到的是它在历史上制造的各种大型机。但是，IT 行业的成功从来不单纯是技术成功，IBM 显然深谙此道。

计算机的流行，很大程度上得益于它成了通用的"办公机器"。而真正大规模生产办公机器的历史并不长，19 世纪出现的打字机堪称最早的办公机器。在打字机刚诞生的日子里，市场上充斥着大大小小、各种品牌的打字机。最终胜出的美国雷明顿打字机公司，并没有依靠独树一帜的产品质量，而是通过探索，准确把握了三大法则：第一，要有完善的产品，而且价格能让客户负担得起；第二，要有专门的销售机构负责销售，在各地设立销售代表的做法一开始颇受排斥，雷明顿公司不得不依靠一己之力，在欧洲各大城市设立办事处；第三，要有专门的培训机构，保证足够多的用户使用自己的产品，据统计，1900 年美国已经有 8.6 万名女打字员，而 1880 年只有 2000 名，数量庞大的女打字员带来的惯性力量不容小觑，对雷明顿公司的市场地位是非常好的保障。

雷明顿公司探索出的这三点玩法，被计算机行业的公司完整地继承了下来。今天我们带着这种视角去看 IBM 就会知道，IBM 的成功不单纯是技术的成功：在 IBM 如日中天的岁月里，谁也没法忽略 IBM 庞大的销售团队；而 IBM PC 的市场份额之所以远高于 Mac，关键因素之一正是赢得了广大开发者的支持。

遗憾的是，虽然我在这个行业工作了十多年，但所有这些精彩的故事、巧妙奇特的联系，都要等到如今读《计算机简史（第三版）》才算懂得。到今天，我们的计算机教育在谈起历史的时候，仍然只强调技术的贡献，于是在许多人印象里，计算机的世界就是"技术决定一切"。到他们工作之后，"技术至上"的思维惯性仍然存在，"技术至上"的傲慢不经意间就会流露出来。

然而纵观计算机的历史，成功永远是充满了机缘巧合的复杂过程，是多种因素角力的结果，也是对多种考虑综合的权衡，技术从来不是唯一的决定性因素。也就是说，要想成功，单凭技术好是不行的，还必须尊重其他力量和客观规律——我经常在想，如果我们能早早在学校里就明白这样的道理，那该有多好？

好在，现在补课，也不算晚。

余晟

2019 年 9 月

译者序

知名科幻小说《三体》用很大篇幅描述了一款名为"三体"的游戏，游戏中的"人列计算机"想必令不少人印象深刻：

秦始皇挥手召来了三名士兵，他们都很年轻，与秦国的其他士兵一样，一举一动像听从命令的机器。

"我不知道你们的名字，"冯·诺伊曼拍拍前两个士兵的肩，"你们两个负责信号输入，就叫'入1''入2'吧。"他又指指最后一名士兵，"你，负责信号输出。就叫'出'吧。"他伸手拨动三名士兵，"这样，站成一个三角形，出是顶端，入1和入2是底边。"

牛顿不知从什么地方掏出六面小旗，三白三黑，冯·诺伊曼接过来分给3名士兵，每人一白一黑，说："白色代表0，黑色代表1。好，现在听我说，出，你转身看着入1和入2，如果他们都举黑旗，你就举黑旗，其他的情况你都举白旗，这种情况有三种：入1白，入2黑；入1黑，入2白；入1、入2都是白。"

稍有电路知识的读者都已看出，3名士兵构成了执行"与"运算的基本逻辑门电路——与门。尽管将人类用作"人列计算机"部件的效率过低，但这个独出心裁的创意仍然令不少人叫绝。

实际上，"computer"一词最初并非指"计算机"，而是指"执行计算的人"或"计算员"。

1949年，《巨脑：可以思考的机器》(*Giant Brains, or Machines That Think*)一书出版。这部作品兼具权威性与通俗性，是计算机科学家埃德蒙·伯克利的得意之作。毕业于美国哈佛大学的伯克利曾参与"哈佛马克一号"的开发工作，进而萌生了撰写该书的想法。"哈佛马克一号"是IBM研制的第一种通用机电式计算机，其设计者霍华德·艾肯在计算机发展史上占有重要地位。当然，艾肯将这台计算机的发明完全归功于自己同样令 IBM 气愤不已。

伯克利是美国计算机协会的创始人，有"计算机界诺贝尔奖"之称的图灵奖即由该协会设立并颁发。他在《巨脑》中描述了一种名为"西蒙"的计算机，这种计算机可以演示数字运算的概念。第二年，伯克利进一步细化了"西蒙"的实现方法，并在美国哥伦比亚大学完成首台样机的制造。"西蒙"颇具前瞻性，某些资料甚至称其为第一款"个人计算机"——尽管真正意义上的个人计算机始于 20 世纪六七十年代。

《巨脑》是第一部介绍计算机的科普作品，以浅显易懂的语言描述了"机械大脑"的概念。直到今天，这部 70 年前的作品读来依然饶有兴味。

1969 年 7 月 20 日，"阿波罗 11 号"飞船将尼尔·阿姆斯特朗与巴兹·奥尔德林送上月球。在人类首次登月任务乃至整个"阿波罗计划"中，阿波罗导航计算机功不可没。20 世纪 60 年代的数字计算机可靠性不高且体积庞大，即便是"微型"计算机也有电话亭大小。如何研制适合阿波罗指令舱和登月舱使用的计算机，并保证其正常运行，想必令当年的工程师和程序员绞尽脑汁。

在 2019 年 7 月的一篇文章中，《华尔街日报》将人类登月称为"计算机的胜利"，这种评价并不过分。相对于 Facebook 的 6200 万行代码，"阿波罗计划"只有 14.5 万行代码，人们也很难想象两位宇航员如何依靠内存仅为 36 KB 的阿波罗导航计算机在月球静海着陆。2016 年开源的部分"阿波罗 11 号"代码令许多人兴趣盎然，但对这种重约 32 千克的"小型"计算机而言，工程方面的成就或许比内存大小与处理能力更重要：航天飞机通常会安装 5 台冗余计算机作为备份，而"阿波罗"飞船仅有一台，却保证了整个任务顺利进行。

1969 年 7 月 16 日，美国肯尼迪航天中心附近的海滩和公路人满为患。近百万人在现场观看"阿波罗 11 号"升空，超过 30 个国家进行直播。当巨大的"土星 5 号"火箭搭载"阿波罗 11 号"直冲云霄时，想必已在目睹飞船升空的孩子们心中播下"星辰大海"的种子。

就在登月舱到达月球表面前几分钟，那个著名的"1202 警报"突然响起。感到紧张的并非只有阿姆斯特朗，负责飞控软件编写的玛格丽特·汉密尔顿同样血压飙升。但汉密尔顿设计的系统顶住所有压力,落月过程得以继续进行。这位堪称"史上最美"的"程序媛"代表了参与"阿波罗计划"的 30 万名技术人员,他们的共同努力令阿姆斯特朗最终得以跨出"人类的一大步"。

2009 年发布的《我的世界》(*Minecraft*)是一款知名的沙盒游戏,富有想象力的用户很快开始在这个拥有超高自由度的开放世界中搭建计算机。首台"红石"计算机在游戏发布后第二年问世,越来越多的爱好者也投身于"红石"计算机的设计并乐在其中:备受好评的 RSC-3230 拥有完备的 CPU 和内存,处理能力达到惊人的 32 位,甚至还能运行"贪食蛇"等小游戏。

"红石"计算机采用哈佛体系结构(名称源于上文提到的"哈佛马克一号")或冯·诺伊曼体系结构,二者也是现实世界中的计算机执行模型。关于"红石"计算机的讨论比比皆是,不少用户的作品令人叹为观止。尽管这种计算机的运算速度极慢(完成一次计算需要几秒钟),实际用途近乎为零,但对《我的世界》的用户而言,创造本身就是最大的意义。

从某种程度上说,"红石"计算机与"人列计算机"有异曲同工之妙。无论是在现实生活还是虚拟世界中,计算机都是人类最伟大的发明之一。

《计算机简史(第三版)》是计算机史的权威之作,西方多所高校将其作为了解计算机史的补充读本。本书不涉及技术细节,而是以流畅的文笔将计算机史娓娓道来。这部兼具权威性与可读性的作品既是对计算机发展历程的深入探讨,也是对技术革新的慧眼观察。

本书第一作者马丁·坎贝尔-凯利是英国华威大学荣休教授,也是著作等身的计算机史专家。从某种程度上说,坎贝尔-凯利之于计算机史学界,如同高德纳之于计算机科学界。当我邀请这位年过七旬的长者为中译本作序时,坎贝尔-凯利教授欣然应允。他在中文版序中表示,尽管本书依赖于以英语为主的研究资料,但随着中国学术研究的迅速发展,下一版很可能会采纳更多的中文史料。

非常感谢北京图灵文化发展有限公司的戴童和赵晓蕊,中译本的付梓与两位编辑的辛勤工作密不可分。作为国内最优秀的出版机构之一,图灵团队的策划选题与质量把控能力在业界有口皆碑。

为保证中译本质量，余晟老师受邀审读了全部书稿，并提出许多很好的建议。余老师在推荐序中表示，"纵观计算机的历史，成功永远是充满了机缘巧合的复杂过程，是多种因素角力的结果，也是对多种考虑综合的权衡，技术从来不是唯一的决定性因素"。对此我深以为然。技术无疑是推动人类发展的动力，但正如知名科幻作家刘慈欣所言，当生命意识到宇宙奥秘的存在时，距它最终揭开这个奥秘只有一步之遥；或者说，从原始人抬头仰望星空的那一刻开始，人类探索"星辰大海"的征途已无可逆转。

《计算机简史（第三版）》涉猎广泛，翻译这样一部作品并非易事。作为电子与计算机工程专业出身的我，力求将这部优秀的计算机科普著作以最佳面貌呈现给读者，但毕竟水平有限，疏漏之处在所难免。也恳请读者不吝赐教，提出宝贵的意见和建议。译者的联系方式：milesjiang314@gmail.com。

蒋楠

2019 年 9 月

中文版序

作为《计算机简史（第三版）》的作者，我们很荣幸看到中译本付梓。初看之下，本书似乎是一部以西方视角探讨计算史的著作。但我们不希望给读者留下这种印象，我们试图从经济地理学的角度来论述信息技术的发展与应用。

当阿斯普雷和我在 20 世纪 90 年代初撰写本书第一版时，我们注意到，之前的部分计算史著作将电子计算机描绘为几千年来计算技术发展轨迹的最高成就——一般认为，这段历史始于早期的数字系统和算盘。这条轨迹无疑是我们的研究方向之一，但对它的深入探索往往掩盖了计算技术的其他根源。在本书写作过程中，大规模计算的主要用途不再是数学计算，而是企业与政府组织内部的行政数据处理；计算机与电信技术的集成也日益受到人们的重视。

第 1 章旨在强化这种多面性。我们从 19 世纪查尔斯·巴贝奇等人发明的计算装置与数学用表入手，以简短而适当的方式探讨数学计算。本书通过描述英国维多利亚时代的电报管理机构对电信技术给予了肯定，也认为赫尔曼·何乐礼发明的人口普查机在 19 世纪的数据处理机械化中扮演了极其重要的角色。这些范例勾勒出信息社会的雏形，它们都是西方（以美国和欧洲为主）的发展成果，与当今的信息社会直接相关。这并非意味着其他国家没有做出贡献，但其影响力要小得多，对西方而言尤其如此。

及至 20 世纪 30 年代中期，计算机时代已经来临。与 20 世纪的众多创新一样，一些同步发展成果预示了电子计算机的诞生。为保持叙述的连贯性和可读性，避免面面俱到，我们选取了两个范例，这就是英国的巴贝奇分析机与美国的"哈佛马克一号"。美英两国也有类似的发展成果（其他国家同样如此），但我们选择这两项最著名的成果加以研究。

现代电子计算机（即所谓的存储程序计算机）居于我们叙事的核心地位。

毫无疑问，电子计算机是美国的发展成果，源于第二次世界大战的迫切需求与科学战争的艰难尝试。约翰·冯·诺伊曼等人发明的存储程序计算机自成一格，人、地点、需求以及资源交织在一起，奠定了信息丰富、互联互通的现代社会的基础。

1950 年至 1980 年堪称大型机时代——彼时，大型计算机安装在配有空调的实验室和数据处理中心。计算技术的普及既是科技成果，也是制造业的重大成就。20 世纪 50 年代初，计算机具备了商业开发的成熟条件；尽管风险投资行业尚未出现，这一机遇仍然吸引参与者纷至沓来。虽然美国开始主导计算机行业，但美国绝非一家独大。欧洲尤其活跃，英国、荷兰、法国、德国以及意大利都有许多商业计算机开发项目。我们知道，变化也发生在"铁幕"之后，但英语国家尚未接触到详尽的历史记述。

计算机开发变得异常昂贵。在 20 世纪 60 年代的商业环境中，最成功的企业拥有最大、最繁荣的市场，因而能通过高销量来分摊开发成本。美国坐拥最庞大和最富有的市场，凭借其国内销售进入国际计算机行业。IBM 在美国国内和国际上都占有重要地位。"蓝色巨人"之所以能取得成功，不仅得益于技术，也归功于解决问题的理念。IBM 后来推出的 System/360 "兼容"计算机在一定程度上解决了用户在升级计算机时遇到的重编程问题，"蓝色巨人"作为全球领先供应商的地位得以巩固。而欧洲国家相对较小，市场规模也不大，它们面临着所谓的"美国挑战"。欧洲的计算机企业挣扎了二三十年，几乎没有实现真正的盈利；大部分公司不是淡出人们的视线，就是被海外巨头收归旗下——这些巨头通常是美国企业，或 20 世纪 80 年代中期的日本公司。

事实证明，软件堪称计算技术的一大挑战，程序正确运行的难度几乎完全出乎开发者的预料。软件问题既可以通过经济手段解决，也可以通过技术手段解决，而软件业是经济解决方案的表现形式。专业化使公司掌握的软件开发技术达到普通用户难以企及的程度。公司可以将软件"打包"并销售给多个用户，从而通过高销量收回开发成本。软件业的出现是信息技术产业国际化进程的重要发展。与海外竞争对手相比，本土软件开发商更了解客户需求、会计与税务惯例。到 20 世纪 70 年代中期，几乎所有使用计算机的国家都已建立起各自的软件业。尽管缺乏可靠的统计数据，但彼时全世界已有成千上万家软件公司。

20 世纪 60 年代，诞生于美国的微电子学改变了计算机和生产基地。日本、韩国、中国等非西方国家大举投资"晶圆代工厂"，以极低的成本生产芯片。这些芯片不仅奠定了大型机与个人计算机的基础，也是电子计算器、数字手表、电子游戏机、手机等许多电子产品的核心所在。这些产品（以及控制产品运行的软件）来自东西方的许多国家；比如联想、华为、台积电等企业都是全世界首屈一指的制造商。及至 1990 年，信息技术已成为没有国界的全球性产业。

尽管《计算机简史（第三版）》是对前一版的重大修订，但本书在很大程度上仍然依赖于英语历史研究。据我们所知，中国大陆、台湾与香港地区的学术研究发展迅速，这些研究有助于本书在今后再版时更好地展现全球计算机行业的发展。

本书最后一章侧重探讨因特网。从 20 世纪 90 年代中期开始，因特网借力万维网迅速发展。在 1996 年首次出版时，本书最后一章探讨了因特网的起源。即便在当时，我们也清楚地认识到信息技术即将发生根本性转变。然而，彼时没有人能够想象之后 20 年出现的结构性变化。正如《计算机简史（第三版）》所言，今天的因特网几乎影响了发达国家民众生活的方方面面。如今，鲜有商业活动或家庭活动不受因特网的影响，而且这种影响往往意义深远。健康、教育、娱乐、政治……这份清单似乎永无止境。因特网在很大程度上是美国的发明创造，谷歌、Facebook、eBay 等美国企业得益于先发优势并称雄全球市场。但美国企业并非一枝独秀，中国的百度、腾讯与阿里巴巴便是明证。《计算机简史（第三版）》论述了因特网的起源，而它的未来发展激动人心，远远超出历史学家的研究范畴。

马丁·坎贝尔－凯利

2019 年 4 月

第三版前言

自 2004 年本书第二版面世以来，计算技术的发展日新月异。逐渐成熟的因特网便是明证，它已深度融入发达国家大部分人的生活中。尽管计算技术在 20 世纪末广为普及，但直到进入 21 世纪，它才真正变得无所不在——电子商务、以智能手机和平板计算机为代表的消费类计算技术以及社交网络是这种转变背后的推手。

有关计算史的研究也日趋成熟，成为一项学术事业。当本书第一版于 1996 年付梓时，计算史刚开始引起学界的注意，相关研究往往带有很强的技术色彩。自此之后，众多持不同观点的学者开始涉足这一领域。如今，在科学、技术或商业史的会议中，已很难将探讨计算技术发展与影响的议题排除在外。简言之，计算技术的用户体验与商业应用已成为许多历史话语的核心。为了在叙述中运用这些新的观点，我们邀请内森·恩斯门格与杰弗里·约斯特参与第三版的写作，两位学者都是后起之秀。

与所有作品的新版本一样，《计算机简史（第三版）》的正文经过谨慎修订，以反映不断变化的观点；我们还更新了参考文献，力图将越来越多的计算史文献纳入其中。此外，第三版增加了若干重要的新材料。在着重探讨计算机时代之前的第 3 章中，我们加入了有关艾伦·图灵的内容。2012 年是图灵诞辰一百周年，在不少人看来，图灵既是同性恋的代表，也是计算机的真正发明者。不过我们认为，虽然图灵确曾深刻影响了理论计算机科学的发展，但他对计算机发明的影响有所夸大，本书将尝试给出审慎的评估。第 6 章（大型机成熟）缩减了计算机行业的相关内容，以留出篇幅讨论计算技术在政府机构和企业组织中的传播以及计算机专业的发展。在第 7 章（实时计算）中，我们通过一系列新文献来论述在线消费类银行业务的发展。由于探讨软件行业、半导体行业、因特网诞生之前的网络体系以及计算机制造等方面的文献越来越多，因此第 8、9、10、11 章补充了大量新材料。

论述因特网发展的第 12 章无疑是变化最大的一章。我们对这一章加以扩展，将内容分为因特网诞生与万维网及其影响两部分。第二部分加入了电子商务、移动与消费类计算技术、社交网络、因特网政治等方面的新材料。20 世纪 90 年代初，当我们撰写本书第一版时，网络尚处于萌芽之中；如今，它的普及程度已远远超出我们的想象。

通过这些修订，我们期待《计算机简史（第三版）》能在今后几年中继续作为一部兼具权威性与通俗性的计算史作品。

致谢

技术在过去一个世纪中彻底改变了西方社会，斯隆基金会认为让公众了解技术的发展至关重要，本书即源自这一理念。1991 年秋，斯隆基金会的阿瑟·辛格邀请我们（阿斯普雷和坎贝尔－凯利）撰写一部关于计算机发展的通俗史——这是个令人生畏但又难以抗拒的机会。如果没有斯隆基金会所给予的邀请、鼓励、慷慨资助和尊重，本书实难付梓。

许多学界同仁对《计算机简史》的三个版本均提出了建议，或审读了书稿的部分内容，作者对此表示感谢。他们是乔恩·阿加、肯尼思·比彻姆、乔纳森·鲍恩、I. 伯纳德·科恩、约翰·福韦尔、杰克·豪利特、托马斯·米萨、阿瑟·诺伯格、朱迪·奥尼尔、埃默森·皮尤以及史蒂文·拉斯。我们还要感谢众多档案管理员，他们协助作者找到了合适的插图与其他史料：布鲁斯·布吕默和凯文·科比特（曾就职于巴贝奇研究所）、阿尔维德·内尔森（巴贝奇研究所）、戴比·道格拉斯（麻省理工学院博物馆）、保罗·拉塞维茨（IBM 公司档案馆）、亨利·洛伍德（斯坦福大学）、埃里克·拉乌（哈格利图书馆）、达格·斯派塞（计算机历史博物馆）以及埃丽卡·莫斯纳（普林斯顿高等研究院）。在本书第一版的写作过程中，Basic Books 的苏珊·拉宾纳亲自指导作者如何面向普通读者写作。Westview Press 的编辑团队提供了始终如一的支持，他们给予作者智慧与鼓励：霍利·霍德、莉萨·提曼、普丽西拉·麦盖恩、卡罗琳·索布查克以及克里斯蒂娜·阿登。尽管得到多方面的帮助，作者仍然对本书内容负有全部责任。

马丁·坎贝尔－凯利

威廉·阿斯普雷

内森·恩斯门格

杰弗里·约斯特

目录

引言

　　1983 年 1 月，"个人计算机"获评《时代》周刊"年度风云人物"。自此之后，公众对计算机的兴趣日渐增长。然而，那一年并非计算机时代的发端，计算机也不是第一次登上《时代》的封面。33 年前的 1950 年 1 月，《时代》刊发了一篇美国哈佛大学为美国海军建造计算机的专题报道。为吸引读者的注意力，杂志选取计算机头戴海军上校军帽的拟人化图片作为封面。再前推 60 年，1890 年 8 月，广受欢迎的美国杂志《科学美国人》采用蒙太奇手法，在封面上展示了用于处理美国人口普查数据的新型打孔卡制表系统。不难看出，计算机的历史悠久而丰富，本书所阐述的正是这段历史。

　　20 世纪 70 年代，当学者们开始研究计算史时，一种独一无二的大型计算机吸引了他们的注意力。如今，这种 25 年前开发的计算机有时也称为"恐龙"，无论从哪个角度衡量，它都具备现代计算机的特征：它是第一种易于编程的计算系统，也是第一种能高速运行的电子设备。这种计算机主要服务于科学和军事领域，完全为数字运算而研制。为探寻这种计算机的史前史，历史学家勾画出一系列台式计算设备，它们源自哲学家布莱兹·帕斯卡和戈特弗里德·莱布尼茨在 17 世纪所制造的模型，最终于 19 世纪后期催生出台式计算器行业。历史学家的研究指出，模拟计算机与机电计算机在两次世界大战期间相继出现，它们取代了台式计算器，应用于特殊的科学和工程领域。第二次世界大战期间，对提高计算机运算速度的渴求直接催生出现代计算机。

　　上述解释大体正确，但并不完整。如今，研究科学家与核武器设计人员仍在广泛使用计算机，而组织机构中的绝大多数计算机另作他用，文字处理与业务记录存储便是一例。为探求这种变化的原因，我们必须从更广阔的角度入手，审视计算机作为信息设备的历史。

这段历史始于 19 世纪初。西方国家因工业革命而出现的人口增长与城市化进程，推动企业和政府的规模不断扩大，信息收集、处理与通信的需求也随之增加。政府在人口统计方面力有未逮，电报公司难以应付大量电文，保险代理机构为广大劳工办理保单时也困难重重。

为应对信息增长，人们开发出新颖有效的系统。例如，英国保诚保险公司建立起一套高效运转的系统，利用专用建筑、流程合理化以及劳动分工来处理工业规模的保单业务。而到 19 世纪的最后 25 年，大型组织越来越依靠技术来满足信息处理方面的需求。紧随第一批美国大型企业出现的是商用机器行业，致力于为大公司提供打字机、归档系统以及复制和记账设备。

台式计算器行业的发展是这场商用机器运动的一部分。在之前的 200 年中，台式计算器不过是为富人手工打造的奇珍异宝；而到 19 世纪末，这种计算器大量投产并成为办公设备的标准配置。它首先出现在大型企业，之后进入规模渐小的办公室与零售机构。与之类似，开发打孔卡制表系统的最初目的是处理 1890 年美国人口普查的数据，但这种系统在 20 世纪上半叶获得了广泛的商业应用，并成为 IBM 诞生的实际推手。

模拟计算也是一例，它同样诞生于 19 世纪，在 20 世纪二三十年代趋于成熟。工程师将问题简化为物理模型，据此测定需要计算的值。在电网、水坝与航空器的设计中，模拟计算机得到了广泛而有效的应用。

20 世纪 30 年代的计算技术有力支持了商业与科学应用，但未能满足第二次世界大战期间的军用需求，如密码破译、为新武器编制射表 ① 与核武器设计。老旧技术的不足之处有三：计算速度过慢；计算过程需要人工干预；不少最先进的计算系统功能单一，无法通用。

由于战争的紧迫性，美国军方愿意不惜一切代价开发所需的各种计算机。数百万美元的投入，换来第一种电子存储程序计算机的诞生。讽刺的是，没有一台计算机赶在第二次世界大战结束前交付。尽管如此，这些计算机的军事和

---

① 射表是为枪支、火炮等发射装置专门编制的数据表格，描述了仰角、射高、射程等性能诸元之间的关系，便于射手查阅。——译者注

科研价值依然得到了肯定。到朝鲜战争爆发时，已有少量计算机在军用设施、原子能实验室、航空航天制造商以及研究型大学中制造完成并投入使用。

虽然研制计算机的初衷是进行数字运算，但一些研究团队已注意到计算机作为数据处理和记账机的潜力。ENIAC（第二次世界大战时期最重要的计算机）的开发人员从大学离职，转而研制为科学和商业市场服务的计算机。包括 IBM 在内的其他电气制造商与商用机器企业也将目光投向这一领域。计算机厂商发现，政府机构、保险公司与大型制造商提供了现成的市场。

约翰·冯·诺伊曼在 1945 年撰写的一份报告中提出计算机的基本功能规范，其中大部分规范至今仍然得到遵循。换言之，数十年来的不断创新始终没有背离最初的构想。这些创新可以分为两类。第一类创新是对各种组件的改进，以期获得更快的处理速度、更大的信息存储容量、更高的性价比、更好的稳定性、更少的维护需求，不一而足——与第一代计算机相比，现代计算机的几乎所有指标都要快上数百万倍。这类创新主要由制造计算机的企业完成。

第二类创新是操作模式的创新，但变革的推动者往往是获得政府资助的学术界。大部分情况下，在计算机制造商完善创新成果并纳入标准产品后，这些创新才转化为标准的计算技术。高级编程语言、实时计算、分时、联网、图形化人机界面是这类创新的五个显著例证。

尽管计算机的基本结构并未发生变化，但这些新组件与操作模式彻底改变了计算机的使用体验。我们今天认为理所当然的一些要素，比如一台能放在桌上并配有鼠标、显示器与磁盘驱动器的计算机，在 20 世纪 70 年代之前甚至是难以想象的。那时，多数计算机的售价高达数十万乃至上百万美元，大到要一个房间才装得下。用户很少有机会接触计算机，连看一眼也不容易。他们仅将记录程序的一摞打孔卡交给授权的计算机操作员，几小时或几天后再回来取走打印输出的结果。随着大型机日臻完善，远程终端取代了打孔卡，计算机的响应时间几乎缩短为零。然而，仍然只有少数获得权限的人员才能接触计算机。随着个人计算机的发展以及因特网的兴起，这一切都发生了改变。大型机并未像许多人预测的那样消亡，而计算技术现已走入千家万户。

随着计算机技术的成本越来越低，加之便携性提高，各种先前意想不到的新型计算机应用应运而生。时至今日，许多人的公文包、背包、钱包或口袋中的数码设备不仅可以兼作便携式计算机、通信工具、娱乐平台、数码相机以及监控设备，而且成为连接日益无所不在的社交网络的渠道。本书关于个人计算机和因特网的论述清楚地表明，计算机的历史与通信和大众传媒的历史已密不可分。但不要忘记，即便在 Facebook、谷歌等前沿企业中，也仍然存在各种形式和意义的计算机：用于数据存储和分析的大规模大型机与服务器场①、程序员开发软件所用的个人计算机、由用户创造并消费内容的移动设备与应用程序，不一而足。随着计算机自身不断发展并产生新的价值，我们对计算机相关历史的理解也在加深。但这些新认知并非意在批驳或取代早期历史，而是对它们的扩展与深化，以期发掘出更多的联系，这一点请读者谨记在心。

本书分为四个部分。第一部分介绍电子计算机出现之前的计算模式；第二部分和第三部分论述大型计算机时代（大致从 1945 年到 1980 年），分别回顾计算机的诞生与发展；第四部分探讨个人计算机与因特网的源起。

第一部分包括三章，主要阐述早期计算史。第 1 章介绍人工信息处理和早期技术。人们往往认为，信息处理在 20 世纪才出现，但事实并非如此。复杂的信息处理既可以借助机器完成，也可以脱离机器进行——不依赖机器虽然较慢，但一样能实现既定目标。第 2 章探讨办公设备与商用机器行业的起源。为理解第二次世界大战之后的计算机行业，我们必须认识到，这个行业的龙头企业（包括 IBM）脱胎于 19 世纪最后几十年中出现的商用机器制造商，它们主导了两次世界大战期间的创新。第 3 章介绍查尔斯·巴贝奇在 19 世纪 30 年代开发差分机的失败尝试。一个世纪后，哈佛大学与 IBM 实现了巴贝奇未遂的心愿。此外，我们还将简要讨论与艾伦·图灵有关的理论发展。

第二部分论述电子计算机的发展，内容涵盖从第二次世界大战期间电子计算机的诞生，到 20 世纪 60 年代中期 IBM 成为居于主导地位的大型计算机制造商。第 4 章介绍美国宾夕法尼亚大学在第二次世界大战期间开发的

---

① 服务器场是服务器的集合，通常由数千台计算机构成，主要用于集群计算。——译者注

ENIAC 及其后继者 EDVAC。EDVAC 为之后的几乎所有计算机擘画出发展蓝图，其体系结构沿用至今。第 5 章介绍计算机行业的早期发展，并探讨计算机如何从承担数学计算任务的科学仪器转变为处理商业数据的设备。第 6 章讨论大型计算机行业的发展，重点介绍 IBM 开发的 System/360 系列计算机。System/360 不仅建立起第一种稳定的行业标准，也确立了 IBM 的主导地位。

第三部分选取若干重要的计算机创新并介绍它们的历史，涵盖从第二次世界大战末期计算机的诞生到第一代个人计算机的发展，时间跨度约为 25 年。实时是重要的计算技术之一，第 7 章结合机票预订、银行和自动柜员机、超市条码等常见的成熟应用场景讨论这种技术。第 8 章探讨软件技术的发展、程序设计的职业化以及软件行业的兴起。第 9 章介绍 20 世纪 60 年代末计算环境的部分主要特征，内容包括分时、微型计算机与微电子学的发展。公众普遍认为从大型机到个人计算机的转变是一日之功，本章意在纠正这种观点。

第四部分论述最近 40 年的计算机发展史，计算机走入千家万户，成为大部分人生活中不可或缺的一部分。第 10 章回顾微型计算机的发展历程。诞生于 20 世纪 70 年代中期的第一代业余爱好者计算机，到 20 世纪 70 年代末已发展为我们如今熟知的个人计算机。第 11 章重点讨论 20 世纪 80 年代的个人计算机环境，通过 CD-ROM 存储和消费类网络来实现用户友好性与"内容"交付是那段时期的主要创新。20 世纪 80 年代也见证了微软与其他个人计算机软件公司非同寻常的崛起。第 12 章探讨因特网，重点论述万维网及其在信息科学领域的先例，以及不断发展的商业与社会应用。

本书末尾列出的注释标明了引用资料的确切来源，感兴趣的读者可以从中找到一些关于计算史的重要文献。

第一部分
时代之前

Before

the

Computer

第 1 章
人类计算员

用计算机来命名我们书桌上这种无处不在的机器，其实是一种误导。回溯维多利亚时代乃至第二次世界大战期间，"computer"一词描述的是一种职业，它在《牛津英语词典》中的定义为："执行计算的人；计算员、计算者；尤指受雇于天文台、勘测等领域进行计算的人。"

事实上，尽管现代计算机可以处理数字，但它主要用于信息存储与处理，即从事文员所做的各项工作。《牛津英语词典》将"文员"定义为"受雇于公共或私人办公室、商店、仓库等且处于从属地位的人员，进行书面记录、记账、文件誊清、收发信件等机械性工作，或从事与文员有关的类似工作"。

电子计算机可被视为计算员与文员两种角色的结合。

对数与数学用表

大规模利用计算员处理信息的首次尝试，始于编制对数表、三角函数表等数学用表。对数表彻底改变了 16 世纪与 17 世纪的数学计算，只需简单的加减运算，就能完成乘、除、开方等耗时的算术运算。在测量和天文学领域，三角函数表也加快了角度和面积计算的速度。然而，对数表与三角函数表只是最知名的通用数学用表。到 18 世纪后期，人们已编制出若干专用表，并应用于多个不同的领域，如海员的航海用表、天文学家的星表、精算师的人寿保险表、建筑师的土木工程表，不一而足。这些用表全部由计算员编制而成，没有借助任何机器的帮助。

对英国（以及之后的美国）等海洋国家而言，及时编制可靠无误的航海用表在经济上具有重要意义。1766 年，英国政府批准皇家天文学家内维尔·马斯基林每年编制一套名为《航海天文历》的航海用表，这是世界上第一个永久性制表项目。这部经常被称为"海员圣经"的《航海天文历》显著提高了航行的准确性，它从 1766 年起出版至今，从未间断。

《航海天文历》并非由皇家天文台直接计算完成，它是遍布英国各地的大批自由计算员的工作成果。两名计算员各自独立地计算一遍数据，再由第三名"比较员"核对。不少计算员是退休的文员或神职人员，这些在家工作的计算员精于数字，信誉可靠。我们对这些无名的苦力几乎一无所知。马拉奇·希钦斯或许是唯一在历史上留下记录的计算员和比较员，这位英格兰康沃尔郡的牧师为《航海天文历》工作了 40 年。希钦斯将毕生精力投入天文历的计算，其传记收录于英国《国家人物传记大辞典》。在 1811 年马斯基林去世时（希钦斯已于两年前去世），《航海天文历》"时运不济达 20 年之久，甚至因其中的错误而名誉扫地"。[1]

查尔斯·巴贝奇与制表

在此期间，查尔斯·巴贝奇开始对制表中存在的问题以及消除表中的错误产生兴趣。巴贝奇生于 1791 年，是一名富有的伦敦银行家之子，幼年在英格兰西部德文郡的乡村小镇托特尼斯度过。巴贝奇接受的学校教育较为平庸，但他通过自学，将自己的数学能力提升到相当高的水平。1810 年，巴贝奇进入英国剑桥大学三一学院并主修数学。就数学领域而言，剑桥大学在英国已属首屈一指，但巴贝奇沮丧地发现，他比导师懂得还多。他意识到，与欧洲大陆相比，剑桥乃至全英国的数学研究已是一潭死水。巴贝奇与两位同窗好友共同组建了分析学会，成功地对剑桥大学的数学教学进行了重大改革，并最终推广到整个英国。虽然年纪不大，但巴贝奇已是一名出色的宣传能手。

1814 年，巴贝奇从剑桥大学毕业，婚后定居在伦敦摄政街，成为一名绅

士哲学家 ①。巴贝奇将主要精力投入数学研究，并于 1816 年当选英国皇家学会会士，这标志着他的成就得到英国主要科学组织的认可。时年 25 岁的巴贝奇堪称离经叛道的怪才，他的科学声望与日俱增。

1819 年，巴贝奇首次造访法国巴黎，结识了一大批法兰西科学院的主要成员，包括数学家皮埃尔 - 西蒙·拉普拉斯和约瑟夫·傅里叶，巴贝奇与两人建立了长期的友谊。可能就是在这次访问中，巴贝奇了解到由加斯帕尔·德普罗尼男爵组织实施的法国制表项目。巴贝奇从中看到了决定他未来人生轨迹的构想。

法国大革命开始后不久，德普罗尼于 1790 年正式启动制表项目。新政府着手对许多旧制度进行改革，尤其是建立一套公正的财产税制度，为此需要最新的法国地图。这项工作交由德普罗尼负责，他受命担任法国条例调查部门地籍办公室的主管。由于政府同时决定引入全新且更为合理的公制来改革原有的英制度量衡，德普罗尼的工作变得更加复杂。地籍办公室编制了一套称为地籍表的全新十进制表，它是当时全世界规模最大的制表项目。德普罗尼决定像组织工厂一样来组织这个项目。

德普罗尼从当时最著名的经济学著作入手，这就是于 1776 年出版、由亚当·斯密撰写的《国富论》。斯密是率先倡导分工理论的学者，他以制针厂为例阐述了这种理论。在这个著名的例子中，斯密解释了如何将制针过程分为线材切割、针头制作、针尖打磨、针的抛光、成品包装等不同的工序。如果一名工人专事一道工序，那么其产出将远远高于一名从事所有工序的工人。德普罗尼"突然想到，可以将同样的方法应用到自己所承担的繁重工作中，就像制造大头针那样制造对数"。[2]

德普罗尼将他的制表"工厂"分为三部分。第一部分由阿德里安 - 马里·勒让德、拉扎尔·卡诺等六位杰出的数学家组成，负责确定计算所用的数学公式。第二部分是另一组类似于中层管理者的数学家，他们按照给出的数学公式组织计算，并将准备印刷的结果进行汇总。第三部分人数最多，由

---

① 绅士哲学家指经济上独立、将从事哲学或科学研究作为个人爱好的哲学家，他们与公共学术机构没有直接的从属关系。——译者注

60 到 80 名负责实际计算的计算员组成。他们使用"差分法"，只需进行加减两种基本运算，不用做更复杂的乘除运算。因此，计算员只要具备基本的算术和读写能力即可，不必也无须受过更高的教育。其实，大部分计算员都是失业的理发师，因为"旧制度最令人憎恶的标志之一就是贵族的发型"。[3]

尽管地籍办公室的任务是编制数学用表，但这项工作本身与数学并无关联。从根本上讲，除制造业和军事领域之外，这也许是组织技术第一次应用于信息生产。在接下来的 40 年中，类似的项目再未出现。

整个制表项目持续了大约十年时间。到 1801 年，所有数学用表原稿都已准备付印。遗憾的是，在之后几十年中，法国遭遇了接二连三的金融危机与政治危机，印刷数学用表所需的大量资金始终未能到位。因此，当巴贝奇在 1819 年得知这个项目的时候，他只看到存放在法兰西科学院图书馆中的一堆数学用表原稿。

1820 年，巴贝奇回到英国，同年与一批志同道合的业余科学家共同创立皇家天文学会。在为这个学术团体编制星表的过程中，巴贝奇积累了制表的第一手经验。他和朋友约翰·赫舍尔负责监督星表的编制，这些星表采用《航海天文历》的方式完成：自由计算员进行计算，巴贝奇与赫舍尔负责核对计算的准确性，并监督结果的汇总和印刷。巴贝奇抱怨制表工作困难重重，易于出错且枯燥乏味——如果监督制表尚且如此，那么可想而知，实际的计算工作是多么艰苦。

在 19 世纪的信息处理中，巴贝奇的独特角色在于他兼具数学家与经济学家的双重身份。身为数学家，他注意到对可靠数学用表的需求，也了解制表过程；身为经济学家，他认识到德普罗尼运用的组织技术极为重要，并能进一步推动这种理念。

当工厂还在使用极为简单的工具从事体力劳动时，德普罗尼已将大规模生产原则应用于制表作业。然而，自项目实施以来的 30 年中，工厂的最佳实践已发生变化，机械大规模生产的新时代初露曙光。亚当·斯密理论中的制针厂工人，很快将被制针机取代。巴贝奇决定，与其像德普罗尼那样采用昂贵的劳动密集型手工制表法，不如在新兴的大规模生产技术潮流中顺势而动，发明一种制表机器。

巴贝奇将自己设计的机器称为差分机，因为它同样使用德普罗尼与其他人在制表时所用的差分法。但巴贝奇很清楚，表中的大部分错误出现在印刷而非计算阶段，所以他还为差分机设计了印刷模块。差分机在概念上非常简单，它由一组执行计算的加法机构①和一个印刷模块构成。

巴贝奇运用自己出色的沟通能力来推广差分机的理念。1822 年，巴贝奇首先致信皇家学会会长汉弗莱·戴维爵士，提议英国政府资助他制造差分机。[4]巴贝奇认为，高质量的用表对一个海洋和工业国家而言必不可少。与德普罗尼在制表项目中雇用的近百名监督员和计算员相比，他发明的差分机能大幅降低成本。巴贝奇自费印出信件，并确保交到有影响力的人手中。1823 年，巴贝奇获得了 1700 英镑的政府资助来制造差分机。如有必要，政府还将提供更多的资金。

巴贝奇还设法发动更多的科学界人士来支持他的项目。他的支持者一致认为，差分机的优点在于能"通过可靠的机械装置"消除数学用表中出现的错误。这种看法也暗示，《航海天文历》与其他表中的错误"即便不会给航海者带来危险，也可能使他们陷入困境"。[5]巴贝奇的朋友赫舍尔进一步写道："对数表中未被发现的错误有如大海中不为人知的暗礁，一旦撞上暗礁，灾祸殊难预料。"[6]表中的错误不断累积，演变为骇人的故事，以致"错误充斥航海用表，导致船只接连失事"。[7]尽管历史学家并未找到这种说法的依据，但可靠的数学用表无疑有助于英国的海上活动顺利进行。

遗憾的是，工程远比概念复杂得多，巴贝奇完全低估了建造差分机所需的资金和技术资源。他处于生产技术的最前沿，尽管蒸汽机和动力织布机等相对简陋的机器已得到广泛应用，但制针机这样的精密设备仍属新鲜事物。及至19 世纪 50 年代，这类机器才逐渐普及，依靠当时出现的机械工程基础设施，制造这些设备才变得相对容易。虽然在 19 世纪 20 年代制造差分机并非天方夜谭，但巴贝奇为此付出了作为先行者的代价。这就像在 20 世纪 40 年代中期制

---

① 加法机构是一种解算机构，可以按数学关系确定的规律实现机械运动转换，主要由杠杆、齿轮、钢球等常见的构件组成。——译者注

造第一台计算机一样，困难重重且耗资巨大。

当时，巴贝奇要应付两线作战：首先是设计差分机，其次是开发制造差分机所需的技术。尽管差分机的概念很简单，其机械设计却相当复杂。巴贝奇为差分机绘制了数百张机器图纸，写下的笔记多达数千页，这些资料保存在今天的伦敦科学博物馆，差分机的复杂性由此可见一斑。19 世纪 20 年代，巴贝奇遍访欧洲各大工厂，寻找可以应用于差分机的配件和技术。虽然许多发现并未在差分机的研制过程中派上用场，但巴贝奇确实成为当时最了解制造业的经济学家。1832 年，巴贝奇出版了名为《论机械和制造业的经济》的经济学经典著作。这是巴贝奇最重要的作品，先后出版 4 次，并被译成 5 种语言。巴贝奇堪称经济学史上一位影响深远的人物，他将亚当·斯密的《国富论》与 19 世纪 80 年代弗雷德里克·温斯洛·泰勒在美国创立的科学管理运动联系在一起。

从 19 世纪 20 年代到 30 年代初，英国政府一直为巴贝奇的差分机项目提供资助，总额高达 1.7 万英镑，巴贝奇声称自己还另外投入了大量资金，这在当年无疑是一笔巨款。到 1833 年，巴贝奇已经制造出一台设计精美的差分机样机。尽管这台样机对实际的制表作业而言过小，也没有印刷模块，但这无疑表明巴贝奇的设想是可行的。(这台样机在伦敦科学博物馆中永久展出，它仍然能像当年一样完美地运转。)

制造全尺寸差分机需要更多资金，巴贝奇于 1834 年致信英国时任首相威灵顿公爵，请求政府提供进一步资助。[8] 遗憾的是，那时的巴贝奇有了一个激动人心的独创性想法，以至于无法保持沉默：他设想制造一种全新的机器，可以完成差分机的所有工作，但远不止于此，它还能执行人类指定的任何计算。巴贝奇将其称为"分析机"，这种设备在几乎所有重要方面都与现代电子计算机具有相同的逻辑结构。在写给威灵顿公爵的信中，巴贝奇暗示政府应该允许他制造分析机而非完成差分机。在巴贝奇的职业生涯中，最严重的政治误判莫过于提出制造分析机，这严重损害了英国政府对其项目的信心，巴贝奇再未得到任何资助。事实上，此时的巴贝奇已彻底沉浸在自己的项目中，将最初的目标"编制数学用表"完全抛在脑后。差分机已陷入"为制造而制造"的境地，第 3 章将对此进行论述。

清算所与电报

当巴贝奇还在为研制差分机殚精竭虑时，无论使用人力还是机器，大规模信息处理的设想都极不寻常。在 19 世纪 20 年代，普通办公室的工作还不需要大量文员，也没有任何办公设备可供使用。彼时，加法机不过是科学中的新鲜事物，打字机也尚未出现。以伦敦公平保险社为例，这家当时全球最大的人寿保险公司仅由 8 名文员管理，只配备了鹅毛笔和书写纸。

放眼整个英国，仅有一家大规模数据处理机构的组织能力堪与德普罗尼的制表项目相媲美，这就是位于伦敦金融城的银行家清算所。[9] 巴贝奇撰写了当时唯一一介绍它的文章。

为了处理在商业活动中迅速增加的支票数量，银行家清算所应运而生。使用支票在 18 世纪已很普遍，但银行职员必须将客户存入的支票送到签发它的银行，才能兑换现金。随着支票使用在 18 世纪中叶变得越来越流行，伦敦的每家银行都雇用了"跑款员"，负责前往伦敦金融城的其他银行，以便将支票兑换为现金。18 世纪 70 年代，跑款员的工作得以简化：所有人约好同一时间在伦巴第街①的五钟酒吧见面，然后在一间"清算室"内兑换全部支票与现金。这无疑节省了跑款员在路上花去的时间，也避免了遭到抢劫的危险。这也表明，如果两家银行相互开具支票，那么结算所需的现金只是两笔欠款之间的差额，通常远低于所有支票的总额。随着业务量的增长，清算室的面积随之扩大，其间多次搬迁。最终，到 19 世纪 30 年代初，伦敦各家银行在位于伦敦金融中心腹地的伦巴第街 10 号共同成立了银行家清算所。

银行家清算所行事隐秘，不接待来访者，也避开公众的关注，因为老牌银行希望将 19 世纪 20 年代新成立的众多银行排除在外（在 19 世纪 50 年代之前，清算所成功做到了这一点）。然而，巴贝奇被清算所的概念吸引，千方百计想一探究竟。银行家清算所的干事是位了不起的人，名叫约翰·卢伯克，

---

① 伦巴第街是伦敦金融城内一条以商业、银行业与保险业而闻名的街道，其历史可以追溯到中世纪，常与美国纽约的华尔街相提并论。——译者注

他不仅是伦敦金融城的领军人物，也是颇具影响力的业余科学家，还担任英国皇家学会副会长。1832 年 10 月，巴贝奇致信卢伯克，询问银行家清算所能否"允许陌生人作为旁观者入内"。[10] 卢伯克在回信中表示："您可以进入清算所……但不要向他人提及此事，以免公众认为他们也能进入这个银行业的私密'圣地'，我们当然不希望对外声张。"巴贝奇折服于卢伯克的科学组织系统，他不顾卢伯克的阻拦，在《论机械和制造业的经济》一书中以热情洋溢的笔调写道：

在伦巴第街的一个大房间里，大约 30 名来自伦敦多家银行的职员，按字母顺序坐在房间四周的办公桌旁。每个人身边都有一个打开的小盒子，背后的墙上用大号字体标有所属银行的名称。其他清算所的职员不时进入房间，将银行应付给该分销商所属清算所的支票放入盒中。[11]

一天的大部分时间里，职员们都忙于交换支票并填写分类账明细。银行之间的结算从下午 4 点开始。每家银行的职员将从其他银行收到的所有支票加总，再将需要向其他银行兑付的所有支票加总，两个数字之间的差额就是需要兑付或应收的款项。

下午 5 点整，清算所的监督员在房间中央的主席台就座。当天所有欠款的银行职员将现金付给监督员，所有被欠款的银行职员再从监督员手中收取现金。如果期间没有错误发生（精心设计的会计制度使用预先印制的表格，能确保不会经常出错），那么监督员手中的现金余额应该恰好为零。

流经银行家清算所的资金数量十分惊人。1839 年的清算额达到 9.54 亿英镑，相当于今天的数千亿美元。在最繁忙的时候，一天的清算额超过 600 万英镑，约有 50 万英镑的钞票用于结算。最终，各个银行与银行家清算所在英格兰银行开立账户，从而彻底消除了对现金的需求：只要从一家银行的账户向银行家清算所的账户转账即可完成结算，反之亦然。

巴贝奇清楚地认识到银行家清算所的重要性，作为"脑力劳动分工"的明证，其重要性堪与德普罗尼的制表项目以及自己的差分机媲美。终其一生，巴贝奇都对大规模信息处理兴趣浓厚。例如，他曾于 1837 年申请担任英国人口普查的总登记官和负责人，但未能成功。而当大型储蓄银行与工业保险公司等真正意义上的大型信息处理机构在 19 世纪五六十年代出现时，巴贝奇已到风烛残年，不再具有任何影响力。

银行家清算所是如今金融基础设施的早期范例。维多利亚时代堪称实体基础设施与金融基础设施投资的黄金时期。1840 年至 1870 年间，英国政府对铁路的投资使铁路里程从 1500 英里^①增加到 1.3 万英里以上。除这种有形且可见的交通基础设施外，另一种类似但无形的信息基础设施随之兴起，这就是铁路清算所，其模式非常接近银行家清算所。创建于 1842 年的铁路清算所很快成为全世界最大的数据处理机构之一。截至 1870 年，铁路清算所的员工数量已超过 1300 人，每年处理的交易接近 500 万笔。

在维多利亚时代，电报是信息基础设施的另一个重要组成部分，它从 19 世纪 60 年代开始与普通的邮政系统相互竞争。电报的价格不菲——发送一条 20 个字的电文需要花费 1 先令，而一封信的邮资仅有 1 便士^②——但速度极快。电报在须臾之间就能穿越整个国家，并在短短一小时之内由电报投递员亲自递送到最终目的地。

与如今这个时代的因特网类似，电报并非诞生于计划之内的通信系统，它最初是解决早期铁路系统通信问题的一种方案。公众普遍担心，当一列客车驶入一段轨道时，另一列客车会相向驶来（实际上这种事故极少发生，但公众的担忧并未因此而减少）。为解决这个问题，工程师们独出心裁地沿铁轨架设了电气通信系统，两端的信号员可以藉此相互通信。只有在两名操作员都认为安全的情况下，列车才能驶入单轨区段。当然，人们很快就发掘出这种新型电气信号系统的商业价值。报纸与商业机构愿意为新闻和市场信息付费，以期在竞争对手之前抢得先机。几乎一夜之间，电线杆在铁路沿线拔地而起，部分通信系统归铁路公司所有，其他系统则属于新组建的电报公司。尽管电文通过电信号传送，但仍然需要大量人员来操作发送电文的设备，其中相当一部分人是女性。这是英国第一次成规模地使用女性劳动者，因为人们认为女性（尤其是熟悉缝纫机的女裁缝）比男性更灵活，因而更适合操作精密的电报仪器。

---

① 1 英里约等于 1.6 千米。——译者注
② 1 先令等于 12 便士。——译者注

　　到 19 世纪 60 年代中期，英国的电报线路总长已超过 7.5 万英里，由 6 家主要公司负责运营。然而，所有系统均独立运作，一个网络发出的电报难以利用另一个网络进行传输。英国政府在 1870 年介入，将这些系统整合为全国性的电报网。这项工作完成后，电报使用量大幅增长。人们架设了越来越多的电报线路，并更新了老旧线路。英国所有主要城镇都建有电报局，伦敦和其他地区还开办了电报学校，培训年轻人使用莫尔斯电码。发送一封十几个字的电报，费用降至 6 便士。

　　电报传输带来了一些有趣的技术性问题，首要问题是在电报线路不直接相连的两地之间发送电报。不妨设想一下，苏格兰爱丁堡的雪茄制造商如何与英格兰布里斯托尔的烟草进口商进行磋商。两座城市相距大约 350 英里，之间没有架设直接连通的电报线路。电报必须通过中间城市的电报局传输，如同在接力赛中传递接力棒：从爱丁堡到纽卡斯尔，从纽卡斯尔到约克，从约克到曼彻斯特，从曼彻斯特到伯明翰，最后从伯明翰到达布里斯托尔。在所有中间电报局中，一名报务员通过莫尔斯音响电报机接收电文并记录，再由另一名报务员重新发送给参与传输的下一个电报局。这是一套劳动密集型系统，但具有很强的适应能力。假如约克与曼彻斯特之间的电报线路因暴风雨而损毁（或只是非常繁忙），那么操作员可能会经由谢菲尔德发送电文，中间并未经过太多转移。之后，谢菲尔德电报局通过其南向线路将电文发送出去。因此，报务员需要对整个国家的地理知识了然于胸。

　　在英国政府接管电报系统后，首都伦敦作为全国的政治和商业中心，从这里架设直达所有主要城市的电报线路是顺理成章之事。1874 年成立的中央电报局扮演了中心枢纽的角色，它与"联合王国的所有重要城镇"直接相连。[12]中央电报局位于伦敦圣马丁勒格朗地区一栋专门建造的建筑内，一侧面向英国议会，另一侧面向舰队街的金融区与报社。中央电报局是科学现代性的缩影，经常出现在图书和杂志中。从开始运营的那天起，绝大多数全国性的电报业务就经由中央电报局传输——现在，只需经过一次中转，爱丁堡的雪茄制造商就能与布里斯托尔的烟草进口商相互沟通。这不仅提高了通信速度，也降低了成本，还使转录电文时出现错误的概率大为减小。

1874 年，《伦敦新闻画报》制作了一整版描绘中央电报局大厅的版画，将凝固在时间中的信息工厂展现在读者面前：一排排青年男女忙于操作电报仪器；监督员（年龄通常只比报务员略大）在房间前面的大型分拣台组织工作；而信差（大多刚从小学毕业）穿梭于电报设备之间，他们收取转录好的电文，进行分发以便后续传送。文章作者不仅谈到了电报，也谈到了他所生活的那个时代：

> 这是一个井然有序的行业，而且显然令人感到愉悦。因为大部分人都是年轻女性，她们看起来轻松快乐，也很漂亮，无疑很适应这里的环境。每个人面前的桌子上都有一台电报仪器。她们不是在操作仪器，就是在阅读电文，或是等待远端台发出的信号，提醒她们准备接收电文。信差带着电报穿梭在大厅中，这些电报由仪器室的某台设备接收，必须从另一台设备发出，但首先要送到大厅中央最近的校验工作台与分拣工作台以记录在案。[13]

这位记者显然对统计数字情有独钟，他注意到一共有 1200 名报务员（其中包括 740 名女性）和 270 名信差。地方电报局每天发送的电文达到 1.7 万到 1.8 万份，而在伦敦市内传输的电文数量几乎与此持平。这一切仅仅是开始。到 20 世纪初，中央电报局已雇用了至少 4500 名职员，每天收发的电报数量在 12 万到 16.5 万封之间，它是当时全世界最大的电报局。

赫尔曼·何乐礼与 1890 年人口普查

与欧洲相比，美国在大规模数据处理领域起步较晚，因为美国当时的经济发展落后欧洲二三十年。当英国、德国与法国在 19 世纪 30 年代实现工业化时，美国基本还是一个农业国。直到南北战争结束后，美国企业才开始发展大型办公室，但这种落后反而使它们能充分利用新兴办公技术。

在南北战争之前，美国唯一重要的数据处理机构是位于华盛顿特区的美国人口调查局。[14] 人口普查根据 1790 年通过的一项国会法案进行，旨在确定众议院议员名额的"分配"。1790 年进行的首次普查估计美国人口为 390 万，由此确定每 3.3 万人应分配 1 名议员，总计 105 名议员。早期人口普查数据处理的规模很小，其组织与实施方式并无记载。即便当美国人口于 1840 年达到 1710 万时，人口调查局仍然只有 28 名职员。不过在 20 年后进行的 1860 年人口普查中，人口调查局雇用了 184 名职员来统计 3140 万人口；1870 年人口普查有 438 名职员参与，普查报告长达 3473 页。

自此之后，人口普查呈爆发式增长。1880 年人口普查可能代表了美国在人工数据处理方面的高峰，至少 1495 名职员受雇处理普查数据。当时使用的数据处理方法称为"统计系统"[15]，我们以这次人口普查产生的一份报告为例进行说明。该报告列出了每个州以及主要城镇的人口年龄结构表（每个年龄段中各种族的男女人数）。统计员有一张画好格子的统计单，分为十几列以及许多行。每两列对应于某一种族的男性和女性；行对应的是年龄，如一岁以下、一岁、两岁直至百岁及以上。统计员从"普查区"（代表约 100 户家庭）领取一批人口普查表，然后统计每个人的年龄、性别与种族，并在相应的单元格中打钩。统计员采用这种方式处理普查表，计算单元格中打钩的数量，用红笔将结果写在旁边。城市中的所有普查区都重复这一步骤。最后，另一名统计员将所有统计单中的红色数字加在一起，将结果填入汇总表，最终形成普查报告中的一份表格。

普查员的工作异常乏味，当时一名记者为此写道："唯一的奇迹是……在 1880 年人口普查中，那些为处理恼人的统计单而勤勉工作的职员居然没有失明或发疯。"[16] 为这次普查编制的普查报告超过 2.1 万页，历时七年才处理完毕。时间之长令人难以接受，这使得利用机械化或其他手段加快人口普查的意愿变得愈发强烈。

赫尔曼·何乐礼敏锐地意识到人口普查存在的问题，这位杰出的年轻工程师后来开发了一种用于处理人口普查数据的机械系统。为了将自己的发明商业化，何乐礼于 1896 年创立制表机公司，这家公司奠定了国际商业机器公司（IBM）的基础。与巴贝奇一样，外界将何乐礼视为 19 世纪信息处理发展史上的关键人物之一。不同的是，巴贝奇是学识渊博的思想家，何乐礼则注重实干，极具创业天赋的他利用自己的发明开创了一个主要产业。

何乐礼在美国纽约长大，就读于哥伦比亚大学，师从一位在美国人口调查局担任顾问的教授，这位教授邀请刚毕业的何乐礼作为助手。在人口调查局工作期间，何乐礼目睹了超大规模的文书作业，当时美国没有任何机构能与之相比。熟悉人口普查流程的何乐礼设计出一种电动制表系统，使大部分文书工作实现了机械化处理。

何乐礼的主要想法是将每个人的普查结果打孔后记录在打孔纸带或一组打孔卡上——类似于当时在露天集市演奏的风琴采用一卷打孔卡来录制音乐——然后就能利用机器自动计算孔洞的数量并生成表格。晚年的何乐礼在回忆这个想法的由来时表示："我在美国西部旅行时购买的车票是一种打孔照片。（乘务员）在车票上打孔以记录乘客的体貌特征，如浅色头发、黑眼睛、大鼻子等。所以你看，我只是为每个人做了一张打孔照片而已。"[17]

在新任人口普查主管罗伯特·P.波特的领导下，1890年人口普查的准备工作于1888年启动。波特生于英国，后入籍美国，个人魅力十足。他兼具外交官、经济学家、新闻记者等多重身份，曾创办《纽约新闻报》并担任编辑，还是工业界的权威人士，在统计学领域也颇具知名度。甫一上任，波特就成立了一个招标委员会，为1880年以及之前人口普查中使用的统计单系统征求替代方案。波特十分推崇何乐礼发明的系统，他当记者时曾撰写过介绍这种系统的文章，后来担任英国制表机公司（欧洲最大的计算机企业——国际计算机有限公司的前身）的董事长。[18]不过为公平起见，波特并未参与投标的评审工作。

包括何乐礼在内的三位发明家参与角逐，他们都建议采用卡片或纸条取代原有的统计单。一位发明家提出将每个人的普查信息转录到纸条上，使用不同颜色的墨水来标记不同的问题，便于统计人员识别数据并迅速进行计数和分拣。另一位发明家的想法大致相同，但他主张使用普通墨水与不同颜色的卡片，方便统计人员识别和整理。上述两种系统完全依靠人工处理，类似于大型商业办公室中开始出现的卡片式记录系统。与其他竞争对手相比，何乐礼发明的系统具备难以比拟的优势：只要卡片打好孔，就能通过机器完成所有分拣与计数作业。

1889年秋，委员会要求三位发明家展示各自的系统，对1880年人口普查中圣路易斯地区的10 491份统计表进行处理。试验包括在卡片或纸条上记录普查信息，并将它们制成表格，以生成所需的统计表。在卡片上记录数据时，何乐礼的系统并不比竞争对手的手动系统快多少，但在制表阶段，它的速度是手动系统的 10 倍。此外，只要卡片完成打孔，那么所需的制表数量越多，这种系统的成本效益就越高。委员会一致同意在 1890 年人口普查中采用何乐礼电动制表系统。

随着第十一次美国人口普查的准备工作进入高潮，主管波特"将华盛顿市中心几乎所有空置的办公室与阁楼都集中起来"。[19] 与此同时，何乐礼完成了从发明家到监管制造商的转变。他将人口普查机的组装工作转包给西部电气公司，并与造纸商洽谈，以提供普查所需的 6000 多万张统计卡片。

1890 年 6 月 1 日，一支由 4.5 万名人口普查员组成的队伍奔赴全美各地。他们收集 1300 万户家庭的信息，并将结果送往华盛顿。而在美国人口调查局，2000 名职员已经准备就绪，他们将从 7 月 1 日起处理有史以来规模最大、最完整的人口普查数据——这是美国人民"感受国家力量"的时刻。[20]

经过 6 周的工作，人口调查局于 1890 年 8 月 16 日宣布，美国的总人口为 62 622 250 人。但对于这个据称是全世界人口增长最快的国家，这并非人们希望听到的数字：

波特先生在声明中宣布，这个伟大的共和制国家仅有 62 622 250 人。许多人对此愤愤不平，他们认为总人口至少要达到 7500 万才能撑起这个国家的尊严。怒吼绝非"发自内心的欢呼"，而是失望之极的表现。随后公布的是纽约的人口统计数字！蕾切尔为不知所踪的孩子而哭泣，拒绝接受安慰；对于人口统计中漏掉的曼哈顿岛居民，纽约的一些政客深表担忧。[21]

媒体对这类故事情有独钟。[22]《波士顿先驱报》在《差劲的机器》一文中对波特与何乐礼极尽嘲讽，《纽约先驱报》惊呼"草率的工作将人口普查工作搞得一团糟"，其他报纸也在炒作此类故事。然而，何乐礼与波特从未对制表系统产生过丝毫怀疑。

粗略统计结束后，公众最初的兴趣逐渐消退，人口调查局的工作也步入正轨。为了将所有数据记录在卡片上，700 台打孔机几乎从未停止运转。打孔员的工作被乐观地形容为"相当有趣"，他们在一天 6 个半小时的工作中平均可以打出 700 张卡片。人口普查首次大量使用女性劳动者，一名男记者指出，"女性表现出的道德责任感仍然超出平均水平"，因此"尽责的表现是个好兆头"。[23] 最终，6200 多万张卡片完成打孔，每位公民都有一张。

这些卡片随后交由人口普查机处理，每台机器可以完成之前 20 名统计员的工作。即便如此，原先的 56 台普查机最终也不得不增至 100 台（额外的租金使何乐礼的收入显著增长）。每台普查机由两部分构成：一是制表机，用于成批统计卡片上的孔洞；二是分拣箱，操作员将卡片放入其中，供下次制表作业使用。普查机操作员逐一处理卡片，他们使用由 288 支可伸缩弹簧探针构成的"压力机"来读取信息。当压力机压住卡片时，如果探针触及固体材料则被推回压力机，不会有任何反应；但如果探针触及孔洞，将直接穿过并浸入水银杯，从而形成闭合回路。在普查机正面的 40 个计数器中，其中一个计数器由此接通，从而实现加一计数。当电路接通后，分拣箱的 24 个隔室中某个隔室的盖子也会打开——操作员放入卡片，为下一阶段的制表做好准备。

因此，如果制表机的一个计数器和分拣箱的一个隔室与男性人口关联，另一个计数器和隔室与女性人口关联，那么普查机在批量读取卡片后就能确定男女人数，并将两类卡片分开。为了从卡片中提取出尽可能多的信息，实际的计数流程要复杂得多。计数操作旨在利用普查机的全部 40 个计数器，并尽可能使分拣箱的 24 个隔室都派上用场。

80 多名操作员日夜不停地操作机器，每人每小时至少能处理 1000 张卡片。日均卡片处理量通常接近 50 万张："换言之，这支队伍以每天 500 英尺[①]的速度穿过人群，处理一堆几乎与华盛顿纪念碑一样高的卡片"。[24] 每读取一张卡片，普查机都会发出一声铃响，表示已正确检测到卡片。一位记者评论道，铃声在摆满机器的房间中响彻不停，"就像雪橇一样"。[25] 这种景象和声音令人叹为观止，那位记者表示，"这种装置与上帝的磨盘[②]一样精准无误，但速度要快得多"。[26] 何乐礼亲自监督整个操作流程，为处理各种正常与非正常

---

① 1 英尺约等于 0.3 米。——译者注

② "上帝的磨盘磨得很慢，却磨得很细"是一句英国谚语，意为"天网恢恢，疏而不漏"，也有"精准无误"之意。——译者注

的机械故障尽心竭力。一位资深人口普查员回忆说：

　　赫尔曼·何乐礼经常来到工作场所，我记得他长得又高又黑。机械师也常常出现，他们修复发生故障的机器，敦促闲逛的员工返回岗位。问题在于，经常有人用滴管从一个小杯中抽出水银并滴入痰盂，只为了换取一些不必要的休息。[27]

　　与耗时 7 年的上一次人口普查相比，1890 年人口普查的数据仅用两年半时间就处理完毕。普查报告总计 26 408 页，耗资 1150 万美元。据估计，何乐礼发明的系统为人口普查节省了 500 万美元的费用。一个有目共睹的事实是，何乐礼的制表机为机械化信息处理开辟了全新的前景。

美国对办公设备的钟爱

　　在南北战争结束后 20 年中发展起来的何乐礼电动制表系统，堪称美国机械信息处理领域最为人所熟知的应用，不过它其实只是如今被称为"信息技术"的一个例证。但无论从哪方面讲，何乐礼的系统都算不上典型的信息技术。大部分办公设备相当乏味，比如打字机、记录系统与加法机。更单调的是为美国企业提供的大量办公用品：上百种不同类别和档次的铅笔，数十个品牌的钢笔，曲别针、紧固件以及所有能想到的订书机，用于防止欺诈的专利支票切割器，出纳员的硬币盘与分拣现金所用的小工具，复写纸与打字机杂件，活页账簿与档案柜，配备文件隔架的木制办公桌。凡此种种，不一而足。

　　在 19 世纪最后几十年中，最先进或最简单的办公设备几乎都为美国所独有。直到 20 世纪，类似的办公设备才现身欧洲，第一次世界大战结束后才在不少企业中出现。

　　美国对办公设备的钟爱主要基于两个原因。首先，与欧洲相比，美国的办公室起步较晚，因此并未承载传统办公室的沉重压力，也没有继承根深蒂固的陈旧工作方法。以 19 世纪 50 年代成立的英国保诚保险公司为例，它难以摆脱维多利亚时代的数据处理方式。原因在于，为利用打字机、加法机或现代卡片索引系统而重新设计办公系统并不划算。实际上，英国保诚在进入 20 世纪前还未配备打字机，直到 1915 年才引入高级办公设备。相比之下，晚于英国保诚 20 年诞生的美国保诚公司（位于纽约）从成立之初就开始采用市场上出现的各种办公设备，并成为办公技术应用领域公认的领跑者。[28] 美国保诚将这一声誉保持到 20 世纪 50 年代，它是当时美国第一批实现计算机化的企业。与之类似，英国的清算所直到 20 世纪初才实现机械化，而美国的清算所在 19 世纪 90 年代就已开始大量使用康普托计算器与伯勒斯加法机。

然而，没有一种简单的经济学解释能充分说明美国企业对办公设备的钟爱。事实上，美国人很喜欢小玩意，也被办公机械化的魅力所折服。美国企业采购办公用品往往只是为了赶时髦，这与它们在 20 世纪 50 年代购买第一批计算机如出一辙。办公制度运动的华而不实强化了这种态度。

正如 19 世纪 80 年代弗雷德里克·温斯洛·泰勒开创了美国工业界的科学管理一样，新一代科学管理者开始彻底改变美国企业的办公室。他们专注于工人的管理，也被称为"系统化组织者"。1886 年，一名早期的系统化组织者向众人吹嘘道：

> 如今，没有记录的管理就如同没有音符的音乐——只能依靠耳朵倾听。就其本身而言，这只是漫漫征途的第一步，无法传之后世……而在理性的管理之下，经验的积累及其系统化的运用构成了第一道战线。[29]

系统化组织者着手对办公室进行重组，他们引入打字机和加法机，设计多部分业务表单与活页归档系统，并采用机器计费系统取代老式的会计账簿，不一而足。办公系统化组织者堪称当今信息技术顾问的鼻祖。

得益于办公合理化潮流的推动，美国成为全世界第一个大规模采用办公设备的国家。这种先发优势使美国成为信息技术产品的主要生产国，其地位保持至今。美国由此在打字机、记录保存以及加法机市场居于主导地位，并在两次世界大战期间称雄记账机市场。第二次世界大战结束后，美国建立起计算机产业，并始终引领行业发展。从 19 世纪 90 年代的大型办公设备企业到如今的计算机制造商，这一脉络从未中断。

第 2 章

办公机械化

1928 年，全球四大办公设备供应商是年销售额达到 6000 万美元的雷明顿－兰德公司、销售额为 5000 万美元的全美现金出纳机公司（后更名为 NCR）、拥有价值 3200 万美元业务的伯勒斯加法机公司，以及与前三者存在明显差距、收入为 2000 万美元的 IBM。40 年后，四家企业均跻身十大计算机制造商之列，而 IBM 的销售额已超过其他三家企业的总和，成为全球第三大公司，年收入达到 210 亿美元，员工数量超过 30 万人。

为理解计算机行业的发展历程，以及这一新兴行业如何发展而来，就必须了解 19 世纪和 20 世纪之交办公设备巨头的崛起。尤为重要的是，这对于理解 IBM 如何将管理风格、销售理念与技术相结合，使其完美适应并进而主导计算机行业的发展必不可少。

时至今日，办公场所中使用的计算机主要有三种用途：文件准备，如使用文字处理程序撰写邮件和报告；信息存储，如利用数据库程序存储姓名、地址或库存信息；财务分析与会计核算，如通过电子表格程序进行财务预测，或使用计算机来管理企业的工资单。

上述三种主要的办公任务，正是 19 世纪末商用机器公司创立时的服务目标。雷明顿－兰德在文件准备和信息存储领域独占鳌头，是领先的打字机与归档系统供应商；伯勒斯在用于简单计算的加法机市场居于主导地位；IBM 称雄打孔卡记账机市场；而 NCR 从 19 世纪 80 年代开始生产现金出纳机，后来也发展为记账机的主要供应商。

打字机

现在深受过去的影响——打字机的发展历程是这种观点的绝佳注脚。在一个多世纪前，办公场所中罕有女性，办公室工作几乎全部由男性承担。如今，许多办公室工作都由女性完成。这一现象相当普遍，以至于往往被人忽视。女性得以步入办公场所，应首要归功于打字机所创造的机会。

"过去影响现在"从今天计算机键盘的第一排字母可见一斑：QWERTYUIOP。这种键盘布局极不方便，最早见于雷明顿公司在 1874 年推出的一款打字机，它也是第一种获得商业成功的打字机。由于在打字员培训方面的投入，加之熟悉 QWERTY 键盘的打字员不愿做出改变，因此从来没有机会切换到更方便的键盘布局——这个机会或许永远不会出现。

在质优价廉的打字机诞生前，"抄写员"是最常见的办公室职业，他们负责缮写文件。19 世纪中叶，许多发明打字机的尝试无一取得商业成功，因为这些发明都没能解决文件准备过程中的两个关键难题，那就是阅读手写文件不易与文件缮写所需时间过长。在 19 世纪，几乎所有商业文件都为手写，忙碌的管理人员需要花费大量时间辨认其中的内容。因此，打字机的最大吸引力在于能让人毫不费力地阅读打出的文件，速度比阅读手写文件快几倍。然而，早期打字机的操作速度非常慢。在 19 世纪 70 年代之前，打字机甚至赶不上普通抄写员每分钟 25 个字的手写速度。直到打字速度堪比手写速度，打字机才逐渐流行开来。

新奇的打字机是科学中的新鲜事物，专业杂志中也时常出现介绍它们的文章。1867 年，退休的报社编辑克里斯托弗·莱瑟姆·肖尔斯从《科学美国人》刊登的一篇文章中受到启发，他发明了一种新型打字机，并取得一系列专利。这种打字机后来发展为第一款雷明顿打字机。肖尔斯的打字机与其他早期打字机的区别在于，其操作速度远远超过当时发明的所有同类产品。这种高速度归功于"键盘与字模连动杆分离"布局，从这种布局发展而来的结构几乎普遍存在于后来出现的手动打字机中。

然而，肖尔斯需要资金才能使自己的发明变为现实。因此他给所有认识的投资者写信（或者说打信），提出"给予他们尽早入股以换取资金的机会"。[1]
美国宾夕法尼亚州一位名叫詹姆斯·登斯莫尔的商业倡导者也收到了肖尔斯的
信件。登斯莫尔曾从事新闻行业，也是一位印刷商，他立刻意识到肖尔斯发明
的重要性，并给予必要的支持。在接下来的三四年中，肖尔斯利用登斯莫尔提
供的资金不断完善打字机，为产品投放市场做好准备。

早期打字机存在一个问题，即铅字连动杆在快速打字的过程中会相互碰
撞并卡住打字机。在最早的一批打字机中，键盘字母按字母顺序排列，造成
干扰的主要原因在于常见字母对（如 D 和 E、S 和 T）离得太近。为解决这
个问题，最简单的办法是将这些字母对应的连动杆错开，避免它们相互碰撞。
QWERTY 键盘布局由此诞生，并沿用至今。[2]（顺带一提：从键盘中间的一排
字母"FGHJKL"可以看出字母表原有的排列顺序。）

登斯莫尔曾两次尝试由小型工程车间生产肖尔斯发明的打字机，但这些
车间都缺乏必要的资金和技术，无法成功制造出成本低廉的打字机。一位研究
制造业的历史学家指出，"对 19 世纪的美国公共企业或私营企业而言，打字机
都是它们能大规模生产的最复杂的机械设备"。[3]打字机不仅包括数百种运动
部件，还使用了橡胶、铁皮、玻璃、钢材等不太常见的新材料。

1873 年，登斯莫尔设法吸引菲洛·雷明顿来生产打字机。雷明顿是美国
纽约州伊利昂一家轻武器制造商雷明顿父子公司的所有者，他原本对办公设备
兴趣不大，但在南北战争结束几年后，寻求业务转型的雷明顿公司也开始制造
缝纫机、农机具、消防车等民用产品。最终，雷明顿同意生产 1000 台打字机。

第一批打字机于 1874 年上市。由于未能找到现成的市场，打字机的销售
最初进展缓慢。商业机构尚未开始使用任何类型的办公设备，因此打字机的
第一批客户是"记者、律师、编辑、作家以及牧师"。[4]例如，塞缪尔·兰霍
恩·克莱门斯（他更为人熟知的笔名是马克·吐温）就是打字机的早期爱好者
之一，他曾为雷明顿打字机写过一篇非常著名的荐言。

先生们：

请无论如何都不要透露我的姓名，更不要透露我有一台打字机。我已彻
底放弃使用打字机，因为不管我用它给谁写信，总会收到回信，不仅要求我描

述打字机的外观，还要说明使用打字机写作的进度，诸如此类，不一而足。我不喜欢写信，所以不想让人知道我有这个神奇的小玩意。

您真诚的塞缪尔·L.克莱门斯[5]

雷明顿公司耗时 5 年才售出首批 1000 台打字机。在此期间，打字机也得到进一步完善。1878 年，公司推出雷明顿二号打字机。它带有可以升降字车的换挡键，从而能打出大写和小写字母。（第一代雷明顿打字机只能打出大写字母。）

到 1880 年，雷明顿打字机的年产量已超过 1000 台，成为打字机市场事实上的垄断者。在打字机发展的早期阶段，雷明顿解决的一个关键业务问题是销售和售后服务。打字机是一种精密的设备，容易发生故障，因此需要训练有素的维修人员。就这方面而言，打字机与大约 10 年前开始批量生产的缝纫机有些类似。雷明顿打字机公司效仿胜家制造公司（著名的缝纫机厂商），开始在美国主要城市建立分支机构，以方便在当地销售打字机并提供返修服务。雷明顿曾试图让胜家通过其海外分支机构代理自己的海外业务，但遭到拒绝；无奈之下，雷明顿于 20 世纪初在欧洲大部分主要城市设立了自己的办事处。

到 1890 年，雷明顿打字机公司已成为一家非常庞大的企业，打字机的年产量达到 2 万台。在 19 世纪最后 10 年中，除雷明顿外，市场上相继出现了史密斯总理（1889 年）、奥利弗（1894 年）、安德伍德（1895 年）、皇家（1904 年）等多个竞争对手。在此期间，我们如今熟知的打字机已成为大小企业的日常办公用品。及至 1900 年，市场上至少有十几家主要的打字机厂商，每年能生产 10 万台打字机。在第一次世界大战爆发前，打字机的销量持续攀升，制造打字机的美国企业多达几十家，而欧洲的打字机公司更多。平均售价为 75 美元的打字机成为使用最广泛的商用设备，占据所有办公用品销售的半壁江山。

然而，打字机的制造和经销并非业务的全部，培养掌握打字机操作的人员同样重要，因为未经培训的打字机操作员并不比经验丰富的抄写员效率高。从 19 世纪 80 年代开始，一些机构开始培训年轻工人（大部分为女性）从事名为"打字员"的新工作。打字与速记和发电报存在诸多共通之处，需要经过几个月的刻苦练习才能掌握。因此，不少打字学校都脱胎于 19 世纪 60 年代开始出现的私人速记和电报学校。19 世纪 90 年代，社会对受过培训的办公室职员的需求大幅增长，打字学校有助于满足这种需求。公立学校很快开设了培养这种新型劳动力的课程，训练出成千上万掌握打字技术的年轻人。在 19 世纪和 20 世纪之交，男性职员的数量不足以填补新兴办公室的空缺，这为女性进入职场创造了越来越多的机会。1900 年美国人口普查的数据显示，全美有 11.2 万名打字员和速记员，其中 8.6 万人为女性。而在 20 年前，打字员的数量仅为 5000 人，其中只有 2000 人是女性。[6]

　　到 20 世纪 20 年代，女性在办公室工作中已占据主导地位，打字员普遍为女性。一位女权主义作家有意以讽刺的笔调写道，"女人的位置就在打字机旁"。[7] 诚然，打字机是女性得以进入办公场所的首要原因，但打字技术本身并无性别差异。时至今日，"敲键盘"对男女而言都是平等的。

　　多年来，研究信息技术的历史学家忽视了打字机是计算机行业前身这一事实。如今，我们可以厘清打字机对于计算机史的重要意义，因为它开创了办公设备行业的三大特征，并为之后的计算机行业所承袭，这就是完善的产品与低成本制造、负责产品销售的销售机构以及引导员工使用技术的培训机构。

兰德父子

　　仅凭一己之力，雷明顿打字机公司不大可能在计算机时代取得成功——当然，其他打字机公司同样不能。但在 1927 年，詹姆斯·兰德父子创立的雷明顿-兰德公司将雷明顿打字机公司收归旗下。身兼发明家与企业家双重角色的兰德父子是兰德-卡迪斯公司的所有者，这家公司是全球领先的记录系统供应商。

　　记录所用的归档系统是一项突破性的商业技术，与打字机的发展大致同步。尽管活页归档系统的技术含量不高，但其重要性并未因此而降低。拜活页纸张装订技术所赐，打字机革命才能发生。

　　在打字机与复写纸出现之前，商业信函保存在"信函簿"中。信函簿通常分为收信簿与发信簿，抄写员的职责是将寄出或收到的所有信件缮清到信函簿，以便永久保存。在南北战争结束后的几十年里，在小公司向大企业转型的过程中，这种烦琐的商业操作不可避免遭到淘汰。打字机与复写纸的出现大大加快了这一进程，文件准备因此变得更加方便。

第一种现代意义上的"立式"归档系统诞生于19世纪90年代初，并荣获1893年世界博览会金奖。立式归档系统是一项重大创新，但它的应用太过普遍，其重要性却少有提及。这种系统其实就是木制或钢制档案柜，配有三四个较深的抽屉，抽屉里的文件整齐地摆放在一起。特定主题或信函的文件被分类存放，用贴有索引标签的硬纸板隔开。与它所取代的箱式抽屉归档系统相比，立式归档系统所占的空间只有十分之一，而且能更快地找到所需的记录。

起初，立式归档系统的效果不错，但随着业务量在19世纪90年代开始增长，这种系统的效率变得越来越低。一个问题在于，虽然存放包含100条甚至1000条记录的信函或库存目录不在话下，但如果记录的数量增加到数万或数十万条，那么组织和检索将变得烦琐异常。

大约在这个时候，老詹姆斯·兰德（1859—1944）是家乡纽约州托纳万达的一名银行职员。[8] 年轻的兰德深感通过现有归档系统检索文件十分不便，因此利用业余时间发明了一种"可视"索引系统并取得专利。这种系统采用隔板、彩色信号条以及标签将文件存放在立式档案柜中，并通过索引系统进行查找，速度比先前提高了三四倍。兰德发明的系统可以无限扩展，能将数百万份文件绝对准确地组织起来，并在几秒内完成检索。

1898年，兰德创建为大型企业提供记录系统的兰德–莱杰公司，并迅速成为市场的主导者。截至1908年，公司已在美国近40座城市设立了办事处，代理机构遍布世界各地。同一年，小詹姆斯·兰德进入父亲的公司。他以父亲为榜样，发明了一种基于卡片的记录系统。公司将这种巧妙的系统命名为卡迪斯系统并推向市场。新系统既有普通卡片索引的优点，也具备无限扩展与即时检索的潜力。1915年，小兰德离开父亲，在友好的家庭竞争关系中创立卡迪斯公司，取得了比父亲更大的成功。到1920年，小兰德的客户已超过10万人，在美国拥有90家分支机构，并在德国建有工厂，海外办事处的数量达到60家。

1925 年，年满 66 岁的老兰德即将退休。在母亲的催促下，小兰德决定恢复与父亲的商业合作。两家公司合并为兰德－卡迪斯公司，老兰德担任董事长，小兰德担任总裁兼总经理。兰德－卡迪斯公司是当时全世界最大的商业记录系统供应商，在美国拥有 219 家分支机构，在其他国家拥有 115 家代理机构，商务代表的数量达到 4500 人。

小兰德实施了一系列强有力的兼并与商业收购，旨在使公司成为全世界最大、品类最齐全的办公设备供应商。小兰德首先收购了几家活页卡片索引系统制造商，然后将道尔顿加法机公司与鲍尔斯记账机公司（何乐礼打孔卡系统的竞争对手）收归旗下。1927 年，兰德－卡迪斯公司与雷明顿打字机公司合并成立雷明顿－兰德公司，总资产达到 7300 万美元，是当时全世界最大的商用机器公司。

第一代加法机

打字机有助于记录信息，归档系统能促进存储信息，加法机则负责处理信息。加法机在打字机问世大约 10 年后开始批量生产，两个行业的发展有诸多相似之处。

第一种实现商业化生产的加法机，当属法国阿尔萨斯的托马斯·德科尔马在 1820 年早期开发、但从未大量投产的四则运算器。这种设备采用手工打造，一个月的产量可能只有一两台。它的性能也不太可靠，30 年后才开始大规模生产（在 1851 年举行的伦敦万国博览会之前，外界对四则运算器几乎一无所知）。耐用可靠的四则运算器出现在 19 世纪 80 年代，但年产量始终没有超过几十台。

四则运算器的售价约为 150 美元，相对而言不太昂贵，但过低的运算速度无法满足办公室的日常计算需要，导致其需求量始终不高。使用四则运算器时，必须用触针将数字"拨"到一组操纵盘上，然后转动手摇曲柄来启动机器。保险公司和工程企业的计算要求七位数精度，因此四则运算器颇有用武之地，但它并不符合普通簿记员的需求。19 世纪 80 年代，经过培训的簿记员可以准确无误地进行四位数笔算，比使用四则运算器快得多。

19 世纪 80 年代初，办公用加法机设计面临的关键挑战在于提高数字输入速度。当然，这个问题解决后，第二个问题又随之出现：数字输入加法机后，金融机构（特别是银行）需要一份书面记录，以便能永久保存金融交易记录。

多尔·E. 费尔特与威廉·S. 伯勒斯解决了上述两个关键问题。两人都是典型的发明家兼企业家，他们研制的康普托计算器与伯勒斯加法机在 20 世纪 50 年代前称雄全球市场。然而，只有伯勒斯创立的企业成功转型进入计算机时代。

多尔·E. 费尔特是一名默默无闻的机械师，他在美国芝加哥生活期间开始研究加法机。费尔特取得的技术突破在于，他的加法机是"按键驱动"的。不同于配有标度盘的四则运算器，也不同于其他加法机使用必须精心设置的操作杆，费尔特发明的加法机包括一组按键，与打字机的按键有些类似。这些按键排成列，每列标记为 1 到 9。[9] 如果操作员在每列中按下一个数字（如 7、9、2、6、9），金额（如 792.69 美元）就会添加到加法机显示的总数中。灵巧的操作员可以在一次操作中输入多达 10 个数字（即每根手指按下一个数字）。实际上，费尔特之于加法机，正如肖尔斯之于打字机。

1887 年，24 岁的费尔特与芝加哥制造商罗伯特·塔兰特合作成立费尔特－塔兰特制造公司，致力于生产加法机。与打字机一样，加法机的销售起初进展缓慢；不过到 1900 年，公司每年售出的加法机已超过 1000 台。

然而，费尔特－塔兰特的业务远不止制造与销售加法机。与使用打字机一样，掌握康普托计算器的操作并非易事，公司为此创办了康普托培训学校。到第一次世界大战爆发时，美国大部分主要城市与欧洲几座中心城市都已建立起培训学校。刚从中学毕业的年轻人进入康普托学校，经过几个月的高强度训练就能熟练掌握加法机的用法。快速操作康普托计算器的情景令人印象深刻：从保存的无声电影档案中可以看到，操作员输入数据的速度比手写要快得多，甚至连镜头都来不及捕捉；他们的手指上下翻飞，难以看清。就像学习骑车一样，一旦掌握康普托计算器的操作方法将受用终身——直至 20 世纪 50 年代康普托计算器退出历史舞台。

在两次世界大战之间，康普托计算器取得空前成功，产量达到数百万台。但费尔特－塔兰特在 20 世纪 30 年代未能开发出先进的机电产品，因而在计算机时代到来前就销声匿迹。当电子管计算机在第二次世界大战结束后问世时，公司对于计算机领域的技术飞跃毫无准备。与办公用品行业的不少企业一样，费尔特－塔兰特在 20 世纪 60 年代一次复杂的兼并中被收购，最终销声匿迹。

办公用加法机的第二个关键问题是需要打印计算结果，威廉·S. 伯勒斯率先成功解决了这个问题。曾担任银行职员的伯勒斯是美国圣路易斯一名机械师的儿子，据说长时间乏味的数字加减工作损害了他的健康。24 岁那年，伯勒斯决定从银行离职，追随父亲成为机械师。他将两个目标合二为一，开始研制适合银行使用的加法机。这种加法机不仅可以像康普托计算器那样快速进行加减运算，还能将输入的数字打印出来。

1885 年，伯勒斯申请了自己的第一项专利，并创建了美国四则运算器公司，开始手工打造"加法列表机"。伯勒斯首先将目光瞄准银行与清算所，专门为这些机构设计加法机。公司耗时 10 年完善加法机的机械装置并逐步增加产量，产品年销量及至 1895 年达到数百台，平均售价为 220 美元。当 43 岁的伯勒斯于 1898 年去世时，公司的规模仍然相对较小，当年售出的加法机不足千台。

然而，在 20 世纪的最初几年中，销售量开始迅速攀升。到 1904 年，公司每年生产的加法机已达 4500 台。圣路易斯的工厂无法应付快速增长的规模，公司因此迁至美国底特律，并更名为伯勒斯加法机公司。加法机的年产量在一年内上升到近 8000 台，公司拥有 148 名销售代表，还建立了多所培训学校。三年后，伯勒斯每年销售的加法机超过 1.3 万台，广告宣称机器型号多达 58 种："让每个行业都有一台加法机。"[10]

在 20 世纪最初 10 年中，加法机市场呈现群雄逐鹿之势。除费尔特－塔兰特与伯勒斯外，道尔顿（1902 年）、威尔士（1903 年）、国民（1904 年）、马达斯（1908 年）等几十家计算设备制造商相继进入市场。1913 年，美国出台采用累进税率并扣缴工资税的新税法，成为加法机行业发展的主要助力。第一次世界大战期间，由于公司税的范围扩大，文书工作也进一步增加。

在第一次世界大战前创立的所有美国加法机公司中，只有伯勒斯成功进入计算机时代。原因之一是伯勒斯不仅生产加法机，也能将它们潜移默化地纳入已有的商业组织。公司深谙此道，在销售加法机的同时也销售业务系统。另一个因素在于伯勒斯并未死抱一种产品不放，而是逐渐扩大自己的业务范围以满足客户需要。在两次世界大战之间，公司摆脱单一的加法机产品，推出功能齐全的记账机。对企业会计制度的了解深深植根于公司的销售文化中，帮助伯勒斯在 20 世纪五六十年代从容过渡到计算机时代。

全美现金出纳机公司

在论述办公设备行业的简短历史时，我们一再提到销售业务对于企业的重要性。为强化强行推销的效果，还需辅以系统分析客户需求、提供售后支持、用户培训等措施。办公设备行业比其他任何行业更依赖这些创新的销售形式，它们主要由全美现金出纳机公司（NCR）首创于 19 世纪 90 年代。当时，如果某家办公设备企业需要建立自己的销售业务，最简单的办法就是聘用与NCR 做过生意的员工。NCR 总结的销售技巧由此渗透到整个办公设备行业，并在第二次世界大战结束后为计算机行业所独有。

某些关于 NCR 的历史记述将公司创始人约翰·H. 帕特森描绘成好斗且自负的怪人，认为他是 IBM 未来领袖老托马斯·J. 沃森效仿的榜样。帕特森曾一度奉行弗莱彻主义[①]，这种奇特的饮食风尚主张在吞咽食物前咀嚼 60 次。还有一次，他迷上了体操与健身，每天早晨 6 点去骑马，强迫公司的高层管理人员陪伴左右。任性妄为的帕特森既可能因某位工人讨他欢心而奖给对方一大笔钱，也可能当场解雇一名只有轻微过错的工人。他是田园城市运动的领军人物，位于美国俄亥俄州代顿的 NCR 工厂很好地诠释了这一理论——优雅的建筑掩映在绿树成荫的林间空地中。尽管帕特森有种种怪癖，但他无疑具备经营现金出纳机业务的天分。这项业务取得了空前成功，NCR 的"商业实践和营

---

① 弗莱彻主义是霍勒斯·弗莱彻（1849—1919）倡导的一种健康饮食理论，主张充分咀嚼食物，以便身体更好地吸收。——译者注

销手法在 20 世纪 20 年代成为 IBM 以及其他办公用品企业遵循的标准"。[11]

与打字机和加法机一样,19 世纪不乏研制现金出纳机的尝试。第一种实用的现金出纳机出自代顿一位名叫詹姆斯·里蒂的餐厅业主之手。里蒂认为员工欺骗了自己,因此在 1879 年发明了"里蒂的廉洁出纳员",其操作方法与今天的现金出纳机并无二致:当一笔交易完成时,所有人都可以看到金额,藉此就能检查员工诚实与否。现金出纳机内部的一卷纸会记录下交易数据。结束一天的营业后,店主将当天的交易加在一起,并根据收到的现金核对总额是否正确。里蒂试图将自己的发明商业化,但未能成功,他的公司被当地一位企业家收购——在退出之前,里蒂看来确曾将一台现金出纳机出售给约翰·H. 帕特森,后者当时是一家煤炭零售企业的合伙人。

1884 年,40 岁的帕特森在与当地矿业利益集团的竞争中落败。尽管他"唯一了解的就是煤炭"[12],帕特森仍然决定退出这一行业。这个评价不完全正确,帕特森对现金出纳机也有所了解,因为他是这种设备为数不多的用户之一。帕特森决定从出售煤炭业务的所得中拿出一部分资金,买下最初由里蒂创立的企业,并更名为"全美现金出纳机公司"。两年后,公司的产品年销量超过 1000 台。

帕特森很清楚,只有不断改进现金出纳机,才能在技术上领先于竞争对手。为此,他在 1888 年设立了一个小型的"发明部"。这大概是办公设备行业建立的首个正式研发机构,为 IBM 与其他企业所效仿。此后的 40 多年中,NCR 发明部累计获得 2000 多项专利,部门负责人查尔斯·凯特林后来创建了通用汽车公司的第一个研究实验室。

在帕特森的领导下,NCR 称雄全球现金出纳机市场,并以惊人的速度增长。到 1900 年,NCR 每年销售近 2.5 万台现金出纳机,拥有 2500 名员工。及至 1910 年,现金出纳机的年销量达到 10 万台,员工数量超过 5000 人。当帕特森于 1922 年去世时,NCR 售出了它的第 200 万台现金出纳机。

帕特森治下的 NCR 是一家生产单一产品的企业,但无论这种产品有多么成功,都注定无法使 NCR 成为计算机行业的主要参与者。帕特森去世后,仍然控制 NCR 的管理层决定将业务拓展至记账机领域。后来担任公司总裁的斯坦利·阿林表示，NCR 决定"驶下破旧乏味的公路，前往机械化会计的新天地"。[13]

到 20 世纪 20 年代初，NCR 已拥有高度成熟的市场研究与技术开发部门。以 1926 年推出的 Class 2000 记账机为基础，NCR 开始对业务方向做出重大调整。Class 2000 是一款完全成熟的记账机，具备发票、工资单以及其他许多企业会计功能。从那时起，公司不再称作"全美现金出纳机公司"，而使用简称"NCR"。NCR Class 2000 记账机的复杂性不逊于当时任何一种记账机，与伯勒斯生产的设备完全相同。

然而，NCR 为计算机时代留下的最大遗产在于它创造了商用机器的营销方式，并确立了这个行业几乎所有重要的销售实践。将全部销售技巧的发明都归功于帕特森并不正确。诚然，他最先提出某些基本想法，但大部分是对已有销售手法的润色与规范。例如，帕特森采纳胜家缝纫机公司的理念，建立了一系列零售分店。客户可以直接从 NCR 分店购买现金出纳机，并将发生故障的设备送回分店，由经过工厂培训的工程师修理。在此期间，分店会为客户提供一台现金出纳机作为代用品。

帕特森很早就清楚，店主鲜少会走进 NCR 商店购买现金出纳机。直到 19 世纪与 20 世纪之交，几乎没有零售商了解现金出纳机为何物。正如帕特森所言，现金出纳机是"卖出去"而非"买进来"的。为此，他建立了全美最有效的直销团队。

帕特森从自己的亲身经历中体会到，销售是一项孤独寂寞且消磨精神的工作，需要从物质和精神两方面激励推销员。在物质层面，帕特森为推销员提供足够的基本工资和佣金，使他们生活无忧。1900 年，帕特森引入销售定额的概念，这是一种奖惩并举的销售激励手段。百分之百完成销售定额的推销员将获得百分俱乐部的会员资格，其奖励是前往位于代顿的公司总部参加年度狂欢活动。"百分推销员"不仅会得到公司高层管理人员的认可，还能聆听帕特森本人富有感召力的演讲。他使用一个放在画架上的超大笔记本发表演讲，笔记本上是用蜡笔圈出的主要论点。随着公司规模不断扩大，百分俱乐部的会员数量增至数百人，远远超出代顿的旅馆容量，年度聚会因此转移到 NCR 所有的草地上的一处"帐篷城"①。

---

① 帐篷城是采用帐篷或其他临时性建筑材料搭建的简易临时住所。——译者注

NCR 总部提供大量宣传资料来支持推销员的工作。从 19 世纪 80 年代末起，NCR 开始向成千上万的销售"潜在客户"（prospects，NCR 创造的一个术语）邮寄产品资料。这些资料起初只是单张印刷广告，后来发展成一种杂志式的小册子。这份名为《推销员》的宣传品针对干货店或酒馆之类的特定商户，在展示如何组织零售会计制度的同时还附有鼓动人心的广告词："您为生命投保，为什么不为资金也投保呢？NCR 现金出纳机让您高枕无忧。"[14]

帕特森还建立起销售培训体系，他将销售这种原本不太体面的职业转变为一种专业性工作。1887 年，帕特森要求公司最优秀的推销员将他的销售话术写入一本小册子。这本帕特森称之为《NCR 初级读本》的小册子实际上属于销售脚本，堪称"美国第一种销售方法模板"。[15]帕特森于 1894 年创办销售培训学校，所有推销员最终都要通过学校的培训："学校传授入门课程，讲解如何展示公司制造的所有产品；学校讲授价目表、商店体系、用户手册、潜在客户获取以及现金出纳机的工作原理。"[16]托马斯·J. 沃森是 NCR 销售学校的早期毕业生之一，参加培训改变了他的一生。

托马斯·沃森与 IBM 的创立

1874 年，托马斯·J. 沃森生于美国纽约州坎贝尔，父亲是农场主，也是纯粹的卫理公会教徒。沃森在 18 岁那年入读商学院，毕业后成为一名簿记员，周薪为 6 美元。但沃森对久坐不动的办公室工作并无兴趣，他决定尝试风险更大但工资更高（周薪 10 美元）的钢琴与风琴销售工作。在运送钢琴四处推销的马车上，沃森练就了一身推销的本领。以此为基础，他的销售话术与交际能力不断提高。

1895 年，一直努力提升自己的沃森设法得到了一份销售 NCR 现金出纳机的工作，成为当时数百名 NCR 推销员中的一员。凭借《NCR 初级读本》，加之孜孜不倦地向资深推销员学习，沃森成长为出色的推销员。他参加了 NCR 总部的销售培训，声称自己的销售业绩在此后增加了一倍。4 年后，已是 NCR 顶尖推销员的沃森晋升为纽约州罗切斯特的销售总代理。29 岁时发生的一件事，使沃森在事业上更上一层楼。

1903 年，帕特森将沃森召至代顿总部，交给他一项"绝密"任务。当时，NCR 正面临来自二手现金出纳机经销商的竞争。帕特森要求沃森将二手设备全部买下，再以较低的价格售出，从而迫使二手经销商退出市场。帕特森认为，"杀死一只狗的最好办法就是割下它的脑袋"。[17] 即便以 20 世纪初的投机冒险标准衡量，这种行为就算不违法，也很不道德。沃森后来对这种道德失检表示歉意，但此事也推动了他在 NCR 步步高升。

1908 年，33 岁的沃森晋升为销售经理。在这个职位上，他对美国公认最好的销售业务有了深入了解。沃森受命负责 NCR 的销售培训学校，与帕特森一样，他也必须发表鼓舞人心的演讲。沃森对口号的运用能力甚至超过帕特森，达到炉火纯青的程度，诸如"永远向前……胸怀大志，高瞻远瞩""服务与销售并重""不进则退"等 [18]。沃森还提出一个更简单的口号——"T-H-I-N-K"，印有这个口号的标志牌很快出现在 NCR 的分支机构中。

在反复无常的帕特森于 1911 年解雇沃森前，他已成为 NCR 总经理。39 岁的超级推销员托马斯·沃森发现自己失业了。不过，沃森很快出任 C-T-R 公司总裁，这家公司已取得何乐礼打孔卡系统的专利。

1905 年前后，打字机和加法机行业已成为经济的重要组成部分，但打孔卡设备行业依然处于起步阶段。与一百多万台打字机和几十万台加法机相比，全球范围内的打孔卡设备屈指可数。这种情况在 20 年后发生了显著改变。

1886 年，当何乐礼带着自己发明的电动制表系统首次投身商界时，与雷明顿、伯勒斯或 NCR 相比，他的公司还算不上真正的办公设备企业。这些企业可以大量生产相对廉价的设备，而何乐礼的电动制表系统造价极高且专业性很强，其应用仅限于美国人口调查局这样的机构。何乐礼缺乏推动公司成为主流办公设备供应商所需的远见和背景；如果他没有将控制权转交给拥有商用机器背景的经理，公司就注定无法成为这个行业的主要力量。

于何乐礼而言，1890 年美国人口普查是一次重大胜利。但随着人口普查在 1893 年接近尾声，留给何乐礼的是堆满整个库房的普查机，大部分机器直到 1900 年人口普查时才再次派上用场。为了维持公司收入，何乐礼需要发展新的客户。他对机器进行改造，使之适合普通的美国企业使用。

　　1896 年 12 月 3 日，何乐礼成立制表机公司。他设法将一套机器出售给铁路公司，不过他的注意力很快转移到即将开始且更容易获利的 1900 年美国人口普查。制表机公司由于这次人口普查又维持了三年，但随着普查工作结束，何乐礼再次面临收入下滑的问题，他又一次将目光转向私营企业。这一次，何乐礼在制表机的应用上投入更多精力，并设法将制表机出售给商业机构。

　　所幸何乐礼终于将注意力转向制表机的商业应用，因为他与美国人口调查局的"蜜月期"即将结束。人口普查主管是一项政治任命[①]，在 1890 年和 1900 年两次人口普查中支持何乐礼的主管罗伯特·波特由美国时任总统威廉·麦金莱（其传记由波特撰写）任命。麦金莱于 1901 年遇刺身亡，波特的公职生涯戛然而止。他返回母国英国，在伦敦创建英国制表机公司。与此同时，新任主管对人口调查局与何乐礼公司之间的和睦关系不以为意，他认为 1900 年人口普查的费用高得难以接受。

　　由于无法就合作达成一致，何乐礼在 1905 年终止与美国人口调查局的业务关系，将所有精力投入制表机的商业开发。两年后，人口调查局聘请机械工程师詹姆斯·鲍尔斯，以改进并研制下一次人口普查所用的制表机。与何乐礼一样，鲍尔斯同样身兼发明家和企业家的双重身份。他对何乐礼的制表机加以改进，添加了结果打印功能，因此很快成为何乐礼的有力竞争对手。

　　在此期间，何乐礼继续完善商用机器，制造出一系列在之后 20 年中一直生产的"自动化"产品。商用打孔卡机共有 3 种：键控穿孔机，用于卡片打孔；制表机，用于将打在卡片上的数字相加；分拣机，用于按顺序排列卡片。所有打孔卡办公室都至少安装了其中一种设备，较大的办公室可能配有多种设备（特别是键控穿孔机）。大型办公室配有十几名或更多的女性键控穿孔机操作员是司空见惯之事。这些自动化机器使用长 7.5 英寸[②]、宽 3.25 英寸的新型

---

① 政治任命是由总统、副总统及其下属部门首长提名的任命，起源于 19 世纪美国的政党分赃制。政党候选人胜选后，有权将政府部门中的职位分配给本党以及竞选活动中的支持者，作为对他们的酬劳。这些人并非出自公务员选拔系统，称为"政治任命公职人员"。——译者注

② 1 英寸约等于 2.54 厘米。——译者注

"45 列"打孔卡，可以存储多达 45 位数字信息。这种打孔卡成为之后 20 年的行业标准。

自动化机器的面世使制表机公司在竞争中居于领先地位。到 1908 年，何乐礼已拥有 30 位客户。接下来的几年里，公司以每半年超过 20% 的速度增长。及至 1911 年，公司已有近百名客户，完全转型为一家办公设备企业。打孔卡行业蓬勃发展的景象，被当时的一位美国记者准确捕捉下来：

在各类工厂、钢铁厂、保险公司、电力照明和牵引公司、电话公司、批发市场和百货店、纺织厂、汽车公司、众多铁路公司以及市政府与州政府中，都能看到这套系统的身影。打孔卡设备用于编制劳动力成本、效率记录、销售分配、用品和材料的内部领料单、生产统计以及计件工作。公用事业公司利用这套系统分析人身、火灾与意外伤害保险的风险，以确定工厂支出与服务销售。此外，还用于向推销员、部门、客户、地点、商品、销售方式等多方面分配销售与成本数据。这种打孔卡可以为定期报告与所有专门报告提供数据，且一旦需要很快就能得到。[19]

在复杂的信息系统中，这些打孔卡设备都发挥了重要作用。打字机与加法机公司采用的精明销售手法令何乐礼深恶痛绝，他亲自（更多时候是他的助手）与客户密切合作，将打孔卡设备纳入整个信息系统中。

到 1911 年，51 岁的赫尔曼·何乐礼已是一位富有的成功企业家，但他的健康状况却在恶化。何乐礼此前一直拒绝出售企业，甚至不愿分享企业的经营权，但医生的建议以及优厚的融资条件最终改变了他的想法。

收购制表机公司的要约来自当时主要的商业倡导者、人称"信托之父"的查尔斯·R. 弗林特，他或许是企业并购领域最知名的代表人物。弗林特计划合并制表机公司、计算尺公司与国际时间记录公司。计算尺公司是店主磅秤的制造商，而国际时间记录公司生产的自动记录设备用于记录员工进出工作场所的时间。三家公司从各自的名称中取出一个字母贡献给新的控股公司，组成"计算－制表－记录公司"，简称 C-T-R。

1911 年 7 月，制表机公司以 230 万美元的价格售出，何乐礼个人获得 120 万美元。身家不菲的何乐礼进入半退休状态，虽然他从未完全放手，并继续担任了 10 年的技术顾问，但没有对打孔卡行业做出更重要的贡献。1924 年，何乐礼目睹 C-T-R 更名为 IBM，但他在 1929 年美国股灾发生前夕去世，因此没有经历大萧条时期，也未能见证 IBM 如何涅槃重生，成为商用机器行业的传奇。

IBM 之所以能最终取得成功，应归功于三个因素：以 NCR 为基础发展而来的销售机构、打孔卡机业务的"租赁再补充"性质、技术创新。这些和老托马斯·J. 沃森在 1911 年受命担任 C-T-R 总经理并于 1914 年出任总裁密不可分。

在 1911 年被帕特森解除 NCR 总经理一职后，沃森并不缺少工作机会。但沃森不想成为只领月薪的经理，他更渴望得到一份利润丰厚的分红制工作，因此决定接受查尔斯·弗林特的邀请出任 C-T-R 总经理。尽管 C-T-R 的规模比 NCR 小得多，但沃森比弗林特或何乐礼更了解何乐礼专利的潜力所在。经过协商，沃森只拿少量基本工资，但成功争取到公司利润的 5% 作为自己的佣金。如果 C-T-R 按沃森所设想的那样发展下去，那么他最终将成为美国收入最高的企业家——到 1934 年，沃森的薪酬达到 364 432 美元。

沃森摒弃何乐礼不事张扬的销售方式，立即将 NCR 成功开创的销售实践大规模引入 C-T-R。他创立了销售区域、提成制与定额制，并在 C-T-R 推出百分百俱乐部，后者与 NCR 为奖励完成销售定额的推销员所创立的百分俱乐部颇为类似。沃森用大约 5 年时间完全改变了 C-T-R 的文化和前景，使公司成为办公设备行业最为耀眼的明星。截至 1920 年，C-T-R 的收入达到 1590 万美元，比之前增加了两倍多，并在加拿大、南美洲、欧洲以及远东地区开设了分公司。1924 年，沃森把 C-T-R 更名为"国际商业机器公司"（IBM），并宣称"IBM 的设备将无处不在，努力打造日不落企业"。[20]

沃森从未忘记他从帕特森那里汲取的经验教训。1932 年，《财富》杂志的一位作者写道：

（沃森）如同天资聪慧的剽窃者，天生就能模仿他人的有效做法。他对这个系统了如指掌，胜过任何人……帕特森不变的习惯是穿着一件白色硬领衬衫和背心，这一着装要求在 I.B.M. 得到严格遵守。帕特森习惯在画架上放置一个报纸大小的巨大便笺，以精彩的夸张手法记录下自己的真知灼见。在 I.B.M.，这种便笺是几乎所有行政办公室里的标准配置。帕特森习惯让所有人按照他的方式思考、行动、着装甚至就餐；在 I.B.M., 所有雄心勃勃的员工都尊重沃森先生的诸多偏好。帕特森惯于向优秀的员工支付丰厚的佣金，通过增加销售压力来应对每一次萧条；在 I.B.M., 这些都成为销售技巧的一部分。[21]

座右铭 "T-H-I-N-K" 很快张挂在 IBM 帝国每一间办公室的墙上。

如果说 IBM 以其充满活力的推销员闻名于世，那么公司对商业萧条的明显免疫力则使其更加出名。得益于打孔卡机业务的"租赁再补充"性质，IBM 几乎不会受到经济衰退的影响。打孔卡机是出租而非销售给客户的，即便 IBM 在光景不好的年份未能获得新客户，现有客户也会继续租用已有的设备，从而确保公司能年复一年获得稳定收入。IBM 设备的租金在大约两三年内就可以偿还制造成本，之后的所有收入几乎都是利润。大部分设备的使用寿命至少为 7 年，通常为 10 年，某些机器长达 15 年或 20 年。沃森深知租赁政策对公司长期发展的重要性，并在 20 世纪 50 年代前始终顶住政府和企业要求直接销售 IBM 设备的压力。

IBM 得以保持财务稳定，第二个原因在于打孔卡的销售。卡片的成本只有其售价的千分之几。根据 20 世纪 30 年代一位记者的解释，IBM 经营的是一种特殊的业务：

一种或许可以称为"再补充"式的业务——当机器售出后，卡片销售基本就能源源不断地持续下去。这类业务也有很好的先例，比如向相机用户销售胶卷的伊士曼柯达公司，向车主销售交流火花塞的通用汽车公司，向无线电用户销售电子管的美国无线电公司，以及向剃须刀用户销售刀片的吉列剃须刀公司。[22]

就剃须刀刀片与火花塞而言（胶卷与电子管则不太明显），制造商必须为争夺再补充市场而相互竞争。但 IBM 在制表机卡片市场罕有对手，因为必须采用特殊的纸张制造卡片才能达到极高的精度，而其他公司无法成功仿制这种纸张。到 20 世纪 30 年代，IBM 的打孔卡年销量达到 30 亿张，占其收入的 10%，利润的 30% 到 40%。

技术创新是 IBM 在两次世界大战之间保持办公设备行业领先地位的第三个因素。从某种程度上说，这是为了回击主要竞争对手鲍尔斯记账机公司。这家公司成立于 1911 年，由何乐礼在美国人口调查局的继任者詹姆斯·鲍尔斯创立。沃森一到 C-T-R，就发现有必要应对鲍尔斯生产的印刷机。他成立了一个实验部门（与帕特森在 NCR 设立的发明部颇为类似），负责系统改进何乐礼的机器。尽管印刷制表机的开发工作因第一次世界大战的爆发而中断，但是在 1919 年举行的战后首次销售会议上，

> 沃森经历了职业生涯中最重要的时刻之一。中央讲台后面的幕布拉开，沃森按下开关；随着卡片进入新机器，讲台中央的制表机打印出结果。推销员们站在椅子上欢呼雀跃，庆贺他们终于能和对手一争高下。[23]

1927 年，组织能力强大的雷明顿－兰德收购鲍尔斯公司，IBM 面临的竞争威胁显著增加。1928 年，IBM 推出 80 列打孔卡，其容量几乎两倍于当时两家公司销售的 45 列打孔卡；两年后，雷明顿－兰德推出 90 列打孔卡作为回应。竞争如此持续下去。这种企业交替领先的发展模式体现出美国与其他发达国家的行业特征——IBM 和雷明顿－兰德都有子公司，欧洲的打孔卡机制造商也不例外。

20 世纪 30 年代初，IBM 宣布推出 400 系列记账机，从而在竞争中遥遥领先，这也标志着在两次世界大战期间打孔卡机的发展达到高潮。系列中最重要且利润最高的是 405 型电动记账机，IBM 在一年内就制造出 1500 台，它堪称 "IBM 所有明星机械产品中利润最高的型号"。[24] 60 年代末，打孔卡机最终完全让位于计算机，400 系列记账机直到那时才停止生产。405 型记账机共有 5.5 万个部件（包括 2400 种不同的部件），线缆总长度达到 75 英里，是打孔卡机制造工艺发展半个世纪的成果。405 型记账机比普通记账机复杂得多——例如，NCR Class 2000 "仅" 有 2000 个部件。到 20 世纪 30 年代，IBM 已取得了领先于竞争对手的显著技术优势，因而能在 50 年代从容过渡到计算机时代。

鲍尔斯总是屈居 IBM 之后，即便在 1927 年被雷明顿－兰德收购后依然如此。IBM 的产品据称比鲍尔斯的产品更加可靠且更易于维护，IBM 的销售手法更是占据压倒性优势。IBM 的推销员（称为 "系统调查员" 或许更准确）在美国纽约州恩迪科特一所专门学校内接受培训，他们是训练有素的代表。据估计，IBM 在 1935 年为客户安装了 4000 多台记账机，市场占有率达到 85%，而雷明顿－兰德只有 15%。

纵观美国商业史，沃森因在大萧条时期的勇气而蜚声于世。彼时，商用设

备制造商的销售额普遍下降了一半。IBM 的新订单量遭遇了类似的下滑，但公司收入依靠打孔卡销售与机器租赁而得以维持。沃森并未听从董事会的建议，而是保留了训练有素的团队，并维持工厂满负荷运转，从而积累了高得惊人的设备库存，为迎接经济回暖做好准备。沃森的信心是大萧条时期的希望灯塔，他也因此成为美国最有影响力的商人之一。沃森不仅担任了美国商会会长并随后出任国际商会主席，还是美国时任总统富兰克林·D.罗斯福的顾问和好友。

IBM 与美国的复苏始于 1935 年施行的罗斯福新政，沃森是新政的坚定支持者。根据《1935 年社会保障法》，联邦政府有必要保证全部 2600 万劳动人口的就业。IBM 因超额库存与全面投产的工厂而受益匪浅。

1936 年 10 月，美国联邦政府接收了 415 台打孔卡机与记账机——对 IBM 来说，这是一笔很大的订单。这些设备安置在美国巴尔的摩一栋面积为 12 万平方英尺 ① 的砖砌阁楼建筑中。在这条信息生产线上，每天有 50 万张卡片被打孔、分拣与编排。自 1890 年人口普查以来，类似的情况还是第一次出现。IBM 每年从这项"全球最大簿记工作"[25] 中获得 43.8 万美元的收入，只占公司总收入的 2%，但来自政府的订单很快将这一比例提高到 10%。罗斯福新政还规定，私营企业主有义务遵守联邦政府的要求，提供福利、《全国工业复兴法》与公共工程项目所需的信息。这进一步刺激了需求：1936 年至 1940 年间，IBM 的销售额几乎翻番——从 2620 万美元增加到 4620 万美元，员工数量增至 12 656 人。到 1940 年，IBM 已成为全世界最大的办公设备供应商。尽管 IBM 的销售额不足 5000 万美元，相对而言仍是一家小企业，但其未来似乎不可限量。无怪乎一位记者在《财富》杂志上撰文：

大部分企业在梦想黄金时代的辉煌时往往会将目光投向过去，国际商业机器公司则从未见过如现在一般辉煌的过去。上天眷顾这家企业，云朵为之让路。它在斗争中前进，避开萧条的泥沼，绕过虚假繁荣的流沙。除了偶尔几次喘息，它的增长始终强劲而稳定。[26]

而 IBM 最辉煌的时代尚未到来。

---

① 1 平方英尺约等于 0.09 平方米。——译者注

从巴贝奇差分机到 System/360

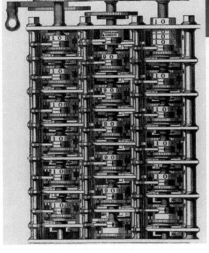

1820 年，英国数学家查尔斯·巴贝奇发明了差分机，这是第一种全自动计算机。1843 年，巴贝奇的好友埃达·洛夫莱斯撰写了《分析机概论》；在 20 世纪 80 年代以前，《分析机概论》都是论述分析机的最好专著。为纪念洛夫莱斯所做的贡献，20 世纪 70 年代开发的编程语言 Ada 即以她的名字命名（巴贝奇肖像与差分机示意图由巴贝奇研究所与明尼苏达大学提供，洛夫莱斯肖像由伦敦科学博物馆提供）

位于伦敦的中央电报局在英国各城镇之间分发电报。这张载于 1874 年《伦敦新闻画报》上的版画展现出收到电报并继续专输时的热闹景象（由华威大学提供）

上图摄于工厂内的照片，展示了 20 世纪中叶底特律工厂的装配线（由巴贝奇研究所与明尼苏达大学提供）

左图伯勒斯加法机公司是领先的加法列表机制造商。这些复杂的机器由数千个零部件组装而成

1911 年，老托马斯·J. 沃森出任制表机公司总经理。上图展示了在销售学校授课的沃森。1924年，公司更名为国际商业机器公司（IBM），成为全世界最成功的办公设备企业。下图展示了 20世纪 20 年代典型的打孔卡办公室（沃森照片由 IBM 提供，打孔卡办公室照片由马丁·坎贝尔－凯利提供）

20 世纪 30 年代中期，万尼瓦尔·布什与他发明的布什微分分析仪，这是两次世界大战之间功能最强大的模拟计算机。布什是麻省理工学院的杰出校友，后来成为美国时任总统罗斯福的首席科学顾问，并在第二次世界大战期间负责民间机构的战争研究工作（由麻省理工学院博物馆提供）

1943 年投入使用的 IBM 自动顺序控制计算机，通常称为"哈佛马克一号"。这台计算机重 5 吨，长 51 英尺，运算速度约为每秒 3 次（由 IBM 提供）

第二次世界大战期间开发的 ENIAC 每秒可以进行 5000 次基本算术运算。它包括 1.8 万个电子管，耗电量高达 150 千瓦，需要一个长 50 英尺、宽 30 英尺的房间才装得下。照片展示了 ENIAC 的发明者约翰·普雷斯伯·埃克特（前左）与约翰·莫奇利（中）（由宾夕法尼亚大学提供）

赫尔曼·H. 戈德斯坦（左）与约翰·普雷斯伯·埃克特（右）手持 ENIAC 的十进制计数器。这个包括 22 个电子管的部件仅能存储 1 位十进制数字（由计算机历史博物馆提供）

1948 年初，IBM 为 SSEC 营销造势，让路过公司大楼的行人都能看到这台机器，由此引发了巨大反响（由英国国家计算博物馆提供）

1944 年到 1945 年间，约翰·冯·诺伊曼与 ENIAC 的开发人员合作设计的新型计算机——存储程序计算机，奠定了迄今为止几乎所有计算机的理论基础。照片展示了冯·诺伊曼于 20 世纪 50 年代初在普林斯顿高等研究院制造的计算机（由摄影师艾伦·理查兹提供，取自普林斯顿高等研究院谢尔比·怀特与利昂·利维档案中心）

第一种投入使用的存储程序计算机是英国曼彻斯特大学于 1948 年制造的"小婴儿"。尽管这台计算机因为过小而无法执行实际的计算任务，但它证明了存储程序概念的可行性。照片展示了在控制面板旁工作的开发者汤姆·基尔伯恩（左）与弗雷德里克·C. 威廉斯（右）（由曼彻斯特大学国立计算史档案馆提供）

EDSAC 于 1949 年在剑桥大学制造完成，它是第一种投入使用的全尺寸存储程序计算机（由剑桥大学提供）

埃克特与莫奇利开发的 UNIVAC 是美国第一种商用电子计算机。哥伦比亚广播公司使用 UNIVAC 预测 1952 年美国总统选举的结果，在大选之夜吸引了公众的注意力（由哈格利博物馆与图书馆提供）

旧秩序的转变: 1956
年，老托马斯·J.沃
森将IBM的控制权交
予其子小托马斯·J.
沃森。在小沃森的领
导下，IBM成为全球
首屈一指的大型计算
机与信息系统供应商
（由IBM提供）

1959年，IBM推出1401型计算机。它采用晶体管取代电子管，是一种快速可靠的"第二代"计
算机（由IBM提供）

1964 年推出的 System/360 使 IBM 在 20 世纪 80 年代前一直居于计算机行业的主导地位（由 IBM 提供）

第 3 章
巴贝奇梦想成真

1946 年 10 月，计算机先驱莱斯利·约翰·科姆里在科学新闻期刊《自然》上撰文提醒英国读者，英国政府在一个世纪前并不支持巴贝奇制造计算工具：

100 多年前，当时的英国政府不相信查尔斯·巴贝奇的差分机项目能获得成功，这一污点至今仍未抹去。毫不夸张地说，英国由此丧失了在机械计算领域的领先地位。[1]

科姆里之所以如此评论，是因为第一台全自动计算机在美国哈佛大学制造完成，科姆里将其誉为"巴贝奇梦想成真"。和过去一个世纪的许多人一样，这位 1916 年毕业于奥克兰大学的新西兰天文学家对巴贝奇将项目失败归咎于英国政府深以为然。然而，故事的背后是非曲直要复杂得多。

巴贝奇分析机

巴贝奇发明了差分机与分析机两种计算工具。尽管差分机是最接近实际完成的机器，但就历史意义和技术水平而言，它算不上特别出色。巴贝奇对差分机的研究始于 19 世纪 20 年代初，他在这个项目上投入了大约 10 年时间。第 1 章曾经介绍过，差分机样机于 1833 年面世，缓慢的进展总算结出硕果。这台样机陈列在巴贝奇伦敦家中的会客室，成为他在社交聚会中的谈资。大部分到访者并不理解差分机的用途，只有诗人拜伦的女儿埃达例外。这位 18 岁的年轻女士对数学很感兴趣，这在女性中颇为少见。埃达设法吸引到巴贝奇、奥古斯塔斯·德摩根等杰出的英国数学家指导她的学业。作为对巴贝奇的回报，她后来撰写了 19 世纪最出色的分析机专著。

巴贝奇的全尺寸差分机最终未能面世，他在 1833 年放弃差分机项目，转而开始研制分析机，这是巴贝奇得以在计算机史上留名的主要作品。那时的巴贝奇正处于个人声誉的顶峰，他不仅担任英国剑桥大学卢卡斯数学教授，也是英国皇家学会会士；作为伦敦科学界的领军人物之一，巴贝奇还撰写了 19 世纪 30 年代最有影响力的经济学著作《论机械和制造业的经济》。

尽管差分机的重要性毋庸置疑，但其作用基本仅限于编制数学用表。相比之下，分析机可以胜任所有数学计算。在考虑如何利用反馈计算结果来消除差分机中的人为干预（巴贝奇称之为差分机"吃掉自己的尾巴"[2]）时，他萌生了分析机的想法。巴贝奇对差分机进行了简单改进，由此衍生出分析机的设计，分析机体现了现代数字计算机几乎所有重要功能。

分析机最重要的概念在于算术运算与数字存储的分离。而在最初的差分机中，这两种功能紧密相连：数字实际上存储在加法机构中，与普通的计算工具并无二致。巴贝奇起初担心加法机构的速度较慢，他为此发明了"先行载运器"以提高速度——这种快速加法机制相当于现代电子计算机采用的先行进位加法器。但新机构极其复杂，导致大量制造加法器的成本过高，巴贝奇于是决定将算术运算与数字存储两种功能分开。他将分析机的两个功能模块分别称为作坊和仓库，这两个术语借用了纺织业的概念：纱线从仓库运往磨坊，在那里织成布料后再运回仓库。对分析机而言，"仓库"中的数字进入算术"磨坊"等待处理，得到计算结果后再放回"仓库"。可以看到，即便在绞尽脑汁思考复杂的分析机设计时，巴贝奇也没有忘记从经济学的角度考虑问题。

巴贝奇花了大约两年时间努力解决组织计算的问题——我们今天将这一过程称为"程序设计"，但当时并没有合适的术语来描述它。在尝试了包括手摇风琴在内的各种机械装置后，巴贝奇偶然发现了雅卡尔织布机。这种织布机诞生于 1804 年，19 世纪 20 年代开始在英国的纺织与缎带制造业投入使用。雅卡尔织布机是一种通用设备，如果采用特殊的打孔卡进行控制，就能织出任意种类的图案。巴贝奇设想将类似的设计用于分析机。

与此同时，差分机项目遇到的资金难题仍未得到解决，时任英国首相的威灵顿公爵要求巴贝奇准备一份书面陈述。正是在这份发表于 1834 年 12 月 23 日的陈述中，巴贝奇首次提及分析机，"一种功能更为多样化的全新机器"。[3] 巴贝奇或许已经意识到，提出分析机的设想会对差分机项目产生不利的影响；但他在陈述中声称，提及分析机只是出于体面，以便 "您能完全了解项目的来龙去脉"。[4] 然而，这份陈述向英国政府传递出两条明确的信息：首先，政府应该放弃差分机项目以及已经为此投入的 17 470 英镑，转而支持巴贝奇的新设想；其次，巴贝奇对制造分析机更感兴趣，而不是编制与政府主要利益息息相关的数学用表。英国政府对差分机项目的信心因此遭受致命打击，之后几年再未资助巴贝奇的任何项目。

从 1834 年到 1846 年，巴贝奇在没有任何外部资助的情况下精心完善分析机的设计。毫无疑问，在缺乏政府资助的情况下制造分析机，很大程度上属于纸上谈兵——巴贝奇最终留下的设计手稿达数千页之多。在这段充满创造力的时期，巴贝奇基本将计算工具本应实现的目标抛在脑后，陷入 "为制造而制造" 的境地。因此，尽管差分机在编制用表方面尚能与航海表背后的经济需求相契合，分析机却完全没有考虑这些问题。分析机可以解决的问题，差分机同样可以解决；但差分机本身是否比 18 世纪 90 年代德普罗尼使用的普通计算员团队更有效，仍然有待商榷。实际上，除了巴贝奇自己，几乎无人对分析机抱有兴趣。

到 1840 年，在英国政府那里遭受的冷遇令巴贝奇情绪低落。因此，当他受邀前往意大利都灵大学参加有关分析机的研讨会时，巴贝奇欣喜异常。他认为自己在英国是一位不受尊重的预言家，都灵大学的邀请强化了这种错觉。都灵之旅成为巴贝奇人生的巅峰，期间最辉煌的时刻是觐见对科学问题表现出浓厚兴趣的维克托·伊曼纽尔国王。这与巴贝奇在英国所受的冷遇形成了鲜明对比。

在都灵期间，巴贝奇鼓励年轻的意大利数学家路易吉·梅纳布雷亚中尉撰写介绍分析机的论文，这篇以法语写就的论文随后于 1842 年发表。（巴贝奇的眼光很准：梅纳布雷亚后来升任意大利首相。）返回英国后，巴贝奇鼓励年近三十并已嫁与洛夫莱斯伯爵的埃达将梅纳布雷亚的论文译成英文。然而，埃达·洛夫莱斯并非只是简单地翻译，她还添加了长度几乎四倍于原文的注记。

事实上，在 20 世纪 80 年代之前，洛夫莱斯的《分析机概论》一直是巴贝奇一生中唯一详细论述分析机的作品[①]。洛夫莱斯用诗意的措辞（这正是巴贝奇所欠缺的）唤起分析机的神秘感，这对维多利亚时代的人们来说想必是非常了不起的：

分析机的独特之处在于，将雅卡尔织布机为调节锦缎织造中最复杂的图案而设计的原理以打孔卡的形式引入其中，分析机可以藉此计算抽象代数……这样形容或许最贴切：分析机"编织"代数模式，如同雅卡尔织布机编织花朵和树叶。[5]

在 20 世纪四五十年代的第一批计算机程序员看来，这种"编织数学"的形象是个颇具吸引力的比喻。

但应该注意到，洛夫莱斯对《分析机概论》所做的学术贡献被过分夸大。人们称她为世界上第一位程序员，甚至以她的名字命名了一门编程语言——Ada 语言。后来的学术研究表明，《分析机概论》中的大部分技术性内容以及所有程序均是巴贝奇的成果。然而，即便《分析机概论》几乎完全出自巴贝奇的想法，埃达·洛夫莱斯无疑令这部专著增色不少。她承担了分析机的主要解释工作，深为巴贝奇所倚重。这位计算机先驱毫不吝惜对洛夫莱斯的赞誉，将她称作自己"亲爱的、备受推崇的译员"。[6]

从意大利回国后不久，巴贝奇再次开始与英国政府洽谈资助分析机项目。当时，英国政府已经改组，新任首相罗伯特·皮尔广泛征询了各方面的意见，包括宣称巴贝奇的机器"毫无价值可言"的皇家天文学家。[7] 巴贝奇并不知晓这种直言不讳的评价，但他从政府那里得到的答复毫无转圜余地：由于巴贝奇未能兑现早先的承诺，政府不打算继续投入以徒增损失。今天的人们完全能理解英国政府当时的立场，但我们不应轻率地以 20 世纪的标准来评判巴贝奇。如今，研究人员期望在寻求进一步资助前展示出一定程度的成功与成就；巴贝奇则认为，在萌生分析机的想法后，仅仅为了展示具体成果而继续推进略逊一筹的差分机项目，于他而言是毫无意义的分心。

---

① 1982 年，澳大利亚计算机历史学家艾伦·布罗姆利（1947—2002）发表《1838：查尔斯·巴贝奇分析机》（*Charles Babbage's Analytical Engine, 1838*）一文，对分析机做了极为详尽的描述。——译者注

到 1846 年，巴贝奇已经为分析机的研制竭尽所能。接下来的两年中，他将注意力再次转向原先的差分机项目。25 年来积累的工程实践改进以及为分析机研制的众多简化设计，现在都能派上用场。巴贝奇为这个他称为"差分机二号"的项目制定了完整的计划。

英国政府对这些计划毫无兴趣，巴贝奇最终认识到，所有可能的资助都已化为泡影。自己珍视的项目胎死腹中令巴贝奇痛苦不堪，但强烈的英式矜持使他并未直接表达失望的情绪，而是对英国人敌视创新的态度冷嘲热讽：

无论向英国人提出多么精妙的原则或工具，你会发现他们的全部努力都是为了找出其中的困难、缺陷或不可能。当向英国人描述一种可以削土豆皮的机器时，他们会说这不可能实现；即便在他们眼前使用这种机器削土豆，他们也会宣称它用处不大，因为这种机器不能切菠萝。[8]

或许没有其他表述比这段话更能表达巴贝奇对官僚思维的蔑视。

巴贝奇已年过五旬，智力水平再也无法和 20 年前相比，他在科学界的地位越来越低。巴贝奇曾出版过一本奇怪的小册子，以半消遣的方式探索密码学与各种发明，其中一些发明近乎古怪。例如，他曾考虑制造一台井字棋游戏机，希望藉此为制造分析机筹措资金。

在生命的最后 20 年里，朔伊茨差分机的成功开发是少数令巴贝奇感到欣慰的亮点之一。[9]1834 年，知名科学讲师和科普作家狄奥尼修斯·拉德纳在《爱丁堡评论》上撰文介绍了巴贝奇的差分机。在读过这篇文章后，瑞典印刷商耶奥里·朔伊茨与其子爱德华开始制造差分机。经过近 20 年堪与巴贝奇相比的不懈努力，朔伊茨父子制造出一台全尺寸差分机，巴贝奇于 1852 年获知此事。这台差分机在 1855 年巴黎世界博览会上展出并荣获金质奖章，参观博览会的巴贝奇对此感到由衷高兴。第二年，美国纽约州奥尔巴尼的达德利天文台以 5000 美元的价格买下朔伊茨差分机；英国政府出资 1200 英镑进行复制，用于计算一套新的人寿保险表。

朔伊茨差分机最重要的一点或许在于其成本只有 1200 英镑，远低于巴贝奇对差分机项目的投入。但低成本的代价是机械水平存在瑕疵：朔伊茨差分机并非特别可靠，必须经常调整。此后的半个世纪中，人们还制造出其他差分机，但这些独一无二的机器既没有给发明者带来利润，也未能成为行业的开创者。因此，差分机基本被束之高阁，数学用表的编制者又开始使用计算员以及传统的台式计算器。

然而，查尔斯·巴贝奇从未完全放弃他的计算工具之梦。大约 10 年后，巴贝奇于 1856 年再次开始研究分析机。时年 65 岁的巴贝奇意识到，这台机器或许永远无法面世。直至生命最后一刻，巴贝奇仍在几乎与世隔绝的情况下继续分析机的研究，用令人费解的涂鸦填满了一个又一个笔记本。巴贝奇于 1871 年 10 月 18 日去世，享年 80 岁，没有完成任何作品。

巴贝奇之所以未能制造出任何计算工具，无疑是因为其粗暴的性格，他也没有领悟"至善者，善之敌"这句话的含义。巴贝奇不明白，英国政府关心的只是削减制表成本而非他的计算工具；制表工作由机器完成还是由计算员完成，对政府而言无关紧要。但巴贝奇失败的主要原因在于，他在 19 世纪二三十年代开创了数字化计算方法的先河，而大约 50 年后，机械技术的发展才使计算变得相对简单。如果巴贝奇的工作能延至 19 世纪 90 年代进行，结果或许会完全不同。事实上，巴贝奇的失败恰恰证明，他处于莱斯利·约翰·科姆里所谓的数字计算的"蒙昧时代"。为避免重蹈巴贝奇的覆辙，科学家与工程师倾向于在另一条非数字化的道路上进行探索，这条涉及模型构建的道路就是如今所称的模拟计算。[10]

潮汐预报器与其他模拟计算设备

形容词模拟（analog）源自名词类比（analogy）。这种计算模式背后的概念在于，与其进行数字计算，不如为有待研究的系统建立物理模型（或模拟）。太阳系仪便是这方面的例证。它是 18 世纪初一种演示行星系统的桌面模型，以英国奥雷里伯爵的名字命名，这位贵族对这类小巧装置十分热衷。太阳系仪由一系列球体构成，中央最大的球体表示太阳，围绕太阳旋转的一组球体表示行星。球体之间通过齿轮系统相连，当转动手柄时，行星就会依据行星运动定律沿各自的轨道运行。转动手柄大约 10 分钟后，地球将完成环绕太阳的一次公转。

在巴贝奇所处的时代，太阳系仪广泛用于科普讲座。不少精巧的仪器都是为学识渊博、品味高雅的绅士打造，它们如今已成为价值连城的博物馆藏品。但太阳系仪的精度过低，并未在实际计算中发挥太大作用。直到 20 世纪 20 年代，这些设备的基本原理才在许多科学博物馆的天文馆中得到应用。在天文馆中，光学系统以高精度将恒星的位置投射到漆黑讲演厅的半球形天花板上。对 20 世纪二三十年代的博物馆参观者而言，在夜幕下观察穿越千年的星空是一种非比寻常且激动人心的崭新体验。

就经济层面而言，19 世纪最重要的模拟计算技术当属机械潮汐预报器。正如《航海天文历》发布的航海表有助于减少海上遇到的危险一样，潮汐表能最大限度减少船只进港时搁浅的危险。引发潮汐的主要原因是太阳与月球对地球的引力，当太阳与月球沿各自的轨道运行时，潮汐也会以一种极其复杂的方式发生周期性变化。由于潮汐表计算耗时过长，直到 19 世纪 70 年代，人们仍然只能为全世界几个主要港口编制潮汐表。1876 年，英国科学家开尔文勋爵发明了一种有用的潮汐预报仪器。

开尔文勋爵（受封前名为威廉·汤姆森）堪称他那个时代最伟大的英国科学家，英国《国家人物传记大辞典》用惊人的九页篇幅描述了他的成就。1866 年，开尔文勋爵因担任第一条跨大西洋电报电缆建设工程的负责人而为公众所熟知，不过他也对物理学做出了许多基础性的科学贡献，尤其是无线电报与波动力学。潮汐预报器只是开尔文勋爵漫长一生中的众多发明之一。这种外观奇特的机器由一系列线缆、滑轮、传动轴与齿轮构成，用于模拟海上的重力作用，并将港口的水位绘制成纸卷上的连续线。通过读取曲线的高低点，就能编制出潮汐表。

开尔文勋爵发明潮汐预报器后，人们制造出大量复制品，帮助世界各地数以千计的港口编制潮汐表。经过改进且精确度更高的型号一直在生产，直至 20 世纪 50 年代最终被数字计算机取代。然而，潮汐预报器属于专用仪器，不适合解决通用的科学问题。这是模拟计算技术最主要的症结所在：特定的设备只能解决特定的问题。

模拟计算在两次世界大战之间进入全盛期。如果无法通过数学方法研究某个系统，那么最好的办法就是构建模型，人们也确实建立了众多精巧的模型。例如，建造水坝需要计算大量方程以确定其性能指标，但当时功能最强大的计算设备也力有未逮。解决这个问题的方法是为大坝建立比例模型，藉此测算大坝底部的受力，并确定风吹过水面产生的浪高。放大利用模型获取的结果，就能指导实际大坝的建设。荷兰在土地复垦规划中应用了类似的技术：为计算须德海的潮汐，人们建立了一个 50 英尺的比例模型。[11]

20 世纪 20 年代，为帮助设计迅速发展的美国电力系统，新一代模拟计算设备应运而生。十年中，电力供应从城市扩展到乡村，着力服务于美国南部的纺织制造业，并为加利福尼亚州农业发展所需的土地灌溉提供电力。为满足日益增长的需求，电机巨头通用电气公司与西屋电气公司开始为大型发电厂提供交流发电设备。这些发电厂随后连接在一起，形成区域电网。

采用数学方法研究新的电网并非易事，而且几乎无法求解方程，电网设计师因此转而构建模拟模型。这些实验室模型由电阻、电容与电感电路构成，用于模拟实际巨型电网的电气特性。某些"网络分析仪"变得异常复杂，其中最精密的当属美国麻省理工学院在 1930 年制造的交流网络分析仪。这种设备长 20 英尺，大到要一个房间才装得下。不过与潮汐预报器类似，网络分析仪也属于专用仪器。模拟计算技术得以向前沿推进，很大程度上应归功于万尼瓦尔·布什。

万尼瓦尔·布什（1890—1974）是 20 世纪美国科学界的关键人物之一。虽然布什并非"计算机科学家"，但他的名字将在本书中多次出现。1912 年，在美国塔夫茨学院就读的布什开始对模拟计算产生兴趣。他发明了一种用于绘制地面轮廓的设备，并称之为"测形仪"。在其自传《行动的片段》中，布什以他特有的轻松笔调描述了这种设备：

测形仪由悬挂在两个小自行车轮之间的一只仪表箱组成。当测量员推动测形仪穿过马路或田野时，它就能自动绘制所过之处的地形。这种设备不仅灵敏，而且相当准确。如果在路上遇到井盖，它会将这个小突起准确绘制下来；如果测量员绕着场地跑回起点，它会显示与开始时相同的高度，误差不超过几英寸。[12]

布什平易近人的风格掩盖了他高超的才智与管理能力。在某些方面，布什的风格使人想起美国时任总统罗斯福的"炉边谈话"，他也是罗斯福的密友。

第二次世界大战期间，布什成为罗斯福的首席科学顾问，并担任美国科学研究与开发办公室主任，负责协调战争期间的科研工作。

在布什 1913 年提交的硕士论文中，附有一张略显模糊的照片。[13] 在这张摄于一年前的照片中，年轻瘦削的布什推着测形仪穿过起伏的草坪。凭借一对小型自行车轮和一个装满机械配件的黑匣子，测形仪精准捕捉到有如鲁布·戈德堡机械①的模拟计算世界，将技术、配件、古怪、创造性以及纯粹的炫丽融为一体。

1919 年，布什成为麻省理工学院电气工程系的一名讲师，而测形仪的概念为他继续开发计算工具奠定了基础。1924 年，为解决电气传输中的一个问题，布什与助手花费了几个月时间进行计算和制图。他回忆道："因此，我和几个小伙子造出一台机器来完成这项工作。"[14] 这台机器称为"乘积积分器"。

与之前的仪器一样，乘积积分器同样属于只能解决特定问题的专用设备。然而，布什后来研制的"微分分析仪"堪称他早期各项计算发明的集大成者。微分分析仪不仅能解决某个具体的工程问题，也能解决可以通过常微分方程描述的一整类工程问题。（常微分方程是一类重要的方程，描述涉及变化率的物理环境的许多方面，如加速弹丸或振荡电流。）

1928 年至 1931 年间研制的微分分析仪并非现代意义上的通用计算机，但它解决了科学与工程领域的诸多问题，因此成为两次世界大战之间开发的最重要的计算设备。20 世纪 30 年代，美国宾夕法尼亚大学、通用电气位于纽约州斯克内克塔迪的主要工厂、马里兰州的阿伯丁试验场以及英国曼彻斯特大学、挪威奥斯陆大学均复制了诞生于麻省理工学院的微分分析仪。某些机构因此成为第二次世界大战初期主要的计算技术研发中心——其中最著名的当属宾夕法尼亚大学，现代电子计算机即诞生于此。

天气预报工厂

微分分析仪与网络分析仪适合解决有限的一类工程问题，比如那些有可

---

① 鲁布·戈德堡机械是一种采用烦琐迂回的方法执行简单任务的装置，各个部件精确地连接在一起以产生多米诺骨牌效应，得名于美国漫画家鲁布·戈德堡，后引申为极为复杂的系统。——译者注

能为物理系统建立机械或电气模型的问题。但对于制表、天文计算、天气预报等其他类型的问题，则有必要处理数字本身。这就是数字化方法。

鉴于巴贝奇在差分机项目上的失败，进行大规模数字计算的唯一方法仍然是依靠计算员团队。虽然计算员经常使用对数表或计算工具，但组织原则是由人来控制计算过程。

刘易斯·弗里·理查森（1881—1953）是最先倡导团队计算法的英国科学家，他开创了将数值技术应用于天气预报的数值气象学。

当时，与其说天气预报是科学，不如称之为艺术。在预报天气时，需要在天气图上绘制温度与压力等值线，并依靠经验和直觉预测天气条件将如何变化。理查森确信，根据过往经验预测第二天的天气状况（相信历史会重演）完全不科学；只有对现有天气系统进行数学分析，才是实现天气预报的唯一可靠途径。

1913 年，理查森受命担任英国气象局埃斯克代尔缪尔观测站的负责人，这个位于苏格兰偏远地区的观测站成为理查森研究天气预报理论的理想场所。接下来的 3 年里，他撰写了经典著作《利用数值方法进行天气预报》的初稿。当时欧洲战事正酣，尽管理查森崇尚和平，但他认为有必要尽一份力。于是，理查森离开偏远而安全的苏格兰，加入公谊救护队[①]。在战争的杀戮中，理查森利用从前线转运伤员的间隙计算实际的天气预报，以检验他的理论是否正确。

理查森的天气预报方法涉及大量计算工作。在测试中，他从 1910 年某一天的数据中抽取一批已知的天气条件，并预测 6 个小时之后的天气状况，然后对比实际记录进行验证。在一间仅有"一堆干草的冰冷小屋"中，理查森耗时 6 周才完成计算。[15]据理查森估计，如果有 32 名计算员而不是只有他一个人，就能跟上天气变化的步伐。

1918 年，理查森在第一次世界大战结束后回到英国气象局，并完成《利用数值方法进行天气预报》一书。在这部 1922 年出版的著作中，理查森描述了"全球天气预报工厂"，这是计算史上最不寻常的设想之一。他设想在全球

---

① 公谊救护队是一支由国际志愿者组成的救护组织，成立于 1914 年，在两次世界大战期间为全球 25 个国家提供救护服务。从 1942 年到 1946 年，中国超过 80% 的外来医疗物资配给工作均由公谊救护队承担。1947 年，公谊救护队荣获诺贝尔和平奖。——译者注

范围内每隔 200 千米放飞一个气象气球，用于读取风速、压力、温度以及其他气象变量；通过处理这些数据，就能实现可靠的天气预报。根据理查森的估计，需要 6.4 万名计算员才能"跟上全球天气变化的步伐"。他这样阐述自己"憧憬"的天气预报工厂：

> 想象一个剧院那样的大厅，除了楼座正好穿过通常被舞台所占据的空间。大厅四壁被漆成一幅地球地图：天花板代表北极，英国位于顶层楼座，热带在楼厅后座，楼厅前座是澳大利亚，而乐池属于南极。大量计算员忙于计算地图上自己所在区域的天气状况，但每位计算员只负责求解一个方程或方程的一部分。每个区域的工作由一名高级官员负责协调。无数小"夜标"显示出瞬时值，供邻近的计算员读取。因此，每个数字在相邻的三个区域显示，将地图的北部和南部连在一起，就像从乐池地板上升到大厅半空的一根高大立柱。立柱顶端是一个巨大的讲坛，整个剧院的负责人坐在这里，身边围着几名助手和信使。他的任务之一是保持全球所有地区的计算进度统一。就这方面而言，他与管弦乐队的指挥颇为类似，这支"乐队"使用算尺与计算工具作为"乐器"。不同的是，他并非挥动指挥棒，而是用玫瑰色的光照亮进度超前的地区，用蓝色的光照亮进度落后的地区。[16]

理查森进一步解释说，预报工作完成后，将由职员打电报通知世界各地。天气预报工厂的地下室设有研究部门，致力于不断改进数值计算方法。而在外部，为了实现理查森心目中的净土，他设想将工厂设置在"游乐场、房屋、群山与湖泊"之间，因为"人们认为天气计算员应该自由自在地呼吸"。

虽然理查森关于天气预报的想法深受好评，他在 1922 年提出的天气预报工厂"乌托邦"却从未得到重视——或许理查森自己也没有期望会得到重视。尽管如此，理查森估计可靠的天气预报每年可为英国经济节省 1 亿英镑；[17] 即便是他设想的那种全球规模的天气预报工厂，其运营成本也远低于此。

然而，无论理查森是否在认真考虑这个问题，他都没有机会进一步实现自己的设想。由于英国气象局被空军部接管，甚至在《利用数值方法进行天气预报》一书出版前，理查森就已决定放弃天气预报研究。身为贵格会教徒① 的

---

① 贵格会也称公谊会，始于 17 世纪的英国。贵格会教义明确反对战争，拒服兵役，但可以参加战时救护工作。——译者注

理查森不愿直接为军方服务，于是提出辞职。理查森此后再未从事数值气象学方面的研究工作，而是致力于采用数学方法解决冲突问题，并成为和平研究的先驱。由于数值气象学需要大量计算，这一领域始终徘徊不前。直到电子计算机在第二次世界大战结束后诞生，数值气象学与理查森的声誉才再次恢复。理查森于 1953 年去世，数值天气预报学已成功在望。

科学计算服务

基于对英国航海天文历编制局工作方法的认识，理查森围绕计算员团队设计出天气预报工厂，因为这是他所了解的唯一实用的数字计算技术。事实上，自巴贝奇时代以来，《航海天文历》的计算方式并未发生太多变化，仍然是自由计算员（其中大部分为退休文员）采用对数表计算完成。但在莱斯利·约翰·科姆里（1893—1950）到任后，这一切很快发生了变化，美英两国的计算方式因他而改变。

科姆里曾在剑桥大学攻读天文学，之后就职于格林尼治皇家天文台，他对计算的毕生热情即发端于此。几个世纪以来，在所有学科中，天文学家对科学计算的需求最为迫切。对钟爱计算的科姆里而言，在皇家天文台工作可谓如鱼得水。

科姆里很快当选为英国天文学会计算部主任，他组建了一支 24 名计算员的团队来编制天文表。1923 年获得博士学位后，科姆里前往美国度过了几年时间。他先后在斯沃斯莫尔学院和西北大学任教，讲授实用计算的基础课程。1925 年，科姆里返回英国，在航海天文历编制局谋得一份固定工作。

科姆里决心彻底改变航海天文历编制局使用的计算方法。他决定将工作系统化，用普通文员和标准计算工具取代受过严格科学训练的自由计算员。科姆里团队的计算员几乎都是年轻的未婚女性，只掌握基本的商业算术知识。

具备一流洞察力的科姆里意识到，微分分析仪这样的专用仪器并非必需，他认为计算主要属于组织问题。就大部分计算工作而言，科姆里发现这些使用普通商业计算工具的"计算女孩"做得极为出色。不久之后，航海天文历编制局配备了康普托计算器、伯勒斯加法机与 NCR 记账机。步入航海天文历编制局，初看之下很容易认为这是一处普通的商业办公场所。这也可以理解，因为该机构同样在处理数据，只不过处理的恰好是科学而非商业数据。

在航海天文历编制局工作期间，科姆里的主要成就或许是在科学计算中使用打孔卡机，从而间接地将 IBM 引入这一领域。对航海天文历编制局而言，最重要、最艰巨的一项计算工作当属编制年度月球位置表，这种工具一直被广泛用于导航。两名计算员要花整整一年时间来计算月球位置表。科姆里表现出很高的企业家才智，他努力说服由政府资助的古板雇主，允许他租用成本远高于普通计算工具的打孔机。使用打孔卡机前，首先需要将大量表格（布朗编制的《月球运动表》）中的数据转移到 50 万张打孔卡上。完成这项工作后，科姆里的打孔卡机就能在短短 7 个月内编制出足够数量的表格，足以满足未来 20 年《航海天文历》的需求，且成本比人工计算低得多。就在科姆里编制表格期间，哈佛大学教授欧内斯特·威廉·布朗拜访了他。布朗是著名的天文学家，也是《月球运动表》的编制者，他将科姆里使用打孔卡机进行科学计算的理念带回美国（也启发了 IBM）。

1930 年，成绩斐然的科姆里升任航海天文历编制局负责人，由此成为世界知名的计算专家，还受邀担任许多企业与科研项目的顾问。但几年后，科姆里对航海天文历编制局的官僚作风越来越失望，因为该机构拒绝改变，也不愿投入资金推动计算技术的发展。1937 年，科姆里迈出前所未有的一步，他创办了科学计算服务有限公司，这是全世界第一家营利性计算服务机构。

在第二次世界大战爆发前夕步入商界的科姆里可谓正逢其时。科姆里喜欢向他人夸耀说，在英国向德国宣战后不到 3 个小时，他就从英国陆军部得到了一份编制射击表尺的合同。科姆里组建了一支 16 名计算员的团队，大部分人为年轻女性。他展现出很高的宣传才能，正如流行杂志《画报》的头版标题所言，科姆里的"女孩在做世界上最难的算术题"。[18]

科姆里的工作只是战争期间人工计算的冰山一角，美国的一些计算机构甚至使用了多达百人的计算员团队。大部分计算员是受到征召的年轻女性办公室职员，她们发现自己在计算方面颇具天赋。计算员的薪酬与同为办公室职员的秘书和打字员相差无几，她们的工作"对于整个研究至关重要，但基本不为人知，其姓名从未出现在报道中"。[19]战争结束后，这些"铆工露斯"①重返平民生活。因此，虽然数以百计的计算员很快就被电子计算机取代，但美国社会从来不必为如何安置她们而烦恼。

"哈佛马克一号"

众多人工计算机构的存在，足以说明第二次世界大战爆发前以及战争期间对计算的需求。1935 年至 1945 年间，在人工计算机构蓬勃发展的同时，也孕育出独一无二的数字计算机。无论政府机构还是美国电话电报公司（AT&T）、美国无线电公司（RCA）这样的工业研究实验室，抑或雷明顿－兰德、NCR、IBM 等办公设备企业的技术部门，至少 10 种计算机在此期间建造完成。英国和德国等欧洲国家也制造了类似的计算机。

这些计算机通常用于制表、弹道计算以及密码破译，其中最为人熟知且最早投入使用的是 IBM 自动顺序控制计算机，即通常所称的"哈佛马克一号"②，由 IBM 在 1937 年至 1943 年间为哈佛大学制造。"马克一号"之所以具有重要意义，是因为早在 20 世纪 30 年代，IBM 就开始意识到计算技术与办公设备技术的融合。

IBM 对数字计算的兴趣，始于 20 世纪 20 年代末布朗教授对科姆里的拜访。1929 年，老托马斯·沃森向美国哥伦比亚大学捐赠了一间配有标准 IBM设备的统计实验室。实验室刚开始运转，布朗最有天赋的一名学生华莱士·J.

---

① "铆工露斯"是对第二次世界大战期间进入工厂生产军需用品的妇女的统称，它是美国女权主义与女性经济力量的象征，也是第二次世界大战的一个文化符号。创作于 1943 年的宣传海报"我们能做到！"是"铆工露斯"最为著名的形象。——译者注

② "马克一号"（Mark I）通常指军用或民用产品中的第一个版本，因此计算机领域存在多个"马克一号"，如"哈佛马克一号"（Harvard Mark I）、"巨像马克一号"（Colossus Mark I）、"费伦蒂马克一号"（Ferranti Mark I）等。在中文资料中，"哈佛马克一号"一般简称为"马克一号"，或许因为它是最知名的"马克一号"。为简单起见，译文同样采用"马克一号"指代"哈佛马克一号"，仅在必要时使用全称加以区分。——译者注

埃克特（1902—1971）就已加入。埃克特通过自己的前导师了解到科姆里的工作，他说服 IBM 捐赠更多的打孔卡机，以建立一个真正的计算机构。沃森之所以同意提供设备，部分是出于无私，也是因为他将埃克特与哥伦比亚大学实验室视为有价值的信息源。第二次世界大战结束后，埃克特与哥伦比亚大学在 IBM 向计算机时代的转型过程中发挥了重要作用。[20]

不过在战争爆发前，IBM 慷慨捐赠的主要受益者是哈佛大学研究生霍华德·哈撒韦·艾肯（1900—1973）。时年 33 岁的艾肯在哈佛大学攻读博士学位，但他已是一名成功的电气工程师，醉心于学术研究。艾肯令人印象深刻，他"高大、睿智、略显傲慢、自信"，而且"总是衣着得体，看起来一点也不像学生"。[21] 当时，艾肯正在研究一个与电子管设计有关的问题，为撰写论文，他需要求解一组非线性微分方程。虽然模拟设备（比如附近麻省理工学院研制的布什微分分析仪）适合求解常微分方程，但通常对非线性微分方程无能为力。研究过程中遇到的阻碍使艾肯受到启发，他在 1936 年向哈佛大学物理系提议制造大型数字计算机。艾肯后来回忆，不出所料，他的想法"即便没有被完全否决……得到的回应也相当有限"。[22]

艾肯毫不气馁，他将自己的提案交给门罗计算机公司总工程师乔治·蔡斯，这家公司是加法机与计算器的主要制造商之一。蔡斯在计算设备行业享有盛誉，备受尊崇。[23]"尽管预期成本很高"，蔡斯仍然力主门罗计算机公司资助艾肯发明的计算机，"因为他深信，从开发这样一种复杂计算机中所获得的经验，对于公司未来的发展极有价值"。[24] 然而公司否决了艾肯的提案，对蔡斯和艾肯来说颇为遗憾（从长远来看，对门罗计算机公司也是如此）。但蔡斯依然对这个概念的重要性深信不疑，他力荐艾肯与 IBM 接触。

与此同时，艾肯的计算机提案开始在哈佛大学物理实验室传开，一位技术员找到了他。根据艾肯的回忆，这位技术员告诉他，"不明白我为什么要在物理实验室做这件事，因为实验室里已经有一台这样的机器，但没人用过它"。[25] 困惑的艾肯跟随技术员来到阁楼，在那里，他看到巴贝奇的差分机残片放在一个大约 18 英寸见方的木架上。

1886 年，巴贝奇之子亨利将这些残片捐给哈佛学院。亨利拆除了父亲留下的差分机，但并未全部丢进熔炉。他留下几套计算用的机轮，安装在木制展示架上。亨利将一套机轮送往海外，赠予哈佛学院院长。1886 年，学院庆祝建校 250 周年。亨利或许认为，要想在新大陆播撒巴贝奇的理念，哈佛拥有最肥沃的土壤。

这是艾肯第一次听说巴贝奇，可能也是这些机轮在几十年后重见天日，这件手工艺品令艾肯痴迷。当然，巴贝奇的机轮只是根本不具备计算能力的残片，制造它们的技术早已被现代计算机所取代。但在艾肯眼中，这些机轮是从过去传递而来的接力棒，他有意识地将自己视为巴贝奇在 20 世纪的继承者。为进一步了解巴贝奇，艾肯立即前往哈佛大学图书馆，找到 1864 年出版的巴贝奇自传。在这本名为《一个哲学家的生命历程》的自传中，巴贝奇写道：

如果有人没有被我的经历吓倒，而且可以基于不同的原则或更简单的机械方法，成功制造出能体现完整数学分析执行过程的机器，那么我将自己的名誉留给他又有何妨？因为只有他才能完全领悟我努力的本质以及结果的价值。[26]

当艾肯读到这段文字时，他"感觉巴贝奇仿佛在过去直接与自己对话"。[27]

为了从 IBM 获得制造计算机所需的资金，艾肯找到 IBM 总工程师詹姆斯·布赖斯，后者立刻明白了这份提案的重要性。幸运的是，与门罗计算机公司的蔡斯相比，布赖斯受到 IBM 更大的信任。他顺利说服沃森支持艾肯的项目，初期投资额为 1.5 万美元。在接下来的一个月中，艾肯对提案进行润色，他描述了巴贝奇提出的某些概念（尤其是采用雅卡尔卡片进行编程的设想），并于 1937年 12 月向 IBM 提交了修改后的提案。这是现存最早的一份"马克一号"文件，而艾肯从查尔斯·巴贝奇那里获得了多少启发尚无定论。[28] 从设计与技术层面看，艾肯得到的启发显然很少；但就使命感而言，他可能得到了很多。

艾肯的提案几乎算不上计算机设计，它实际上相当于一组通用的功能性需求。艾肯指出，计算机应该"在建立进程后实现全自动运行"，并且应该包括"通过计算机来传输数字流的控制模块"。[29]

艾肯听从布赖斯的建议入读 IBM 培训学校。他不仅掌握了 IBM 设备的使用方法，也对技术的性能与局限性有了充分了解。1938 年初，艾肯造访纽约州的 IBM 恩迪科特实验室，开始与最受布赖斯信任的高级工程师团队合作。克莱尔·D. 莱克是布赖斯指定的项目负责人，他是 IBM 最资深的工程师发明家之一，曾于 1919 年设计出 IBM 首台打印制表机。在"马克一号"项目中，两位最优秀的 IBM 工程师辅佐莱克。

制造计算机的初步预算为 1.5 万美元，但很快提高到 10 万美元，IBM 董事会还在 1939 年初正式批准建立"自动计算工厂"。[30]艾肯现在的角色基本属于顾问，除 1939 年和 1940 年夏天的部分时间在 IBM 工作外，他很少参与计算机的具体设计和工程制造。1941 年，艾肯应征入伍，这个项目也成为 IBM 内部为军方开发的众多特殊项目之一。研制过程历经各种延误，直到 1943 年 1 月，"马克一号"才成功运行第一个测试问题。

这台重达 5 吨的计算机堪称不朽的工程作品。所有基本计算单元必须保持机械同步才能运行，它们排成一列，通过 50 英尺的传动轴驱动，并由 5 马力①电动机供电，就像"19 世纪新英格兰地区的纺织厂"。[31]"马克一号"宽51 英尺，但深度只有 2 英尺；它共有 75 万个部件，线缆长达数百英里。一位评论人士将计算机运行时发出的声音形容为"满屋的女士正在编织"。[32]"马克一号"可以存储 72 组数据，每秒能进行 3 次加减运算；乘法运算耗时 6 秒，计算对数或三角函数则需要一分多钟。

即便以当时的标准衡量，这台计算机的速度也很慢。但"马克一号"的意义不在于速度，而在于它是第一种完成制造的全自动计算机。一旦投入运行，"马克一号"可以工作数小时乃至数天时间，执行艾肯喜欢称之为"造数"的操作。[33]这台计算机使用宽约 3 英寸的纸带进行编程，纸带上打有"操作码"。由于大部分程序本质上是重复的（比如计算数学用表的连续值），纸带两端可以粘在一起形成循环。较短的程序可能包括 100 次左右的操作，整个循环大约每分钟旋转一次。因此，计算一到两页的数学用表可能需要半天时间。

遗憾的是，"马克一号"无法执行如今称为"条件分支"的操作，即根据前一步计算的结果改变程序进程。这导致程序越复杂，需要的纸带越长。为了避免程序纸带因落在地板上而弄脏，必须制造专门的支架；纸带通过支架的滑

---

① 1 马力（英制）约为 745.7 瓦。——译者注

轮送入计算机，以保持紧绷状态而不会松弛。当程序运行时，需要从储藏室推出支架并将其安装在计算机旁。然而，如果艾肯能更仔细地研读巴贝奇（特别是洛夫莱斯）的著作，就会发现巴贝奇早已提出条件分支的概念。就这方面而言，"马克一号"比巴贝奇在一个世纪前设计的分析机逊色不少。

1943 年初，"马克一号"开始秘密运行测试问题，但直至一年后运抵哈佛校园，它才实际投入使用。即便如此，在当时担任美国海军水雷战学校军官的艾肯被召回哈佛大学负责这台计算机之前，"马克一号"尚未得到广泛应用。艾肯喜欢说的一句话是："我想自己是世界上唯一担任过计算机指挥官的人。"[34] 1944 年 5 月，"马克一号"正式开始为美国海军舰船局服务，主要承担数学用表的编制工作。

回到哈佛大学后，艾肯计划与 IBM 合作举行"马克一号"的启用仪式。此时的"马克一号"是一长排裸露的机电打孔卡设备，与研制时的状态极为类似。艾肯倾向于保持这种状态，以方便维护和修改。但托马斯·沃森急于让"马克一号"获得最大的曝光率，坚持这台计算机应采用合适的 IBM 涂装。他否决了艾肯的提议，委托工业设计师诺曼·贝尔·格迪斯为"马克一号"设计更有吸引力的外观。[35] 格迪斯不负重托，用不锈钢与抛光玻璃创作出熠熠生辉的作品，堪称对"巨脑"①的高度拟人化。

1944 年 8 月 7 日，在艾肯与 IBM 签订第一份合约大约 7 年后，IBM 自动顺序控制计算机正式交付哈佛大学。在启用仪式上，艾肯居功自傲的表现使他声誉尽失。首先，艾肯将"马克一号"的发明完全归功于自己；IBM 的工程师花费多年时间实现了他的计划，但艾肯对他们的贡献避而不谈。更糟糕的是，在沃森看来，艾肯没有承认 IBM 为整个项目提供了资金支持。沃森的传记作者写道，他脸色苍白，气得发抖："那位年轻的数学家给 IBM 的成就投下阴影。在沃森的一生中，很少有什么事能比这件事更让他恼火。随着时间的推移，他的怒火冷却下来，化为怨恨与复仇的欲望。这种欲望对 IBM 颇为有利，因为它激励沃森为重获公众关注而去创造更好的产品。"[36]（"更好的产品"催生出可选顺序电子计算器，相关内容请参见第 5 章。）

---

① 对大型计算机的昵称。——译者注

"马克一号"的交付使用极大激发了公众的想象力，也成为媒体竞相报道的焦点。《美国周报》称它为"哈佛的机器人超脑"，《科技新时代月刊》则以"机器人数学家洞悉一切"为题描述这种计算机。[37] 交付仪式与媒体报道之后，希望使用"马克一号"的科学工作者和工程师对它产生了浓厚兴趣。艾肯与团队为此编写了长达 500 页的《自动顺序控制计算机操作手册》，这是有史以来出版的第一部有关自动数字计算的著作。回到英国后，科姆里在《自然》上撰文评论"马克一号"，并对英国政府未能支持巴贝奇完成差分机和分析机项目大加鞭挞。如果说科姆里仍然对 19 世纪的英国政府耿耿于怀，那么艾肯不承认 IBM 的贡献一事同样令他恼火："然而，人们惊讶地注意到，本书标题与艾肯教授的前言中显然遗漏了 'IBM'。"[38] 科姆里深知 IBM 在"马克一号"的研制过程中所发挥的作用，艾肯最初的设想得以实现，IBM 的工程师们功不可没。

尽管"马克一号"堪称计算机史上的里程碑，但其全盛时期并不长，在电子计算机出现后迅速变得黯然失色。由于没有活动部件，电子计算机的运行速度更快。实际上，20 世纪三四十年代制造的所有机电计算机都存在这样的问题。

然而，"马克一号"是培养格雷丝·默里·霍珀等早期计算机开拓者的沃土。但最重要的是，"马克一号"堪称计算机时代的象征，因为它是第一种投入使用的全自动计算机。这一事件的意义得到了科学评论家的广泛认同，"马克一号"也承载着为巴贝奇一生成就正名的情感诉求。巴贝奇曾在 1864 年写道："如果不依靠我留下来的帮助，恐怕半个世纪后才有人会去尝试这样一项前途无望的任务。"[39] 甚至巴贝奇也没有想到，实际所需的时间是如此之长。

理论发展与艾伦·图灵

数理逻辑虽然与本章所述的计算活动无关，但数理逻辑的理论发展在计算机科学成为一门学科的进程中产生了重大影响。然而，这些理论发展对于实际的计算机制造影响甚微——尤其是在 20 世纪三四十年代，参与计算机制造的人很少了解数理逻辑的发展。

与这些理论发展联系最紧密的个人，当属年轻的英国数学家艾伦·麦席森·图灵与美国数学家阿朗佐·丘奇。两人都试图解决德国数学家大卫·希尔伯特在 1928 年提出的一个问题，这个关乎数学基础的问题称为判定问题："是否存在能判定所有数学问题的确定方法或过程？"[40] 图灵与丘奇在 20 世纪 30 年代中期得出同样的结论，但图灵的方法具备惊人的独创性。与丘奇依靠传统数学来证明他的论点不同，图灵使用后来称为"图灵机"的概念性计算机。图灵机并非现实存在的计算机，而是一种思想实验①：这台"机器"包括一个扫描头，能在接近无限长的纸带上读写符号，通过"指令表"（如今称为程序）进行控制。图灵机是最简形式的计算模型。图灵指出，这种机器是"通用的"，因为它能计算任何可以计算的函数。一般来说，如果计算机具备解决一系列数学问题的能力，就可以称为"通用"计算机。图灵还提出一个更有力的论断：通用计算机不仅能解决数学问题，也可以解决人类知识领域中的任何问题。简言之，图灵机体现了现代计算机的所有逻辑功能。

艾伦·图灵生于 1912 年，他在求学期间醉心于科学和实践实验。图灵曾获剑桥大学国王学院的奖学金，1934 年以最高荣誉从数学专业毕业。当选为国王学院院士后，他于 1936 年发表经典论文《论可计算数及其在判定问题上的应用》，并在论文中阐述了图灵机的概念。图灵指出，并非所有数学问题都是可判定的，且无法总是确定某个数学函数是否具备可计算性。第二次世界大战结束后，图灵在《科学新闻》撰文解释了他的想法；但对非数学专业出身的人来说，这仍然是一个晦涩难懂的概念。图灵善于用简单的方式向大众解释复杂的问题，他以拼图而非数学为例来说明他的论点。图灵解释道：

如果要求某人解决一个被证明很难的拼图，那么他通常会询问提问者，拼图是否可解。倘若评判规则非常清楚，这样的问题应该存在相当明确的答案：可解或不可解。当然，提问者或许也不知道答案。答题者还可能这样提问："如何判断拼图是否可解？"但这个问题无法直接回答。事实上，没有系统的方法来检验拼图是否可解。[41]

图灵随后以滑块拼图、金属解缠、打结等示例加以说明，他善于采用非

---

① 思想实验指利用想象力进行在现实中无法做到的实验，在数学、物理学、伦理学等诸多领域都有应用。除图灵机外，薛定谔的猫、缸中之脑、电车问题都是著名的思想实验。——译者注

专业人士容易理解的方式来表述复杂的数学论证。数学函数的可计算性后来成为计算机科学理论的基石。

1937 年，日渐增长的声望为图灵赢得了赴美国普林斯顿大学深造的研究奖学金，师从阿隆索·丘奇。求学期间，图灵邂逅约翰·冯·诺伊曼；几年之后，这位普林斯顿高等研究院的创始教授将在现代计算机的发明中扮演举足轻重的角色。冯·诺伊曼对图灵的工作深感兴趣，邀请他留在普林斯顿高等研究院，但图灵决意返回英国。第二次世界大战即将爆发，图灵受到征召，前往伦敦以北大约 80 英里的布莱切利园从事密码破译工作。在使用计算设备破译纳粹密码方面，图灵厥功至伟。布莱切利园由一批"颇具教授风范"的杰出行政人员领导，这里还聚集了上千名设备操作员、文员与信使。[42] 即便在众多具有教授风范的学者当中，图灵也因思想的独创性脱颖而出，不过他在社交方面的笨拙同样引人注目——"身为一位有名的'教授'"，图灵"衣衫褴褛，咬指甲，不系领带，有时说话吞吞吐吐，举止笨拙"。[43] 战争结束后，图灵成为英国电子计算机发展的早期开拓者，并率先将计算机应用到数学生物学。不幸的是，图灵是一位同性恋者，这在当时的英国是非法的。1952 年，图灵被判有罪，法官要求他接受激素治疗以"治愈"性偏差。两年后，图灵被发现死于氰化物中毒，调查结论为自杀。图灵未能目睹计算机时代的来临，但是到 20 世纪 50 年代末，他作为计算机科学理论奠基人的角色已得到计算机界的广泛认同。为表达对图灵的敬意，计算机协会（美国的计算机专业组织）于 1966 年设立图灵奖，后者被誉为计算机领域的诺贝尔奖。2009 年，图灵因在战时密码破译中的突出贡献而获得公众赞誉（据信他的工作使欧洲战事提早几个月结束）。对于他所遭受的不公正待遇，时任英国首相戈登·布朗做出了正式道歉。

图灵的工作成果很可能对冯·诺伊曼以及现代电子计算机的发明产生了重大影响。

第二部分
登上舞台

Creating

the

Computer

第 4 章
计算机诞生

  第二次世界大战是一场科学的战争，其结果很大程度上取决于科学研究与技术发展的有效应用。战争期间，最著名的科学项目当属美国洛斯·阿拉莫斯国家实验室研制原子弹的"曼哈顿计划"。另一个与核武器具有同等规模和重要性的项目是雷达，美国麻省理工学院辐射实验室在其中发挥了关键作用。一种说法是，虽然原子弹结束了战争，但雷达赢得了胜利。

  对这些主要项目的强调，一定程度上掩盖了战时取得的丰硕科研成果。贯穿这些成果的一条主线是对于数学计算的需求。以原子弹为例，完善爆炸透镜[①]需要进行大量计算，以组装到达临界质量的钚。到战争爆发时，仍然只有模拟设备（如微分分析仪）、简单数字技术（如打孔卡机）、配备台式计算设备的计算员等计算方案可供选择。即便是"哈佛马克一号"这种速度相对较慢的机械计算机，也要等到几年后才会出现。

  第二次世界大战期间，美国的科研工作由科学研究与开发办公室管理。机构负责人万尼瓦尔·布什曾担任麻省理工学院电气工程系教授，他是微分分析仪的发明者，也是一位出色的研究主管。战争爆发后，尽管曾在 20 世纪 30 年代开发模拟计算机的布什深知计算机在科学研究中的重要性，但他已不再热衷计算机。

  实际上，现代电子计算机诞生在一个名不见经传的实验室，直到战争临

[①] 爆炸透镜是将多种爆炸速度不同的爆炸物制成具有特殊几何形状的一种装置。在通过爆炸透镜时，爆炸波的形状会发生改变，类似于聚焦光波的光学透镜。爆炸透镜的概念由约翰·冯·诺伊曼提出，它极大改变了核武器的设计思路，使内爆式核武器成为可能。——译者注

近结束才引起布什的注意。因此布什的参与完全是行政方面的，他的主要贡献之一是提出一项国会法案，将隶属于海军部和战争部的研究实验室以及美国国防部科研委员会（NDRC）下属的数百个民用研究机构统一起来。NDRC 负责"协调、监督并指导战争机制和装备在开发、生产与使用过程中所涉问题的科学研究（但有关飞行问题的科学研究除外）"。[1]

NDRC 由 12 位科学界的领军人物组成，他们拥有完成工作所需的职权和信心。布什既支持研究项目自下而上进行，也允许高层对项目进行指导。他后来写道："NDRC 大部分有价值的项目都来自基层，源于了解专业领域的民间人士与了解该领域问题的军方官员的密集接触。"[2] 选定某个项目后，NDRC 会努力使之结出硕果。布什回忆说：

一旦某个项目进入即将获批的阶段，就会制订明确的目标，选择研究人员，寻找研究的最佳地点等，然后迅速跟进。NDRC 会在一周内审核项目。第二天，主管批准后由业务办公室发出意向书，实际工作就可以开始。事实上，项目经常在正式获批前就已开始，增补计划更是如此。[3]

对于美国第一台成功的电子计算机如何从宾夕法尼亚大学莫尔电气工程学院一个默默无闻的项目中发展而来，这段文字做了很好的表述。

莫尔学院

计算本身不是目的，它始终是为了达到目的而采取的一种手段。对莫尔学院而言，其最终目的是为美国马里兰州的阿伯丁试验场进行弹道计算。阿伯丁试验场负责美国陆军的武器调试，它占据了切萨皮克湾的一大片土地，新研制的火炮和弹药可以在此试射与校准。阿伯丁试验场位于费城西南约 60 英里处，乘坐火车一个多小时即可抵达莫尔学院。

早在第二次世界大战爆发前的 1935 年，阿伯丁试验场就成立了研究部门，这是首批获得布什微分分析仪的机构之一。实验室诞生于第一次世界大战期间，1938 年被正式命名为弹道研究实验室。实验室主要开展数学弹道学方面的研究（计算武器在空中或水中射击时的弹道），最初包括大约 30 名研究人员。20 世纪 30 年代，欧洲战事爆发，弹道研究实验室的规模随之扩大。美国参战后，实验室将数学、物理学、天体物理学、天文学以及物理化学领域的顶尖科学家招致麾下，还有大批年轻科学家协助他们工作。其中一位名叫赫尔曼·H.戈德斯坦的年轻数学家，后来在现代计算机的发展中扮演了重要角色。

莫尔电气工程学院也有一台布什微分分析仪，它成为联系莫尔学院与弹道研究实验室的纽带。由于弹道计算的工作量不断增加，实验室需要使用莫尔学院的微分分析仪进行计算，双方因此建立起密切的工作关系。尽管莫尔学院是美国优秀的电气工程学院之一，但无论声望还是资源，莫尔学院都远逊于在战争期间承担大量电子学研究项目的麻省理工学院。

莫尔学院在第二次世界大战爆发前几个月进入战时状态，学院取消假期以加快本科教学，还承担了战争培训与电子学研究项目。主要的培训活动是工程、科学、管理、战争培训（ESMWT）项目，这一为期 10 周的强化课程旨在培养可以胜任技术岗位的物理学家与数学家，尤其是在存在大量人才缺口的电子技术领域。1941 年夏，约翰·W.莫奇利与阿瑟·W.伯克斯以优异的成绩从 ESMWT 项目毕业。莫奇利是美国乌尔辛纳斯学院（距离费城不远的一所小型文理学院）的物理学讲师，对数值天气预报抱有兴趣；伯克斯是美国密歇根大学的哲学家，颇具数学天赋。两人并未担任技术职务，而是接受校方邀请留在莫尔学院任教，成为现代电子计算机诞生的关键人物。莫尔学院的另一个培训项目是为弹道研究实验室培养操作台式计算机的女性"计算员"，这也是女性第一次进入莫尔学院。当时的一位大学生回忆道：

约翰·W.莫奇利教授的夫人负责为女性学员授课。用于培训的教室有两间，每个人面前都有一部台式计算机。她们一坐就是几个小时，敲打计算机的"咔嗒"声汇成一曲金属数字交响乐。经过培训的女性学员被派去计算弹道导弹射表。两间教室坐满了接受培训的女孩，她们日复一日操作计算机，令人印象深刻。计算机诞生的基础由此奠定。[4]

女性计算员团队的规模最终扩展至 200 人左右。

到 1942 年初，莫尔学院的计算工作日趋活跃。在一栋大楼的地下室内，计算员经常使用一台被亲切地唤作"安妮"的微分分析仪。前文中那位大学生回忆道："只有在极少数情况下，我们才能去探访'安妮'，并折服于那巨大如迷宫一般的传动轴、齿轮、电机、伺服系统。"[5]在同一栋大楼中，100名使用台式计算机的女性计算员在从事相同的工作。

所有计算工作的目的，都是为新研制的火炮以及在新战场上使用的老旧设备编制"射表"。新兵很快会发现，直接瞄准远处的目标是无法命中的；枪口需要略微上抬，使子弹沿抛物线轨迹飞行。换言之，子弹首先射向空中，在中途达到最大高度，然后向目标下落。对于在第二次世界大战期间使用的武器而言，如果射程超过1英里，就无法依靠猜测或经验来瞄准，必须经过几十轮试验才能确定射程。影响射击的可变因素非常多，例如，炮弹飞行会受到逆风和侧风、炮弹类型、气温甚至局部重力条件的影响。大部分武器会提供射表，这是一种口袋大小的手册。在给定目标的射程后，只要对照射表，射击者就能确定射向空中的角度（射角）以及瞄准目标的角度（方位角）。而更先进的武器使用"指挥仪"，可以利用射击者输入的数据实现自动瞄准。无论手动瞄准还是使用指挥仪，都需要计算同样的射表。

典型的射表包括大约3000条弹道数据。为计算其中一条数据，需要对7个变量的常微分方程进行数学积分，微分分析仪要耗时10到20分钟才能完成。即便开足马力，编制一份完整的射表也需要大约30天。与之类似，一位使用台式计算机的"计算女孩"需要一两天时间来计算一条弹道数据，因此一支经验丰富的百人计算团队要全力以赴工作一个月左右，才能编制出一份包含3000条数据的射表。大量新研制的武器无法有效部署，主要瓶颈就在于缺乏有效的计算技术。

阿塔纳索夫－贝里计算机

1942年夏，约翰·莫奇利提议制造一种电子计算机以消除这个瓶颈。莫奇利是承担教学任务的助理教授，并未正式参与计算工作，但他的夫人玛丽担任女性计算员的讲师，因此莫奇利深知弹道研究实验室正面临被数字海洋淹没的窘境。莫奇利对计算也有一定了解，他在进入莫尔学院前就对数值天气预报研究抱有兴趣。

莫奇利的提案并非战争期间关于电子计算机的唯一提案。例如，德国工程师康拉德·楚泽已在秘密制造计算机，而美英两国的密码破译机构与莫尔学院大约在同一时间启动了电子计算机项目。不过直到 20 世纪 70 年代，外界才对其他项目有所耳闻。这些项目几乎没有影响现代计算机的发展，也没有干扰莫尔学院的工作。然而，美国艾奥瓦州立大学的一个计算机项目在莫尔学院研制计算机的过程中发挥了间接作用。虽然它并非保密项目，但在 20 世纪 60 年代末之前依然少有人知。

艾奥瓦州立大学的计算机项目始于 1937 年，发起人是数学与物理学教授约翰·文森特·阿塔纳索夫，他得到了研究生克利福德·贝里的协助。到 1939 年，一台初步的电子计算设备已经成型。之后的两年中，两人继续推进整机的制造工作，这台计算机后来被称为阿塔纳索夫–贝里计算机（ABC）。阿塔纳索夫与贝里提出的二进制运算、电子开关元件等概念，后来都在电子计算机的设计中得到应用。1940 年 12 月，当时仍在乌尔辛纳斯学院任教的莫奇利为美国科学促进会授课，介绍他为天气预报设计的一种原始模拟计算机。阿塔纳索夫也旁听了这次讲座。他认为莫奇利与自己志同道合，于是向莫奇利做了自我介绍，并邀请他参观 ABC。1941 年 6 月，在参加莫尔学院的培训课程之前，莫奇利穿越半个美国去拜访阿塔纳索夫。他在阿塔纳索夫家停留了 5 天，了解到有关 ABC 的一切。两人相处得非常友好。

阿塔纳索夫的传记作者将他描述为"被遗忘的计算机之父"[6]，他在计算史上占有不同寻常的地位。部分作者和法律意见书认为，阿塔纳索夫才是电子计算机真正的奠基人；而莫奇利在何种程度上借鉴了阿塔纳索夫的工作成果，在 15 年后确定早期计算机专利的有效性方面成为一个关键问题。尽管莫奇利后来声称从阿塔纳索夫的工作中"并未获得任何灵感"[7]，但毫无疑问，他在 1941 年 6 月拜访阿塔纳索夫时对 ABC 有了深入了解。然而，在这台计算机实现可靠运行之前，阿塔纳索夫已于 1942 年应征前往美国海军军械实验室从事战时研究工作。为海军制造计算机的短暂努力以失败告终，战争结束后，阿塔纳索夫再未涉足与计算机有关的研究。直到 20 世纪 60 年代末，他的早期贡献才广为人知。

莫奇利在多大程度上借鉴了阿塔纳索夫的思路仍不得而知，证据不少，但相互矛盾。ABC 在技术上尚属先进，但并没有全部完成。至少我们可以推断出，莫奇利意识到 ABC 在未来大有用武之地，这可能启发他提出类似的电子计算机方案，以解决弹道研究实验室的计算问题。

埃克特与莫奇利

在莫尔学院，莫奇利以传教士般的热忱与每一位愿意倾听的同事探讨他所设想的电子计算机。对这些想法最感兴趣的是一位年轻的电子工程师。这位名叫约翰·普雷斯伯·埃克特的助理研究员刚刚取得硕士学位，时年 22 岁的他"无疑是莫尔学院最优秀的电子工程师"。[8] 埃克特与莫奇利因共同改进微分分析仪而建立起良好的关系，他们采用电子放大器取代部分机械积分器，使微分分析仪的"速度和精度较之前提高了 10 倍左右"。[9] 在此过程中，两人经常交流有关电子计算机的想法——莫奇利总是扮演提出概念的角色，埃克特则是脚踏实地的工程师。埃克特埋首于脉冲电子与计数电路的文献中，很快就成为这方面的专家。

除为弹道研究实验室进行计算外，莫尔学院还承担了美国政府的一系列研发项目。埃克特曾参与延迟线存储系统的开发工作，这种系统与计算完全无关，但后来被证明是现代计算机的关键使能技术①。麻省理工学院辐射实验室需要对移动目标指示器（MTI）设备的延迟线存储进行实验，因此将该项目分包给莫尔学院。在新研制的雷达系统中，MTI 设备至关重要。虽然雷达可以使操作人员在阴极射线管显示器上"看破黑暗"，却受到一个问题的困扰：雷达能"看到"范围内的所有物体，不仅是军事目标，也包括陆地、水域、建筑物等。这导致雷达屏幕被杂乱无章的背景信息所充斥，令雷达难以辨别军事目

---

① 使能技术指一系列对实现既定目标起到关键推动作用的技术。它是多种技术的集合，处于基础研究与产品开发之间，属于应用研究的范畴，涉及包括工业、农业、服务业在内的几乎所有经济部门。2009 年，欧盟率先提出"关键使能技术"的概念。——译者注

标。MTI 设备通过消除静止物体的雷达踪迹，达到区分移动物体与静止物体的目的。这种设备能去除大部分背景杂波，使移动目标清晰地显现出来。

MTI 设备的工作原理为[10]：设备将接收到的雷达回波储存起来，并从下一个输入信号中减去。由于静止物体的位置在连续雷达能量脉冲之间没有发生变化，它们反射的雷达信号将相互抵消。而移动物体的位置在两次雷达脉冲之间已经改变，它们反射的雷达信号不会抵消，因而能在屏幕上突出显示。为此，MTI 设备需要将电信号存储千分之一秒左右，延迟线的作用就在于此，它利用了声速比光速慢得多这一事实。为实现存储，MTI 设备将电信号转换为声音信号，通过声学介质进行传输，并在另一端转换回电信号，时间约为 1 毫秒。在尝试了各种液体后，埃克特决定利用充汞式钢管进行实验。

到 1942 年 8 月，莫奇利关于电子计算机的设想已相当具体，他起草了一份题为《高速电子管计算装置的使用》的备忘录。莫奇利在备忘录中提出"电子计算机"的概念，这种计算机可以在 100 秒内完成机械微分分析仪需要 15 到 30 分钟、计算员"至少需要几小时"才能完成的计算。[11] 这份备忘录堪称电子计算机项目的真正起点。莫奇利将备忘录提交给莫尔学院的研究主管以及陆军军械部门，但均未得到回应。

认真对待莫奇利提案的是赫尔曼·H. 戈德斯坦中尉。这位毕业于美国芝加哥大学的数学博士在 1942 年 7 月进入弹道研究实验室工作，起初担任实验室和莫尔学院之间的联络官，负责与培训女性计算员的项目沟通。戈德斯坦并未收到莫奇利最初提交的备忘录，但在 1942 年秋，两人就电子计算机进行了相当频繁的交流。此时，弹道研究实验室的计算工作开始陷入危机，戈德斯坦在一份备忘录中向他的指挥官汇报：

除计算部门的 176 名计算员之外，实验室在阿伯丁试验场和费城各有一台包括 10 个和 14 个积分器的微分分析仪，还有一大批 IBM 机器。但是，即便以目前的人员和设备采取两班制工作，也需要三个月左右才能计算出编制指挥仪、瞄准镜或射表所需的数据。[12]

ENIAC 与 EDVAC：存储程序概念

到 1943 年春，戈德斯坦确信莫奇利应该重新提交提案。戈德斯坦告诉莫奇利，他会利用自己的影响力推动此事。莫奇利报告的原稿当时已经不知所踪，他根据笔记重新打出一份计划。这份落款日期为 1943 年 4 月 2 日的文件成为莫尔学院与弹道研究实验室订立合同的基础。之后的进展非常迅速。戈德斯坦为项目打下良好的基础，他在弹道研究实验室组织了一系列会议，期间敲定了电子计算机的各项要求。埃克特与莫奇利的方案由此升级：两人最初计划耗资 15 万美元，制造一台包括 5000 个电子管的计算机；而实际的计算机包括 1.8 万个电子管，成本达到 40 万美元。4 月 9 日召开了正式会议，埃克特、莫奇利、莫尔学院研究主管、戈德斯坦以及弹道研究实验室负责人出席，双方在会议上确定了最终的合同条款。

"PX 项目"于 1943 年 4 月 9 日启动，制造电子数字积分计算机（ENIAC）的工作正式展开。这一天也是普雷斯伯·埃克特的 24 岁生日，成功制造 ENIAC 是他最大的成就。

ENIAC 也不乏批评者。事实上，NDRC 内部对 ENIAC 的态度"往好处说是毫无热情，往坏处说是强烈反对"。[13] 针对这个项目最广泛的批评在于，计算机将使用大约 1.8 万个电子管。众所周知，电子管的预期寿命为 3000 小时左右。根据简单的计算可知，这意味着每隔 10 分钟就会出现一次电子管故障。这一估算尚未将数千个电阻、电容以及接线端子考虑在内，这些元件都是潜在的故障源。在制造 ENIAC 的过程中，埃克特展现出至关重要的工程洞察力。他认识到，虽然电子管的平均寿命为 3000 小时，但这是电子管以全工作电压运行时的寿命。如果电压降至标称值的三分之二，那么电子管的寿命就会延长到数万小时。埃克特还发现，电子管的大部分故障出现在接通和预热阶段。由于这个原因，当时的无线电发射机通常不会关闭电子管的"加热器"，埃克特建议对 ENIAC 做同样的处理。

ENIAC 比以往任何电子系统都复杂得多。在之前的电子系统中，使用

1000 个电子管就已非同寻常；而 ENIAC 总共包括 1.8 万个电子管、7 万个电阻、1 万个电容、6000 个开关以及 1500 个继电器。埃克特对所有元件进行了严格测试。整盒电阻运到后，需要在专门设计的试验台上逐一检查它们的公差。开发团队挑选出质量最好的电阻用于最关键的计算机部件，其他电阻则用于对灵敏度要求不高的部件。有时候，整盒元件都被拒收并退还制造商。

ENIAC 是埃克特与莫奇利的项目。埃克特性格脆弱，偶尔脾气暴躁，是"技艺精湛的工程师"；而莫奇利总是很恬静，具有学者风范的他从容不迫，"富有远见"。[14]ENIAC 的具体制造无疑应归功于埃克特，这位 20 多岁的年轻工程师展现出非凡的信心：

他的标准至高无上，他的精力几乎无限，他的创见无与伦比，他的才智非同寻常。从始至终，是埃克特确保项目完整进行并取得成功。当然，ENIAC 的开发并非一人之功，事实显然不是这样。但正是埃克特的事必躬亲，才不惜一切代价推动了项目前进。[15]

埃克特将莫尔学院最优秀的毕业生招致麾下。到 1943 年秋，他组建了一支包括十几名年轻工程师的团队。在莫尔学院的一间大型密室中，ENIAC 的各个组件初具雏形。工程师在靠墙的工作台工作，装配工与电工则占据了房间中央的空间。

项目开始几个月后，ENIAC 设计上存在的某些严重缺陷开始暴露出来。最大的问题或许是重新编程所需的时间：一个程序运行完毕后，需要在运行下一个程序前对计算机重新编程。"哈佛马克一号"等计算机采用打孔卡或纸带进行编程，更换程序如同在自动钢琴①中安装新纸卷一样方便。但这种设计只能在"马克一号"上实现，因为它属于机电计算机，每秒只能进行 3 次运算，与纸带读取指令的速度非常匹配。而 ENIAC 的运算速度高达每秒 5000 次，在这种情况下使用卡片输入机或纸带输入机并不可行。有鉴于此，埃克特与莫奇利决定，ENIAC 必须针对特定问题专门布线。初看之下，经过编程的 ENIAC 类似于电话交换机，数以百计的转接线把计算机的不同单元连接在一起，将电

---

① 自动钢琴是一种包含气动或机电机构的钢琴，通过记录在打孔纸卷上的预编程音乐来控制钢琴进行演奏。——译者注

信号从一端传至另一端。ENIAC 需要花费数小时甚至数天时间才能更换程序，而埃克特和莫奇利对此却束手无策。

1944 年初夏，ENIAC 的制造工作已进行了 18 个月，戈德斯坦与约翰·冯·诺伊曼不期而遇。冯·诺伊曼是普林斯顿高等研究院最年轻的研究员，他的同事包括爱因斯坦以及其他杰出的数学家和物理学家。与大多数参与早期计算机开发的人员不同，冯·诺伊曼的科学声望当时已享誉全球（著有《量子力学的数学基础》一书，对其他数学研究也做出了重要贡献）。冯·诺伊曼是一位富有的银行家之子，但在 20 世纪 30 年代初匈牙利政府对犹太人的迫害中饱受煎熬。他痛恨极权政府，自愿作为公民科学家①为战争服务。冯·诺伊曼出色的分析与管理才能很快得到认可，他受命担任多个战时研究项目的顾问。邂逅戈德斯坦时，冯·诺伊曼正在为弹道研究实验室做例行的指导咨询。只有助理教授头衔的戈德斯坦对这位著名的数学家肃然起敬，他回忆道：

在阿伯丁试验场的月台上等待开往费城的火车时，我遇到了冯·诺伊曼。尽管我与这位伟大的数学家此前从未谋面，但对他很熟悉，也曾多次聆听他的演讲。因此，我冒昧地向这位举世闻名的大人物走去，向他做了自我介绍，然后开始交谈。于我而言，幸运的是，冯·诺伊曼热情而友善，他尽力使人们在他面前感到放松。谈话很快转向我的工作。当冯·诺伊曼了解到我正在研制一台每秒可以进行 333 次乘法运算的电子计算机时，谈话的氛围彻底发生了变化——不再是轻松幽默的闲谈，而更像是数学博士学位的口头答辩。[16]

冯·诺伊曼当时担任"曼哈顿计划"的顾问。当然，这项计划属于高度机密，戈德斯坦这种级别的科技人员无从知晓。1943 年底，冯·诺伊曼成为洛斯·阿拉莫斯国家实验室的顾问，致力于内爆问题的数学研究。在原子弹设计中，需要从各个方向均匀地挤压两个钚半球以达到引发核爆炸的临界质量。为避免过早爆震，两个半球必须在千分之几秒的时间内被外部炸药的爆炸挤压在一起。这种内爆问题的数学计算涉及一系列复杂的偏微分方程组求解，与戈德斯坦相遇的那天，冯·诺伊曼一直在思考这个问题。

---

① 公民科学家指没有政府资助、但从事科研活动的业余科研人员，他们经常与专业科学家和科学机构合作并获得指导。——译者注

对于 ENIAC 这个堪称战争期间最重要的计算机研发项目，冯·诺伊曼此前为何并不知情呢？简而言之，高层（也就是 NDRC）对这个项目的信心不足，不希望因此分散冯·诺伊曼的注意力。事实上，当冯·诺伊曼为内爆问题的数学计算殚精竭虑时，他曾在 1944 年 1 月致信科学研究与开发办公室应用数学专家组负责人、同时也是 NDRC 成员的沃伦·韦弗，询问现有计算设备的情况。韦弗向冯·诺伊曼描述了"哈佛马克一号"、贝尔电话实验室的在研项目以及 IBM 与战争有关的计算项目，但从未提及 ENIAC：韦弗显然不想浪费冯·诺伊曼的时间，他认为这个项目毫无意义。

然而，获悉 ENIAC 的冯·诺伊曼希望进一步了解这个项目的情况，因此戈德斯坦安排他在 1944 年 8 月初访问莫尔学院。整个研制小组都对冯·诺伊曼的名望深怀敬畏之心，对他能为项目带来的变化寄予厚望。根据戈德斯坦的回忆，埃克特认为，从冯·诺伊曼提出的第一个问题就能判断出他是否真是个天才：如果这个问题关于计算机的逻辑结构，就会令埃克特感到信服。戈德斯坦回忆道："当然，这正是冯·诺伊曼提出的第一个问题。"[17]

在冯·诺伊曼到访的同时，ENIAC 的制造工作也在紧锣密鼓地进行。莫尔学院的技术员实行两班制，从早晨 8 点半一直工作到凌晨 12 点半。ENIAC 在两个月前已进入设计冻结状态，与它的设计者一样，冯·诺伊曼很快意识到其中存在的问题。这台计算机在求解弹道计算使用的常微分方程时很有用，但它仅能存储 20 个数字，过小的存储容量不太适合求解偏微分方程。冯·诺伊曼需要能保存几百个乃至上千个数字的存储容量；而 ENIAC 为提供 20 个数字的存储容量，已用掉 1.8 万个电子管的一半以上。另一个显而易见的主要问题在于编程，这项工作极为不便且耗时费力，需要对整台计算机重新布线。简而言之，存储空间过小、电子管数量过多、重新编程时间过长是 ENIAC 的三大缺点。

计算机设计中的逻辑与数学问题引起冯·诺伊曼的兴趣，他担任 ENIAC 研制小组的顾问，试图帮助解决这台机器的缺陷，并设计一种新方案。这就是"存储程序计算机"，它奠定了迄今为止几乎所有计算机的基础。这一切都发生在很短的时间内。

冯·诺伊曼的到访使研制小组信心倍增，他们向弹道研究实验室提交了一份计划，建议开发一种"后 ENIAC"时代的新型计算机。冯·诺伊曼参加了实验室的董事会会议来讨论提案，对项目颇有帮助。"PY 项目"很快获批，弹道研究实验室提供了 10.5 万美元的研究经费。自此之后，在继续制造 ENIAC 的同时，计算机小组所有重要的研究工作均围绕 ENIAC 后继者的设计展开，这就是离散变量自动电子计算机（EDVAC）。

ENIAC 的不足与其有限的存储容量密切相关。一旦这个问题解决，其他大部分问题就能迎刃而解。这时，埃克特提出采用延迟线存储单元替代电子管存储。经过计算，他发现长约 5 英尺的水银延迟线会产生 1 毫秒的延迟，假设采用持续时间为 1 微秒的电脉冲表示数字，那么一条延迟线可以存储 1000 个这样的脉冲。利用合适的电子元件把延迟线的输出端与输入端连接起来，就能将 1000 比特的信息无限期保存在延迟线中，从而实现永久的读写存储。相比之下，ENIAC 采用由两个电子管构成的电子"触发器"来存储每个脉冲。延迟线使电子元件的数量减少了 100 倍，大容量存储因此成为可能。

埃克特"伟大的新技术发明"[18] 促成了他与冯·诺伊曼的第一次见面。他们如何利用水银延迟线克服 ENIAC 的不足呢？或许在冯·诺伊曼造访莫尔学院后不久，催生出存储程序概念的关键时刻就已出现：计算机的存储设备将用于保存程序的指令以及它所操作的数字。

戈德斯坦将存储程序概念比作轮子的发明——一旦想到就不再困难。以这个简单的概念为基础，打孔卡或纸带上的程序可以在几秒内读入电子存储器，从而迅速完成程序设置，计算机能以电子移动速度向控制电路发出指令，数字存储容量较之前高出两个数量级，电子管的数量将减少 80%。但最重要的是，程序可以将指令作为数据进行处理。存储程序概念的初衷是解决与数字数组处理有关的技术问题，后来用于程序修改，从而为编程语言和人工智能的发展奠定了基础。不过在 1944 年 8 月，这一切还很遥远。

在接下来的几个月里，冯·诺伊曼多次参加研制小组召开的会议，会议的出席者通常包括埃克特、莫奇利、戈德斯坦以及伯克斯。伯克斯当时也在参与 ENIAC 的研制工作，并负责编写技术文档。在这些会议中，埃克特与莫奇利的贡献主要集中在延迟线研究，冯·诺伊曼、戈德斯坦与伯克斯则专注于计算机的数理逻辑结构。以埃克特和莫奇利为代表的技术专家一方与以冯·诺伊曼、戈德斯坦、伯克斯为代表的逻辑学家一方相互对立，为日后的严重分歧埋下了伏笔。

当然，在完整的 EDVAC 蓝图出炉之前，仍有大量细节问题需要解决，但位于最高层面的体系结构（后来称为逻辑设计）很快建立起来。得益于数理逻辑方面的训练以及对大脑组织结构的兴趣，冯·诺伊曼在这项工作中发挥了重要作用。在此期间，由 5 种功能部件组成的计算机功能结构逐渐成型（如图 4.1 所示），冯·诺伊曼将它们命名为中央控制、中央运算、存储器、输入、输出元件——生物学的深刻影响由此可见一斑[1]。值得一提的是，术语计算机存储器（computer memory）也发端于此，它很快取代了自巴贝奇时代以来一直使用的存储（storage）一词。

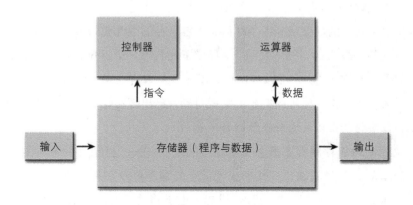

图 4.1　存储程序计算机（1945 年 6 月）

另一项重要决定是采用二进制表示数字。ENIAC 使用十进制数，采用 10 个触发器存储 1 位十进制数字。如果改用二进制，同样数量的触发器就能存储 10 位二进制数字，相当于 3 位十进制数字。因此，一条 1024 比特的延迟线可

---

[1]　冯·诺伊曼将计算机类比为大脑，具有输入"器官"（类似于感觉神经元），记忆、算术和逻辑"器官"（类似于关联神经元），以及输出"器官"（类似于运动神经元）。"器官"的英文为 organ，也有"元件"之意。——译者注

以存储 32 个"字",每个字表示一条指令或一个由 10 位十进制数字构成的数字。根据冯·诺伊曼的估计,EDVAC 需要 2000 到 8000 个字的存储空间,所以需要 64 到 256 条延迟线才能实现。这将是一台庞大的设备,但仍然远小于 ENIAC。

及至 1945 年春,对 EDVAC 的研究已十分成熟,冯·诺伊曼决定将计划整理成文。这份发表于 1945 年 6 月 30 日的报告名为《EDVAC 报告书的第一份草案》(通常简称为《第一份草案》),是描述存储程序计算机的开创性文件。报告提出了这种新型计算机的完整逻辑构想,最终奠定了全球计算机行业的技术基础。虽然这份 101 页的报告仍处于草拟阶段,许多参考文献尚不完整,但与 PY 项目密切相关的人员在第一时间拿到了 24 份副本。报告的唯一作者是冯·诺伊曼,这在当时看来似乎不甚重要,但后来却令他独享发明现代计算机的殊荣。如今,计算机科学家经常以"冯·诺伊曼体系结构"指称较为朴素的"存储程序概念",这对与冯·诺伊曼共同发明计算机的合作者而言并不公平。

尽管《第一份草案》是一份出色的综合性报告,但它加深了工程师与逻辑学家之间的分歧。例如,冯·诺伊曼在报告中借鉴了生物学概念,采用脑科学中的"神经元"来解释逻辑元件,却绝口不提电子电路。这种抽象令计算机的推理变得更容易(当然,如今的计算机工程师总是需要处理"门级"问题)。埃克特尤其认为,《第一份草案》对于实际制造计算机时遇到的工程难题(特别是如何确保存储器正常工作)着墨甚少。不知何故,埃克特认为,就冯·诺伊曼所处的高度而言,他过于低估了未来几年内可能困扰他的工程问题。

《第一份草案》最初仅在 PY 项目团队内部流传,但这份报告很快名扬四海,世界各地的计算机制造商都拿到了一份副本。从法律意义上讲,报告已成为公开出版物,因此不可能再申请专利。对于希望让这个设想尽快为公众所知的冯·诺伊曼与戈德斯坦来说,这是件好事;但对于将计算机视为创业商机的埃克特与莫奇利来说,这是最终导致团队分道扬镳的打击。

工程师与逻辑学家

1945 年 5 月 8 日，德国战败，欧洲战事宣告结束。8 月 6 日，第一颗原子弹投向广岛；3 天之后，第二颗原子弹在长崎爆炸。8 月 14 日，日本投降。讽刺的是，ENIAC 在 6 周后才制造完成，未能在战争中派上用场。

尽管如此，1945 年的秋天仍然令人激动不已，因为 ENIAC 即将交付。就连一度无动于衷的 NDRC 也开始对这台计算机产生兴趣，并要求约翰·冯·诺伊曼提交 ENIAC 和 EDVAC 的相关报告。计算机仿佛在一夜之间崭露头角。1945 年 10 月，NDRC 在麻省理工学院召开了一次"完全不为外界所知且只能受邀出席"的秘密会议。[19] 在这次会议上，冯·诺伊曼与他在莫尔学院的同事向刚刚起步的美国计算机界披露了 ENIAC 和 EDVAC 的细节。随后，冯·诺伊曼亲自主持了其他高级别简报会与研讨会。埃克特对冯·诺伊曼单方面发表演讲尤为不满，这些演讲不仅为冯·诺伊曼赢得了更多荣誉，也有助于他推广自己的计算机抽象逻辑观点，但这种观点与埃克特务实的工程理念背道而驰。

埃克特显然认为冯·诺伊曼攫取了原本属于自己的部分成果。然而，即便冯·诺伊曼的存在掩盖了埃克特在发明存储程序计算机方面所做的贡献，也没有什么能抹杀他作为 ENIAC 总工程师所取得的独特成就。后人无疑会将埃克特视为计算机时代的布鲁内尔[①]。特别是埃克特在工程方面的成就令莫尔学院的作品与 ABC 泾渭分明——尽管莫奇利的确借鉴了阿塔纳索夫的部分想法。

冯·诺伊曼、戈德斯坦、伯克斯以及其他人所持的观点有所不同。冯·诺伊曼认为存储程序概念是团队合作的成果，并无兴趣将这个概念归功于自己；他更希望存储程序概念能在最短时间内广为传播，从而应用于科学与军事领域。简言之，冯·诺伊曼的学术兴趣与埃克特的商业利益相悖。他指出，

---

① 伊桑巴德·金德姆·布鲁内尔（1806—1859）是著名的英国工程师，曾主持修建大西部铁路，也是当时全球最大游轮"大东方号"的设计者。布鲁内尔在英国广播公司评选的"最伟大的100 名英国人"中名列第二，仅次于温斯顿·丘吉尔。——译者注

美国政府为 ENIAC 和 EDVAC 的开发提供了资助，因此将这些想法公之于众才是合理的做法。此外，作为数学家而非工程师，冯·诺伊曼认为将逻辑设计与工程实现相互分开至关重要——考虑到计算机工程尚未成熟，加之不宜过早锁定未经验证的技术，这或许是个明智的决定。

1945 年 11 月，ENIAC 终于面世，它看起来十分壮观。在莫尔学院一间长 50 英尺、宽 30 英尺的地下室里，ENIAC 靠两面较长的墙壁与一面较短的端墙安放，整体呈"U"字形。ENIAC 由总共 40 个基本单元构成，每个单元长 2 英尺，宽 2 英尺，高 8 英尺。其中 20 个单元为"累加器"，每个累加器包括 500 个电子管，可以存储 10 位十进制数。在黑暗的房间中，累加器的 300 个氖灯竞相闪烁，如同科幻小说中的场景。房间中的其他机架还包括控制器、乘法和除法电路以及用于控制 IBM 卡片输入机与打孔机的设备，以便将信息送入计算机并打出结果。两台 20 马力的大功率鼓风机将冷空气抽入室内，并排出计算机产生的 150 千瓦热量。

1946 年春，随着 ENIAC 制造完成以及战争结束，莫尔学院计算机研制小组再也无法维系团结。埃克特与莫奇利作为一方，冯·诺伊曼、戈德斯坦与伯克斯作为另一方，双方的关系越来越紧张。埃克特对冯·诺伊曼在《第一份草案》中单独署名的不满情绪持续上升，彼此在专利权问题上争吵不休，加之莫尔学院的新管理层笨拙无能，最终导致团队分崩离析。

1946 年初，莫尔学院调整管理团队，院长哈罗德·彭德任命艾文·特拉维斯担任研究主管。特拉维斯曾是莫尔学院的助理教授，战争期间晋升为海军中校，在海军军械实验室负责合同监理。特拉维斯是一位高效的管理者（之后曾主管伯勒斯公司的计算机研究），但性格粗暴，很快在专利问题上与埃克特和莫奇利发生冲突。他要求两人将今后所有的专利权转让给宾夕法尼亚大学，但遭到埃克特和莫奇利的断然拒绝，两人因此提出辞职。

埃克特有足够的资本离开莫尔学院，因为他并不缺少工作机会。首先，冯·诺伊曼在战争结束后回到普林斯顿高等研究院担任全职研究员，计划开展自己的计算机项目；他邀请戈德斯坦与伯克斯加入研究院，也向埃克特发出邀约。其次，更诱人的合同来自 IBM 的老托马斯·沃森。沃森已嗅出计算机的潜力，作为一种防御性研究策略，他决定启动电子计算机项目，并向埃克特抛出橄榄枝。然而，埃克特深信制造计算机是一门有利可图的生意，因此与莫奇利合作并获得风险投资。1946 年 3 月，两人在费城创立电子控制公司，致力于制造计算机。

莫尔学院系列讲座

与此同时，外界对 ENIAC 产生了浓厚兴趣。1946 年 2 月 16 日，ENIAC 在莫尔学院启用。当时，计算机仍然是个深奥的话题，这一事件因而引起媒体的广泛关注。ENIAC 出现在美国各地的电影新闻短片中，铺天盖地的报道将其称为"电子大脑"。除庞大的体积外，媒体发现 ENIAC 最具新闻价值的要素在于，它一秒内能执行 5000 次运算，速度比"哈佛马克一号"快 1000 倍。"马克一号"是 ENIAC 当时唯一可以比照的对象，曾在几年前引发公众的遐想。ENIAC 的发明者乐于指出，这台计算机计算弹道的速度比炮弹的飞行速度还要快。

除公众外，计算机也受到科学界的关注。科学家急于了解计算机在战时的发展情况，战争期间无法前往美国的英国研究人员尤其如此。第一位到访莫尔学院的英国科学家是杰出的计算机专家莱斯利·约翰·科姆里，之后是"另外两位与英国邮政研究局①有联系的人士"[20]（实际上来自当时仍处于绝密状态的密码破译机构）。剑桥大学、曼彻斯特大学以及英国国家物理实验室的专家也造访莫尔学院，并很快启动了自己的计算机项目。与英国相比，美国的访客显然更多。不少大学、政府与工业实验室都提出派遣研究人员到莫尔学院工作一段时间，以便将计算机技术带给各自的雇主。莫尔学院因此不堪重负：已有大批人员离开学院，加盟冯·诺伊曼在普林斯顿高等研究院开展的项目，或进入埃克特与莫奇利创建的公司。

然而，彭德院长认为，学院有责任向外界切实传递存储程序计算机的知

---

① 英国邮政研究局位于伦敦西北部的多利斯山地区，曾在第二次世界大战期间制造用于破译密码的"巨像"计算机。——译者注

识。他决定组织一次由 30 到 40 名受邀者参加的暑期课程，每家从事计算的研究机构只能派出一位（最多两位）代表。这一后来被称为莫尔学院系列讲座的课程历时 8 周，于 1946 年 7 月 8 日至 8 月 31 日举行。讲师名单堪称当时计算机界的名人录，既包括客串授课的霍华德·艾肯、冯·诺伊曼等方家，也包括埃克特、莫奇利、戈德斯坦、伯克斯以及莫尔学院的部分讲师，他们负责教授主要课程。

参加莫尔学院系列讲座的学员是一批既有建树又有前途的年轻科学家、数学家与工程师。在讲座的前 6 周，学员们每周要在没有空调的费城夏日酷暑中工作 6 天。上午的课程长达 3 小时，午餐后是持续整个下午的研讨会。课程详细剖析了 ENIAC，但出于安全方面的考虑，对 EDVAC 的设计着墨甚少（因为 PY 项目当时仍处于保密阶段）。不过学员在课程临近结束时获得安全许可，他们在一间暗室内观看了展示 EDVAC 框图的幻灯片。除各自的笔记外，学员们没有带走任何材料。但存储程序计算机的设计相当简单，所有学员都认为，在可预见的将来，计算机发展的模式是毋庸置疑的。

莫里斯·威尔克斯与 EDSAC

20 世纪 40 年代末，美英两国几乎所有启动计算机项目的政府、大学与工业实验室，或多或少都与莫尔学院有联系。除美国外，英国是唯一没有遭受太多战争蹂躏的国家，因而有能力开展计算机研究。很有意思的是，最早的两台计算机都诞生在英国，分别由曼彻斯特大学与剑桥大学制造。原因在于英国的研发项目缺少资金支持，因此不得不尽量简化设计，从而避免了美国大型项目在工程上遭受的挫折。

实际上，战争期间在布莱奇利园进行的密码破译工作使英国积累了丰富的计算经验。1940 年，由艾伦·图灵设计的机械计算机投入使用；1943 年，"巨像"电子计算机面世。尽管密码破译活动在 20 世纪 70 年代中期以前是完全保密的，但仍有人了解电子计算机的潜力与技术知识。例如，图灵在英国国家物理实验室启动了计算机项目，"巨像"计算机的主要推动者之一马克斯·纽曼则在曼彻斯特大学开始计算机的研究。

最先投入运行的是曼彻斯特大学制造的计算机。第二次世界大战结束后不久，纽曼成为曼彻斯特大学一名纯粹数学教授，并获得制造 EDVAC 型计算机所需的资金。他说服杰出的雷达工程师 F. C. 威廉斯（后来受封为弗雷德里克·威廉斯爵士）从电讯研究所（负责英国雷达开发的实验室）离职，前往曼彻斯特大学担任电气工程系主任。

威廉斯认为，存储技术是计算机开发的关键所在。在电讯研究所工作期间，他就移动目标指示器问题提出了一些想法，对麻省理工学院辐射实验室与宾夕法尼亚大学莫尔学院的工作也很熟悉。在一位助手的协助下，威廉斯以一种商用阴极射线管为基础开发出一套简单的存储系统。纽曼"手把手"[21]解释了存储程序计算机的原理，在他的指导下，威廉斯和助手制造出一台微型计算机来测试新的存储系统。这台原始的计算机没有连接键盘或打印设备，只能使用按钮面板一次一个比特地输入程序，然后从阴极射线管直接读取二进制形式的结果。威廉斯后来回忆道：

最初的试验没有产生任何有用的结果，更糟糕的是，没有任何线索表明哪个环节出了问题。然而有一天，变化出现了，它在预期的位置闪烁不停，这正是我们想要的结果。这是个值得铭记的时刻……一切变得完全不同。[22]

时间定格在 1948 年 6 月 21 日星期一，"曼彻斯特小婴儿"①不容辩驳地证明了存储程序计算机的可行性。

如前所述，科姆里是首位访问莫尔学院的英国科学家。他在 1946 年初前往莫尔学院，带回了《第一份草案》的副本。回到英国后，科姆里拜会了剑桥大学的莫里斯·威尔克斯。这位 32 岁的数学物理学家刚刚服役归来，正在致力于剑桥大学计算机实验室的重建工作。实验室成立于 1937 年，不过在步入正轨前就因战争而陷于停滞。虽然实验室已经配备了微分分析仪与台式计算设备，但威尔克斯意识到他还需要一台自动计算机。许多年后，威尔克斯在《一

---

① 对曼彻斯特小规模试验机（SSEM）的昵称。——译者注

位计算机先驱的回忆》中写道：

　　1946 年 5 月中旬，刚从美国返回不久的莱斯利·约翰·科姆里拜访了我。他交给我一份由约翰·冯·诺伊曼代表莫尔学院计算机研制小组撰写的文件，题为《EDVAC 报告书的第一份草案》。科姆里在剑桥大学圣约翰学院逗留了一晚，友好地让我将报告保留到第二天早晨。若是今天，我可以将报告复印下来，但当时没有办公复印设备，于是我只能熬夜阅读报告。这份报告明确阐述了现代数字计算机发展所依据的原则，包括使用同一个存储器保存数字与指令的程序，采用串行方式执行指令，以及通过二进制开关电路进行计算与控制。我立刻认识到这些原则确凿无误，从那时起，我对计算机的发展方向再无疑义。[23]

　　一两周之后，仍在思考《第一份草案》重要性的威尔克斯收到彭德院长发来的电报，邀请他参加当年 7 月至 8 月举行的莫尔学院系列讲座。虽然没有时间筹措旅费，但威尔克斯决定冒险自行承担美国之行的费用，希望之后能得到报销。跨大西洋航运在战后初期受到严格管制，尽管威尔克斯递交了铺位申请，但在课程开始后仍未收到任何消息。就在他"开始绝望"[24] 时，一位白厅① 官员打来电话，为他提供了 8 月初前往美国的船票。

　　几经周折，威尔克斯终于踏上美国的土地，并在 8 月 18 日（星期一）注册了莫尔学院的课程，此时距离课程结束仅剩两周时间。从不缺乏信心的威尔克斯认为自己"不会因迟到而损失太多"，[25] 因为课程第一部分主要涉及他熟悉的数值数学；至于 EDVAC，威尔克斯发现"存储程序计算机的基本原理不难掌握"。[26] 的确，课程只介绍了基本原理，并未涉及物理实现的所有细节。相当一部分原因在于除图纸外，EDVAC 的设计进展甚微，甚至连基本的存储技术也未成型。诚然，延迟线与阴极射线管可以将雷达信号保存几毫秒，但数字计算机需要将比特信号存储数分钟甚至数小时之久，二者截然不同。

　　莫尔学院的课程结束后，威尔克斯利用返回英国前所剩的几天时间造访

① 白厅是伦敦市内的一条大道，包括英国国防部、内阁办公厅在内的众多机构坐落于此，因此通常作为英国政府部门的代称。——译者注

位于美国马萨诸塞州剑桥的哈佛大学。他受到霍华德·艾肯的接待，看到持续运转的"马克一号"以及正在制造的新型继电器计算机"马克二号"。在威尔克斯看来，艾肯的思想已落后于时代：他徒劳地试图延长继电器计算机的技术寿命，对电子技术的发展充耳不闻。而在两英里外的麻省理工学院，威尔克斯见到了新的电子微分分析仪。这台庞大的设备包括大约 2000 个电子管、数千个继电器以及 150 个电机，是另一个过时的庞然大物。威尔克斯坚信，未来的发展方向必然是存储程序计算机。

在搭乘"玛丽王后"号邮轮返回英国的途中，威尔克斯开始设计"大小适中、与《EDVAC 报告书的第一份草案》高度类似的计算机"。[27]1946 年 10 月，回到剑桥大学的威尔克斯没有正式筹资，而是从有限的实验室研究经费中拨出一部分资金用于计算机制造。他从一开始就决定，自己感兴趣的是拥有计算机，而非试图推进计算机工程技术的发展。与制造计算机相比，威尔克斯更希望实验室工作人员能熟练使用计算机进行编程与数学应用。根据这种高度集中的方法，他决定采用延迟线存储而非基于阴极射线管的存储，因为后者虽然速度更快，但难度更大。基于此，威尔克斯将这台计算机称为"延迟存储电子自动计算机"；它在设计过程中借鉴了 EDVAC，其缩写"EDSAC"意在呼应EDVAC。

第二次世界大战期间，威尔克斯主要从事雷达开发与脉冲电子方面的研究，因此 EDSAC 在研制过程中并未遇到太多技术问题。只有水银延迟线存储堪称真正的挑战，威尔克斯为此请教了战争期间曾为英国海军部成功制造过类似设备的同事。这位同事提出一种经实践证明有效的设计，威尔克斯将其原封不动地复制下来。这非常符合威尔克斯尽快让计算机投入使用的基本理念，以便他能测试实际的程序，而不是对着图纸空想。

到 1947 年 2 月，在几位助手的协助下，威尔克斯成功研制出一种可以长时间存储位模式的延迟线。水银延迟线存储系统的成功实现令威尔克斯深受鼓舞，他开始推进整机的制造工作。除设计问题外，不少后勤方面的问题也暴露出来。例如，英国的电子元件供应在战后非常不稳定，需要仔细规划并提前订购。好在幸运女神偶尔也会眷顾威尔克斯：

有一天，我接到英国军需部一位官员打来的电话。这位和蔼可亲的资助者告诉我，他负责处理剩余库存，可以助我一臂之力。我们因此收到了一份免费的礼物：除某些特殊类型的电子管外，我们获得了足够维持计算机运转的电子管。[28]

这位资助者惊讶地发现，威尔克斯可资利用的电子管竟然多达数千个。

EDSAC 逐渐成型。这台计算机最终包括 32 条存储延迟线，安装在两个恒温控制的烘箱内，以确保温度稳定。控制器与运算器置于 3 个 6 英尺高的长机架上，为达到最大的冷却效果，所有电子管均暴露在外。输入与输出采用英国邮政的电传设备。程序打在电报纸带上，结果经由电传打字机打印出来。EDSAC 总共包括 3000 个电子管，耗电量达到 30 千瓦。这是一台庞大的计算机，但电子管的数量只有 ENIAC 的六分之一，所以体积相应要小一些。

1949 年初，EDSAC 的各个单元投入使用，组装完毕的系统仅配有 4 条不稳定的水银延迟线。威尔克斯与他的一位学生编写了一个打印整数平方表的简单程序。1949 年 5 月 6 日，包含该程序的薄纸带载入计算机；半分钟后，电传打字机开始打印出结果：1、4、9、16、25……世界上第一台实用的存储程序计算机由此诞生，计算机时代初露曙光。

第 5 章
步入商界

　　一则杜撰的故事声称，IBM 前总裁老托马斯·J. 沃森在 1949 年前后曾认为，只需十几台计算机就能满足市场需求，因此 IBM 在这一领域难有立足之地。这则经常被提及的逸闻表明，即便是 IBM 这种看似所向无前的行业领军者，也会像普通人一样做出愚蠢的决定。另一方面，故事反衬出埃克特、莫奇利等少数人的英雄形象，他们对计算机的巨大市场颇有先见之明。对于保守的沃森与激进的埃克特和莫奇利，后人的结论或许较为公正。而基于商业嗅觉与过往经验，可以将他们对待计算机的态度解读为"理性"与"不理性"之争：沃森理性，但决策失误；埃克特与莫奇利不理性，但决策正确。然而换个角度看也没错——沃森始终是商界巨子，埃克特与莫奇利却少有人知。

　　如本章标题所言，20 世纪 50 年代的真正变化在于，因计算机制造商与商业用户之故，计算机不再是数学工具，而转变为电子数据处理设备。IBM 在1951 年前后注意到这种变化，公司改变了销售预期，并迅速调整研发、制造与销售机构，利用其传统的商业优势在 5 年内主导了计算机行业。尽管期间并无神话产生，这仍然是一项伟大的成就。

　　20 世纪 40 年代末和 50 年代初，美国约有 30 家企业开展计算机业务。在此期间，除美国外，只有英国孕育出真正的计算机产业。为了在这个看似前途无量的战后新兴产业中占有一席之地，英国出现了大约 10 家与美国企业规模相仿的计算机公司，甚至还推出了全世界第一种商用计算机。这台名为"费伦蒂马克一号"的计算机以英国曼彻斯特大学研制的计算机为基础，于 1951 年2 月交付使用。遗憾的是，英国在计算机制造方面的热情与传统企业使用计算机的热情并不相称。及至 50 年代末，英国的计算机行业仍在为生存苦苦挣扎。

　　放眼世界其他地区，欧洲大陆所有工业发达国家——德国、法国、荷兰以及意大利——都因第二次世界大战而遭受重创，在 20 世纪 60 年代前无力参与计算机行业的竞争。"东方集团"① 与日本的计算机发展则更为落后。因此，在整个 50 年代，美国企业拥有的最大计算机市场就在美国，它们进而利用这一跳板主导了全球市场。

　　实际上，进入计算机行业的公司可以分为三类：电子与控制设备制造商、办公设备公司以及创业型企业。在电子与控制设备制造商（包括 RCA、通用电气、雷神、飞歌、霍尼韦尔、本德克斯等公司）看来，计算机是最"自然"的产品，它们早已习惯销售无线电发射机、雷达装置、X 射线设备、电子显微镜等高成本的电子资本货物。这些企业提出大型机的概念，而计算机不过是产品线中的另一种高价值产品。

　　第二类开展计算机业务的公司是 IBM、雷明顿－兰德、伯勒斯、NCR、安德伍德、门罗、皇家等商用机器制造商。这些企业最初较为理性，认为制造数学计算工具无益于业务发展，因而比第一类公司晚几年进入计算机市场。直到埃克特与莫奇利设计的 UNIVAC 于 1951 年面世，证明计算机在商业领域大有用武之地后，这些企业才下决心参与竞争。

　　第三类进入计算机行业的公司是创业型企业，就许多方面而言，它们是最有意思的一类企业。1948 年至 1953 年间出现了一个短暂的机会窗口，在此期间开展计算机业务的成本相对较低（不到 100 万美元）。10 年后，由于提供、支持外围设备和软件的成本增加，需要 1 亿美元才能与成熟的主流计算机公司竞争。第一批计算机创业型企业是埃克特与莫奇利在 1946 年成立的电子控制公司（后来更名为埃克特－莫奇利计算机公司），以及诞生于同一年的工程研究协会。两家公司很快被雷明顿－兰德收购，成为其计算机事业部：埃克特与莫奇利作为新行业的开拓者而闻名于世，工程研究协会的创始人之一威廉·诺里斯则另立门户，创建了大获成功的控制数据公司。

---

① "东方集团"是冷战期间西方阵营对中东欧前社会主义国家的称呼，其范围大致为苏联与华沙条约组织成员国。——译者注

紧随埃克特－莫奇利计算机公司与工程研究协会之后，一大批计算机初创企业涌现出来。某些公司由私人资本扶持，但更多初创企业属于老牌电子与控制公司的子公司。20 世纪 50 年代初，电子数据公司、计算机研究公司、利勃拉斯哥普以及电子实验室相继出现。最幸运的公司被办公设备企业收归旗下，但大部分公司最终销声匿迹，无法在激烈的竞争环境中立足。几乎所有初创企业都处于朝不保夕的境地，埃克特－莫奇利计算机公司的故事很好诠释了这一点。

"过于乐观"：UNIVAC 与 BINAC

1946 年 3 月，埃克特与莫奇利创办电子控制公司。除两人外，当时几乎无人意识到计算机在商业数据处理（而非科学和工程）方面的潜力。其实，早在第二次世界大战结束前，埃克特与莫奇利就曾多次造访位于华盛顿的美国人口调查局，探讨利用计算机协助处理人口普查数据的可行性，但当时并无结果。利用计算机处理数据的构想，可能更多出自莫奇利而非埃克特。因此，在 1946 年夏举行的莫尔学院系列讲座中，当埃克特讲授计算机硬件的技术细节时，莫奇利已开始在课上讨论分拣与排序——这些内容实际上属于打孔卡商用机器的范畴，与数学计算无关。

就在埃克特与莫奇利着手创办自己的企业时，我们如今所熟悉的风险投资公司尚不多见。两人因此决定，筹集公司资金最有效的途径莫过于为计算机争取到稳定的订单，然后采用分期付款的方式研制计算机。埃克特与莫奇利在战争期间对人口调查局的拜访得到了回报：1946 年春，人口调查局同意出资 30 万美元购买一台计算机。埃克特与莫奇利对开发成本过于乐观，他们认为 40 万美元足矣（与 ENIAC 大致相当），而 30 万美元已是两人所能争取到的最佳条件。埃克特与莫奇利期望通过后续销售来挽回损失。

事实上，这台计算机的开发成本接近 100 万美元。一位历史学家指出，"埃克特与莫奇利不仅乐观，而且天真"。[1] 或许两人投身商界并非明智之举，不过和许多企业家一样，埃克特与莫奇利希望摆脱财务问题以继续推进所肩负的使命。如果两人为获得财务上的有利条件而止步不前，项目就可能胎死腹中。1946 年 10 月，埃克特和莫奇利签订了为美国人口调查局制造一台 EDVAC 型计算机的合同。第二年春天，这台计算机被正式命名为 UNIVAC，它是"通用自动计算机"的缩写。

在美国费城市中心沃尔纳特大街 1215 号，埃克特与莫奇利租下一家男装店的上面两层作为办公场所。这是一栋临街的狭长建筑，但足以说服莫尔学院的 6 位同事加盟。到 1947 年秋，公司已有 12 名工程师，所有人都参与到 UNIVAC 各个系统的开发中。

埃克特与莫奇利启动了一个庞大的项目，其复杂性在公司成立的第一年就显露无遗。制造 UNIVAC 比组装大量现成的子系统（就像 10 年后制造计算机那样）要困难得多，甚至连基本的存储技术也未成型。公司为此建立了一支工程师团队，专门从事水银延迟线存储器的研究。在此过程中，他们发现研制实验室所用的系统是一回事，生产能在商业环境中使用的可靠系统又是一回事。

对 UNIVAC 来说，最大胆的创举当属采用磁带存储取代美国人口调查局与其他机构和企业使用的数百万张打孔卡，这个革命性的想法还催生出其他一些项目。1947 年，市场上唯一的磁带产品是录音工作室采用的模拟录音设备。因此必须研制一种专用数字磁带机，以便在磁带上保存计算机数据；为实现磁带的快速启动与停止，加入高速伺服电机同样必不可少。人们后来发现，由于普通的商用磁带采用塑料基底，其伸缩性过大，无法满足要求。公司不得不建立一个研制磁带涂层材料的小型化学实验室，改用不会伸缩的金属基底。为此还需要开发可以将数据录入磁带的设备以及能够打印磁带内容的打印机。接下来，设备需要将一摞卡片上的数据复制到磁带上，反之亦然。就许多方面而言，UNIVAC 的磁带设备都是项目中最为大胆也最不成功的部分。

与公司的所有工程师一样，埃克特和莫奇利都在日以继夜地拼命工作。公司的资金捉襟见肘，为了维持运营，埃克特与莫奇利需要获得更多的 UNIVAC 订单和预付款。拿到这些订单并非易事；但莫奇利在几个月前曾受雇于诺斯罗普飞机公司，为后者在研的"蛇鲨"洲际巡航导弹提供制导计算机设计方面的咨询。诺斯罗普决定研制一种小型机载计算机，埃克特与莫奇利受邀参与开发竞标。这种计算机称为 BINAC，它是"二进制自动计算机"的缩写。

BINAC 与 UNIVAC 截然不同：BINAC 尺寸更小，属于科学计算机而非数据处理器，也不使用磁带作为存储介质。在埃克特与莫奇利的职业生涯中，研制这种计算机或许是最大的一项任务。BINAC 的开发合同能维持公司运转，但也会极大影响 UNIVAC 项目的进度。不过两人别无选择：要么开发BINAC，要么破产。1947 年 10 月，埃克特和莫奇利签订了总额为 10 万美元的 BINAC 开发合同，诺斯罗普公司预先支付了 8 万美元。

尽管 BINAC 项目使埃克特与莫奇利的精力有所分散，但 UNIVAC 依然居于公司长期目标的核心地位，为 UNIVAC 寻找订单的努力仍在继续。最有前景的客户是英国保诚保险公司。1946 年，首次与保诚接洽的莫奇利无功而返，但这家保险公司现在对计算机兴趣重燃。保诚是办公设备应用领域的开拓者，19 世纪 90 年代甚至开发了自己的打孔卡系统，比投入商用的 IBM 打孔卡机时间更早。因此，保诚成为新兴计算机技术的先行者不足为奇。

保诚的计算机专家名叫埃德蒙·C. 伯克利，他在 1949 年出版了第一部介绍计算机的半通俗著作《巨脑：可以思考的机器》。1947 年初，莫奇利与伯克利试图说服保诚董事会订购 UNIVAC，但保诚不愿冒险投入几十万美元，从不知名的公司购买未经市场检验的机器。然而经过几个月的协商，保诚同意支付两万美元作为莫奇利的咨询服务费，并考虑在 UNIVAC 研发完成后购买一台。这笔钱虽然不多，但聊胜于无，毕竟保诚最终还是会买下一台计算机。

到 1947 年底，电子控制公司已入不敷出，需要更多投入才能维持运转。为吸引投资者，两人将公司注册为埃克特－莫奇利计算机公司。为寻找投资者与 UNIVAC 订单，埃克特与莫奇利竭尽所能。

1948 年春，美国芝加哥的市场研究公司尼尔森同意出资 15 万美元购买第二台 UNIVAC；同年底，保诚提出以相同的价格购买第三台 UNIVAC。这个价格荒唐且不切实际，但与之前一样，埃克特与莫奇利并未理会。稳定的订单使两人深受鼓舞，他们招募了更多的工程师、技术员与绘图员，并将公司迁至靠近费城市中心的黄色出租车大厦，租下七八两层作为办公场所。埃克特与莫奇利的团队此时已增至 40 人，其中包括 20 名工程师，两人还需要 50 万美元作为运营资金。很快，位于美国巴尔的摩的美国赌金计算器公司愿意提供资金支持。

埃克特和莫奇利的专利律师恰巧与美国赌金计算器公司副总裁亨利·斯特劳斯交好。斯特劳斯是位杰出的发明家，他在 20 世纪 20 年代改良了一种在赛马投注中计算赌金的机器并取得专利，很快在市场上占据主导地位。总而言之，赌金计算器是那个时代最复杂的机械计算系统之一。斯特劳斯立即意识到，UNIVAC 堪称技术突破，可能使自己的公司在未来的赌金计算器领域竞争中抢得先机。1948 年 8 月，他说服美国赌金计算器公司买下埃克特－莫奇利计算机公司 40% 的股份。发明家出身的斯特劳斯明智地允许埃克特与莫奇利保留对自己公司的全部控制权，他则以董事长的身份提供经验指导。美国赌金计算器公司出资约 50 万美元购买埃克特－莫奇利计算机公司的股份，并通过贷款提供进一步融资。埃克特与莫奇利总算没有错过这份颇为慷慨的报价。

随着财务状况趋于稳定，埃克特－莫奇利计算机公司暂时转危为安。的确，公司错过了几乎所有截止日期和时间表——今后也难有改观——但从某种程度上说，这是高科技公司的通病。重要的是，美国赌金计算器公司提供的资金以及与人口调查局、诺斯罗普、尼尔森、保诚签订的合同，确保公司能信心十足地扩张。第二年春天，公司多年来第三次搬迁，迁往北费城一栋自成一体的两层建筑。这里曾是一家针织工厂，清空后内部极为开阔，以至于"很难……相信我们会再次搬迁"。[2] 公司位于山脚下，夏天酷热难耐，因此被员工称为"死亡谷"①。

迁入新址后，公司开始加紧制造 BINAC。作为美国第一种投入使用的存储程序计算机，BINAC 的性能并不可靠。1949 年初夏，造访公司的一位诺斯罗普工程师汇报称，这台计算机每周运行 1 小时左右，"但糟糕透顶"。[3] 直到当年 9 月最终向诺斯罗普交付时，BINAC 的稳定性才有所提高。虽然这台计

---

① "死亡谷"位于美国加利福尼亚州与内华达州交界处的沙漠谷地，是北美最炎热的地区，曾在 1917 年创下地表最高温度纪录（56.7 摄氏度）。埃克特－莫奇利计算机公司的员工以"死亡谷"来形容公司所在地区的酷热。——译者注

算机的性能从未真正达到预期目标（能达到预期目标的早期计算机凤毛麟角），诺斯罗普还是痛快地支付了两万美元的尾款。

BINAC 项目结束后，埃克特与莫奇利终于可以专注于 UNIVAC 的开发工作，另外 3 份销售合同也已敲定。如今，迁入新总部的埃克特－莫奇利计算机公司异常繁忙。公司已有 134 名员工，6 套 UNIVAC 系统的合同总额达到 120 万美元。前途似乎一片光明。然而，埃克特与莫奇利在几周后获悉，亨利·斯特劳斯的私人双引擎飞机坠毁，他在这次事故中不幸遇难。斯特劳斯是促成美国赌金计算器公司投资埃克特－莫奇利计算机公司的主要推动者，他的去世也宣告了这次投资的结束。美国赌金计算器公司决定退出，并要求埃克特－莫奇利计算机公司偿还贷款。公司立即陷入财务混乱，原先所有的不确定性重新浮出水面，如同有人熄灭了灯光。

IBM：进化，而非革命

与此同时，后来成为埃克特和莫奇利主要竞争对手的 IBM 开始涉足计算机业务。本章开篇曾经提到，一种说法是，IBM 在第二次世界大战后不久曾做出不进入计算机行业的重大决定，但公司在 1951 年前后迅速改变策略，并于 20 世纪 50 年代中期确立了市场主导地位。这种说法最令人迷惑之处在于，它与人们看到的表面事实相当接近；但将 IBM 描述为在计算机竞赛开始时无动于衷，显然有误导之嫌。实际情况非常复杂。从 40 年代末起，IBM 就已在实验室中展开多个电子与计算机项目的研究工作；之所以没能转化为产品，是因为市场具有不确定性。

与雷明顿－兰德、伯勒斯、NCR 等记账机公司一样，战争一结束，IBM 就面临产品过时、电子技术、计算机这三大业务挑战。产品过时是其中最大的挑战。IBM 的大部分研发机构在战争期间转向军事项目（如研制枪支瞄准镜与投弹瞄准器），因此公司所有传统的机电产品都面临淘汰的危险。为了生存，改进现有产品成为 IBM 在战后的头等大事。

办公设备企业面临的第二个挑战是电子技术带来的威胁和机遇。第二次世界大战极大加快了电子技术的发展，IBM 也通过制造密码破译机和无线电设备积累了一定的专业知识。彼时，市场竞争已转向如何将电子技术应用于现有产品。第三个挑战是存储程序计算机。但在 1946 年，计算机还只是一种没有体现出明显商业价值的专用数学工具，因此优先级不得不排在最后，任何支持计算机的举措都难称理性。口号"进化，而非革命"反映出 IBM 对待电子技术与计算机的态度。[4] 基于此，公司将电子技术纳入现有产品以改善性能，但除此之外，产品没有任何不同。其他行业专家将办公设备制造商对待电子技术的态度比作飞机制造商对待喷气发动机的态度：新技术有助于提高产品性能，但不会改变产品功能。

外界经常将老托马斯·沃森描绘为青睐机电技术的守旧分子，但他其实是最早认识到电子技术未来潜力的人之一。早在 1943 年 10 月，沃森就指示 IBM 的研发主管"找出电子学领域最优秀的教授并把他带到 IBM"。[5] 尽管公司不计成本，但未能找到合适的人选，因为所有电子学专家当时都在从事与战争有关的研究工作。1944 年 8 月，"马克一号"在美国哈佛大学启用，而霍华德·艾肯拒绝承认 IBM 在设计和制造这台计算机时所发挥的作用。如果不是因为这件不愉快的事情，IBM 或许在几年内也不会有所行动。

沃森决心制造一台功能更强的电子计算器，以使艾肯的"马克一号"相形见绌。1945 年 3 月，IBM 聘用华莱士·埃克特教授（与约翰·普雷斯伯·埃克特并非同一个人）在美国哥伦比亚大学成立沃森科学计算实验室，并研制称为可选顺序电子计算器（SSEC）的"超级计算器"。除了对艾肯嗤之以鼻外，沃森的目标是确保沃森实验室为 IBM 的新设想与新设备提供测试平台，他并不指望 SSEC（或任何其他计算工具）会发展成畅销产品。在冯·诺伊曼发表《EDVAC 报告书的第一份草案》之前几个月，IBM 决定制造 SSEC。由于这个原因，SSEC 属于独立开发项目，从未成为存储程序计算机主流的一部分。

与此同时，IBM 的产品开发工程师也在应对一项枯燥的挑战：将电子技术纳入公司已有的产品中。1934 年首次上市的 IBM 601 乘法打孔机是第一种接受改造的设备。IBM 601 的机电乘法器每分钟只能处理大约 10 个数字；而采用电子元件替换核心部件后，整机速度较之前提高 10 倍，每分钟可以执行近百次乘法运算。改造后的设备包括大约 300 个电子管，1946 年 9 月在美国纽约举行的全美商业展上首次亮相，以 IBM 603 之名推向市场。IBM 603 电子乘法器的产量约为 100 台，两年后被功能更多的 IBM 604 计算打孔机取代。IBM 604 的销量在十年中达到了惊人的 5600 台。凭借 1400 个电子管以及有限的编程能力，IBM 604 具备"一段时间内市场上任何计算机都难以匹敌的操作速度和灵活性"。[6] 不仅如此，IBM 604 还是功能强大的卡片编程电子计算器（CPC）的核心部件。

1947 年，IBM 与它在西海岸的客户诺斯罗普飞机公司（曾委托埃克特和莫奇利研制 BINAC）合作开发 CPC。诺斯罗普大量使用 IBM 的设备计算导弹弹道，是 IBM 603 乘法器的早期用户。为提高 IBM 603 的灵活性，诺斯罗普将它连接到专门设计的存储单元和其他打孔卡设备。乘法器的运算速度因此大幅提高，达到每秒 1000 次左右。诺斯罗普使用 IBM 设备的消息不胫而走——在西海岸的航空公司中尤其如此——到 1948 年底，IBM 已获得十几笔类似的订单。这是 IBM 首次看到科学计算设备具有如此广阔的市场空间。

IBM 的产品工程师着手研制 CPC，并采用功能更强大的 604 计算打孔机取代 603 乘法器。公司从 1949 年底开始向客户交付 CPC。CPC 并非真正的存储程序计算机，但在 1949 年和 1950 年间，它是一种有效且极为可靠的计算工具，而商用计算机当时尚未出现。即便在计算机实现商业化之后，凭借其低成本和高可靠性，CPC 依然是性价比最高的计算系统。约有 700 台 CPC 在 20 世纪 50 年代前 5 年交付，超过当时全世界存储程序计算机数量的总和。

评论家往往对 CPC 的重要性不甚了然，尤其是因为它被称作"计算器"而非"计算机"。此前，"computer"一直指代计算员；沃森担心这个术语会引发外界对技术性失业的恐惧，所以决意使用"计算器"一词，这就是他坚持将"哈佛马克一号"与 SSEC 称为"计算器"的原因。但实际情况是，就有效的科学计算产品而言，IBM 从一开始就遥遥领先。

因此，到 1949 年，IBM 已具备出色的计算机研发能力。除 CPC 之外，还有 1948 年初制造完成的 SSEC。如前所述，尽管 SSEC 属于独立开发项目，从技术上讲并非存储程序计算机，但它在面世时堪称当时最先进、功能最强大的计算设备。沃森将 SSEC 陈列在纽约曼哈顿的 IBM 总部一层供人参观。一位海外游客写道：

1948 年初，这台机器在纽约的 IBM 总部制造完成并投入使用。街上过往的行人可以看到它，亲切地称它为"老爸"。这是一台巨大无比的机器，装有 2.3 万个继电器以及 1.3 万个（电子管）……运行中的 SSEC 想必是全世界最壮观的设备。上千只氖灯竞相闪烁，继电器与开关嗡嗡作响，纸带读入机与打孔机工作不停。[7]

IBM 安排 SSEC 在媒体上抛头露面。《纽约客》的特约撰稿人表示，"那些和我们一样只想一睹其风采的民众总是受到 IBM 的欢迎"。[8] 高级工程师小罗伯特·西伯带领他们参观 SSEC。杂志刊发了一篇介绍 SSEC 的精彩短文，准确反映出公众对"电子大脑"的迷恋：

机器的核心部件是玻璃面板后的电子管与线缆，它们占据了房间的三面墙壁。两个类似于超大号邮筒的"料斗"矗立在房间中央。一个是"进"料斗，打孔卡或纸带上的问题由此进入；另一个是"出"料斗，如果机器正常运行，结果就在这里显示。房间的一面墙上高高挂着写有"THINK"的大型标志牌，不过这个劝诫并非针对 SSEC……这台机器解决了很多商业问题。当我们到来时，它正在预热，准备计算一个从油田中开采更多石油的问题……随着我们一路向前，继电器开始欢快地咯咯作响，灯光图案在面板上跳动。西伯说："石油问题。"[9]

SSEC 大大提高了 IBM 在计算机技术方面的领先地位，但它注定无法转化为产品：这台计算机的造价过高（95 万美元），刚一面世在技术上就已过时。抛开宣传与形象不谈，SSEC 真正的重要性在于为 IBM 培养了一批经验丰富的计算机工程师。

1949 年，IBM 还在开发另外两种全尺寸计算机：磁鼓计算器与磁带处理机。对目前使用 CPC 的企业以及使用打孔卡机的普通商业用户而言，磁鼓计算器的售价可能只有 UNIVAC 的十分之一，但具备真正的存储程序计算能力。磁鼓计算器之所以价格低廉，关键在于它使用磁鼓（而非水银延迟线或静电存储管）作为主存储器。磁鼓存储器由一个高速旋转的磁化圆柱体构成，这种存储器非常经济，也很可靠，但速度极慢。

磁带处理机与 UNIVAC 并无二致。早在 1947 年，IBM 已开始探索利用磁带记录数据的技术以及在数据处理中使用磁带取代打孔卡的可行性。不过由于和 SSEC 项目构成竞争关系，磁带处理机的研制工作进展缓慢。但在 1949 年中期，有关埃克特－莫奇利计算机公司的报道开始传至 IBM——首先是 BINAC 成功制造完成，其次是 UNIVAC 获得了几笔订单。第二条消息促使 IBM 加快推进磁带处理机项目，以期拥有能与 UNIVAC 分庭抗礼、以磁带为基础的大型数据处理计算机。

如果 IBM 在 1949 年或 1950 年推出磁鼓存储器与磁带处理机（或其中之一），就能更早主导数据处理计算机市场，但两种计算机实际上在 5 年后才投放市场。磁鼓存储器的进度之所以延后，很大程度上是因为 IBM 奉行保守的市场营销策略。1949 年，在 IBM 的"未来需求"部门看来，磁鼓计算器不仅过于昂贵，难以和普通的打孔卡机分庭抗礼，而且速度过慢，无法与 UNIVAC 一争高下。磁带处理机的延误则另有原因：朝鲜战争爆发是一方面，老沃森之子小托马斯·J. 沃森做出的一项战略决策也是原因之一。

1950 年，老沃森已经 76 岁。尽管他仍然执掌 IBM 直到 1956 年，但其 35 岁的长子正逐步成长为公司的领导者。1937 年，年轻的小托马斯·J. 沃森进入 IBM 学习销售技巧。1945 年，服役归来的小沃森重回 IBM，4 年后出任执行副总裁。1950 年 6 月，朝鲜战争爆发。与之前在紧急状态下的做法一样，老沃森给白宫打电报，表示 IBM 将随时听候美国总统的调遣。老沃森的动机"主要出于爱国"，小沃森则"抓住这个机会，加快发展公司的大型计算机"。[10] 市场报告显示，国防承包商至少能获得 6 种大型科学计算机的合同。小沃森因此承诺，IBM 将以冯·诺伊曼在美国普林斯顿高等研究院研制的计算机为基础，启动新型计算机的开发工作。

这将是一种功能极为强大的计算机。根据初步估计，月租金为 8000 美元，相当于购买价格为 50 万美元，但这一估算仅是最终成本的一半左右。为研制这种称为"国防计算器"的计算机，需要占用分配给磁带处理机项目的资源。事实上，小沃森在 1950 年夏决定制造国防计算器，这虽然加快了 IBM 进军科学计算机领域的步伐，但也使公司错失更早进入数据处理市场的机会。埃克特与莫奇利抓住 IBM 商业失误的机会，凭借 UNIVAC 抢占了数据处理计算机的早期市场。

UNIVAC 面世

读者或许还记得，在 1949 年底获悉美国赌金计算器公司撤资后，埃克特与莫奇利急于寻找新的投资者，以维持 UNIVAC 项目的发展势头并支付 134 名员工的工资。当然，对计算机感兴趣的企业早已熟知埃克特与莫奇利。事实上，来自 IBM、雷明顿－兰德等多家公司的代表都参加了 1949 年 8 月举行的 BINAC 启用仪式。

1950 年初，埃克特与莫奇利决定，必须设法将公司卖给 IBM。两人与沃森父子在纽约的 IBM 办公室进行了一次神秘的面谈。小托马斯·沃森在回忆这次会面时说：

我与莫奇利从未谋面，对他很是好奇；身材瘦削的他穿着随意，喜欢藐视传统。相比之下，埃克特的衣着十分整洁。两人进屋后，莫奇利瘫坐在沙发里，两只脚搭在咖啡桌上——如果他尊重我父亲的话就不该这样。埃克特开始描述他们取得的成就。父亲已经猜出两人的来意，但我们的律师告诉他，买下两人的公司绝无可能。UNIVAC 是我们仅有的几个竞争对手之一，受制于反垄断法，我们无法收购它们。因此父亲告诉埃克特："不该让你们远道而来。我们无法与你们达成任何协议，如果使你们误认为我们可以的话，那是不公平的。从法律上讲，我们被告知不能这样做。"[11]

埃克特立刻明白了老沃森的意思。尽管这次会面并无成果，埃克特仍然感谢沃森父子抽出时间接待他们，而"莫奇利一言不发，无精打采地随身姿笔直的埃克特走出门去"。[12] 也许小沃森的回忆不仅体现出自己和 IBM 的价值观，也反映了莫奇利的态度。但很明显，莫奇利永远无法融入 IBM 的文化。无论如何，沃森父子肯定已经断定，埃克特与莫奇利无法为 IBM 尚未开发的产品贡献太多力量。到 1950 年，IBM 已拥有 100 多名从事电子技术和计算机研究的研发人员，团队规模与埃克特－莫奇利计算机公司不相上下。

雷明顿－兰德和 NCR 同样有意与埃克特和莫奇利达成某种协议，这两位企业家"绝望异常，他们愿意考虑第一份合理的报价"。[13]而雷明顿－兰德拔得头筹。

事实上，早在第二次世界大战结束前，魅力超凡的雷明顿－兰德公司总裁小詹姆斯·兰德就已擘画出战后发展的宏伟计划。他对战争期间的科学应用印象深刻，计划在战后开发一整套高科技产品，其中相当一部分将采用电子技术。这些产品包括缩微摄影机、静电复印机、工业电视系统等。1947 年底，小兰德聘请曾主管"曼哈顿计划"的莱斯利·R. 格罗夫斯将军协调研究工作，并担任雷明顿－兰德的开发实验室负责人。曾在战争期间参与核武器研制的格罗夫斯对 ENIAC 与埃克特－莫奇利计算机公司有所了解，他确信计算机将在办公行业发挥重要作用。

詹姆斯·兰德邀请埃克特与莫奇利前往他在美国佛罗里达州的寓所。两人在兰德的游艇上受到盛情款待，并得到一份报价：雷明顿－兰德将偿还美国赌金计算器公司对埃克特－莫奇利计算机公司的全部投资（总计 43.8 万美元），并出资 10 万美元购买埃克特、莫奇利与公司员工持有的股票，还将以 1.8 万美元的年薪聘用埃克特与莫奇利。这份报价并不理想，因为埃克特与莫奇利将不得不委身于自己创立的公司，但两人别无选择。他们接受了这份报价，埃克特－莫奇利计算机公司就此成为雷明顿－兰德的全资子公司。尽管格罗夫斯是名义上的主管，但他明智地避免干扰 UNIVAC 的运作或重新安排工程项目，让一切沿埃克特与莫奇利已经建立的轨道向前推进。

解决工程发展方面的问题后，雷明顿－兰德很快拟定了长期的财务计划。在访问埃克特与莫奇利的公司后，兰德、格罗夫斯以及他们的财务顾问意识到，UNIVAC 的售价可能只有其实际成本的三分之一。雷明顿－兰德首先与美国人口调查局接洽，试图重新协商价格，并威胁取消订单。人口调查局则以反诉相威胁，因此原先的 30 万美元售价不得不维持不变。出售给保诚与尼尔森的 UNIVAC 仅为 15 万美元，但雷明顿－兰德已经意识到，如果价格低于 50 万美元，公司将无利可图。为了摆脱合同义务，雷明顿－兰德威胁对保诚与尼尔森提起诉讼，这将导致 UNIVAC 的交付时间推迟数年，从而面临淘汰。尼尔森与保诚因此终止合同并收回预付款，两家企业最终从 IBM 购买了它们的第一台计算机。

正当这些谈判在幕后进行之时，埃克特与莫奇利正集中精力制造第一台 UNIVAC。到 1950 年春，这台计算机终于粗具规模——"首先在地板上架设好一个机架，然后是一个又一个机架"。[14] 一如既往，埃克特是整个项目的核心。他还是个三十出头的年轻人，工作时间比所有人都长：

> 每天他都工作得较晚，因此第二天早晨只好晚一点到。日子一天天过去，他的工作时间越来越晚。最后，他不得不请一天假休整，以便早晨能与其他人一起来到公司。[15]

一直以来，普雷斯伯·埃克特有个奇怪的习惯，他必须和一位扮演参谋角色的倾听者交谈才能理清思路。莫奇利在研制 ENIAC 期间充当了埃克特的参谋，不过此时扮演这个角色的通常是另一位工程师：

> 普雷斯伯的神经绷得很紧，他在思考时无法坐在椅子上或站立不动。一般来说，他要么蹲在桌上，要么来回踱步。在他（与某位工程师）的许多讨论中，两人从计算机试验场地开始走到二楼后面，再沿一段台阶下到一楼。大约一个小时后，他们回到试验场地；两人已经围着大楼转了一圈，但完全没有意识到这一点。他们的讨论极为专注，所有干扰都被排除在外。[16]

相比之下，约翰·莫奇利显得悠然自得："对所有人来说，约翰始终是鼓舞士气的力量之源。他的幽默感穿透了乌云。他以缓慢而顿挫的语调，讲述一个又一个趣闻轶事。"[17]

及至 1950 年夏，UNIVAC 的各个子系统接近完成，开始在费城的酷热中进行测试。这台设备安放在 UNIVAC 大楼二层一个不隔热的扁平黑色屋顶下。当时没有空调，但即便有，也无法驱散这台装有 5000 个电子管的机器所产生的 120 千瓦热量。人们首先扔掉领带和外套，几天后又脱下更多的衣服，最后"短裤和汗衫成为那段日子的工作制服"。[18] 一位工程师在回忆另一位工程师时说："他的桌旁放着 6 个汽水瓶，不时拿起一个瓶子从头顶浇下来。瓶子里装的都是凉水！"[19]

到 1951 年初，UNIVAC 已组装完毕，很快可以开始交付人口调查局之前的验收测试。不过在此之前还要开发一些基本软件。程序开发团队最初由莫奇利领导，之后由一位从哈佛计算实验室招募的程序员负责。这位名叫格雷丝·默里·霍珀的程序员后来成为商用计算机高级编程技术背后的推动力量，以及世界上首屈一指的女性计算机专家。

1951 年 3 月 30 日，UNIVAC 进行验收测试，总共运行了大约 17 个小时严格的计算任务，没有出现半点差错。通过测试的计算机随后运往美国人口调查局。第二年，又有两台 UNIVAC 制造完毕并交付政府部门使用，公司还获得了其他三台 UNIVAC 的订单。

1952 年底，雷明顿-兰德为 UNIVAC 争取到一个引人注目的宣传噱头：说服哥伦比亚广播公司电视网采用 UNIVAC 预测美国总统选举的结果。选举开始前几个月，约翰·莫奇利在美国宾夕法尼亚大学一位统计学家的帮助下编写了一个程序，以 1944 年和 1948 年对应的投票模式为基础，利用一些关键州的提前投票结果预测大选结果。

1952 年大选之夜，哥伦比亚广播公司的摄像机架设在费城的 UNIVAC 大楼里，查尔斯·科林伍德进行现场报道。而在哥伦比亚广播公司总部，沃尔特·克朗凯特担任主持人；为产生戏剧性效果，演播室还安装了一部虚拟的 UNIVAC 控制台——闪烁的控制台指示灯进一步增强了这种效果，仿佛摇曳的圣诞树彩灯。

20 点 30 分，UNIVAC 发布第一轮预测：

现在下结论为时尚早，不过我要大胆推测一下。

UNIVAC 预测，在 3 398 745 张选票中：

	史蒂文森	艾森豪威尔
州	5	43
选举人票	93	438
普选票	18 986 436	32 915 049

目前双方的机会是 00 比 1，选举有利于艾森豪威尔。[20]

UNIVAC 预测艾森豪威尔将取得压倒性胜利，这与前一天进行的盖洛普和罗珀民意调查大相径庭——两家机构预测这是一场势均力敌的角逐。UNIVAC 团队的一位成员回忆道：

我们的选举官员……难以置信地看着 UNIVAC，这台计算机预测艾森豪威尔将以绝对优势胜出。他获胜的概率超过了程序允许显示的两位数字，因此打印输出显示"00 比 1"而非"100 比 1"。选举官员们聚在一起讨论后表示："不能将结果泄露出去，这太冒险了。"他们无法理解，在票数如此之少的情况下，这台机器竟然能如此肯定地做出预测，艾森豪威尔获胜的概率将大于 100 比 1。[21]

UNIVAC 操作员迅速调整程序参数，以便输出更可信的结果。21 点 15 分，UNIVAC 对外公布的第一轮预测显示，艾森豪威尔将以 8 比 7 的微弱优势获胜。不过随着时间流逝，一场压倒性的胜利开始浮出水面。UNIVAC 的一位发言人后来在电视上露面，坦言并未将这台计算机最初的预测结果公之于众。最终，艾森豪威尔击败史蒂文森，两人分别获得 442 张和 89 张选举人票，这个结果与 UNIVAC 最初的预测（438 票对 93 票）相当接近。

当然，UNIVAC 的程序员与雷明顿–兰德的经理为隐瞒最初的预测结果而自责不已，但他们很难找到更有说服力的证据来证明计算机绝对可靠。更确切地说，UNIVAC 正迅速成为计算机的代名词。UNIVAC 在美国大选之夜的亮相堪称计算机史上的重要时刻。此前，人们即便听说过计算机，也很少有人真正见过它；此后，计算机逐渐为公众所知，人们至少看过它的模型。那台计算机名叫 UNIVAC，并非由 IBM 制造。

IBM 加大攻势

UNIVAC 在大选之夜大放异彩。而在几个月前，IBM 实际上就开始意识到厄运当头。18 个月前，UNIVAC 交付美国人口调查局促使 IBM 采取行动。根据小沃森的回忆，在一次例行会议上，他从 IBM 华盛顿办事处负责人那里第一次了解到 UNIVAC 已制造完成。这个消息对小沃森有如晴天霹雳。

我想："老天，我们还在努力制造国防计算器，聪明的 UNIVAC 已经开始占领所有民用市场了！"我被吓坏了。

我在下午晚些时候回到纽约，召开了一次持续到深夜的会议。在 IBM，没有一个人认识到计算机哪怕百分之一的潜力。我们想象不出它是什么样子。但大家都明白，客户正在流失。一些工程师已开始着手设计适合在商业领域使用的计算机，我们决定以此作为对抗 UNIVAC 的主要措施。[22]

IBM 的高层相当自负，而小沃森正在创造属于自己的神话。但他认为"IBM 没有一个人能认识到……计算机的潜力"，这种说辞相当荒谬。前面曾经提到过，第二次世界大战结束五六年后，IBM 在电子技术与计算机领域已具备出色的组织能力，公司甚至还有两种发展受阻的数据处理计算机（磁带处理机与磁鼓计算器）。正是小沃森专断的管理风格，加之他在本质上依靠直觉推动国防计算器项目，才对两种数据处理计算机的开发造成了不利影响。

然而，这种专断风格也有其优点：一旦小沃森决定（并说服他的父亲）IBM 必须大踏步进军数据处理计算机市场，就会采用强制手段实现这一目标。截至 1951 年春，IBM 在全速推进 3 个主要的计算机项目，它们是国防计算器、磁带处理机以及低成本的磁鼓计算器，三者后来分别被命名为 IBM 701、702 与 650。小沃森回忆道："IBM 的工程师提出'应急模式'一词来描述公司的运作方式——我们曾一度以为自己登上了'泰坦尼克'号。"[23] 同时开发 3 个项目的成本极高，需要招聘大量研发人员。一年后，IBM 有 35% 的实验室工作人员致力于电子技术的研究，其中 150 人专门从事国防计算器的开发。

公司将国防计算器重新命名为 IBM 701，它是最早开始的一个项目。IBM 最初预计这种计算机的月租金为 8000 美元，并很快获得了 10 笔订单。但在 1952 年初，公司显然认为需要将租金提高一倍，相当于购买价格为 100 万美元左右，与 UNIVAC 的成本相差无几。IBM 不得不向已发出初始意向书的客户告知租金提高一事，好在大部分合同均按修正后的价格履行。客户对于新价格的欣然接受，反映出 1952 年计算机购买者更为成熟且知识水平有所提高：无论由哪家企业制造，快速、大型科学计算机的成本都在 100 万美元左右。

令人惊讶的是，IBM 内部的许多保守人士仍然反对开发磁带处理机，直到 1953 年依旧坚持认为传统的打孔卡机价格更低且更具成本效益。然而，他们没有考虑到计算机已成为热点新闻这一事实，商业杂志中充斥着有关"电子大脑"的工商业报道。成本效益不再是企业购买计算机的唯一（甚至最重要）理由。1952 年 1 月，《财富》杂志一篇题为《办公机器人》的文章准确捕捉到这种心态：

> 墨守成规的计算机理论家不愿接受权宜之计，除非能最大限度消除人为因素与纸质记录，否则他们不会满意。没有文书操作员的干预，没有簿记员，没有打孔卡，也没有纸质文件。以电费计费为例，电表读数经由导线自动进入中央办公室的电子记账与信息处理机的输入组件；设备将这些读数与保存在巨大存储器中的客户账户进行比较，执行所有计算，并将新结果返回存储器，同时打印出每月账单。[24]

当然，这种新闻夸张手法不亚于科幻小说。但小沃森与 IBM 的销售部门彼时意识到，IBM 必须成为外界眼中的创新者；无论盈利与否，公司都要开发数据处理计算机。

第一台 IBM 701 科学计算机于 1952 年 12 月下线，公司竭尽所能展开宣传攻势。一定程度上说，IBM 701 是为了转移公众对 UNIVAC 的注意力，它以一种引人注目的全新姿态出现在外界面前。IBM 将这台计算机安放在纽约总部的展厅内——SSEC 也曾在这里展示过，现已被无情拆除。

1953 年 9 月，IBM 宣布推出第一种真正意义上的数据处理计算机，这就是以磁带处理机为基础研制的 IBM 702。截至 1954 年 6 月，公司已收到 50 笔订单。但直到 1955 年初，IBM 才开始交付 702 系统，比第一台 UNIVAC 的交付时间晚了 4 年。从宣布推出 IBM 702 到开始交货相隔 18 个月，只是由于雷明顿 – 兰德无力制造更多的 UNIVAC，IBM 才得以保住订单。

从表面上看，IBM 702 电子数据处理机与 UNIVAC 的技术规格大致相同，但二者的基础工程结构存在重大差异，IBM 702 因而很快在市场上遥遥领先。与 UNIVAC 选择水银延迟线不同，IBM 决定采用为曼彻斯特大学计算机开发的威廉斯管① 技术。虽然两种技术都有难度且不稳定，但威廉斯管存储器可能

---

① 威廉斯管又称威廉斯 – 基尔伯恩管，是一种基于阴极射线管的存储装置，1946 年由弗雷德里克·威廉斯与汤姆·基尔伯恩发明。每个威廉斯管的存储容量一般为 1024 到 2560 比特。——译者注

更可靠，而且速度要快一倍。IBM 700 系列使用的磁带系统远优于 UNIVAC，后者的磁带系统从未完全令人满意，需要经常维护。研制成功的磁带系统与其说是电子工程问题，不如说是机械工程问题。IBM 在机电工程方面水平出众，从而能制造出速度更快、可靠性更高的系统。

与 UNIVAC 相比，IBM 计算机的另一个优势在于采用模块化结构。换言之，计算机由一系列可以在现场连接起来的"盒子"组成。除便于装运外，模块化结构使计算机的尺寸和规格更加灵活。相比之下，UNIVAC 堪称庞然大物，仅从工厂运往客户所在地就是一项浩大的工程。与 UNIVAC 不同，IBM 将模块尺寸设计为适合标准电梯装运的大小。为避免运输途中出现问题，在最初几个月中，美国人口调查局订购的第一台 UNIVAC 实际上是在费城工厂运行的。最后，IBM 最大的优势在于它作为以服务为导向的供应商的声誉。公司从一开始就认识到培训的重要性，因此不仅为用户开设了编程课程，还组建了现场工程团队，其客户服务水平优于所有同行。

事实上，701 与 702 系统都未能成为 IBM 期待的"UNIVAC 终结者"。两种系统使用的威廉斯管存储器质量堪忧，以 IBM 一贯的高标准衡量，其可靠性均不达标。不过到 1953 年，一种名为磁芯存储器的新技术崭露头角。几个团队都在独立从事磁芯存储器的研究，但最重要的研究成果出自美国麻省理工学院的杰伊·W. 福里斯特（详见第 7 章）。尽管这项技术当时仍处于实验阶段，但 IBM 启动了一项快速研究计划，致力于将磁芯存储器发展为可靠的产品。1954 年，IBM 宣布推出经过改进的 701 与 702 系统，二者采用速度更快、可靠性更高的磁芯存储器，分别命名为 IBM 704 科学计算机与 IBM 705 电子数据处理机。

根据小沃森的说法，1955 年是 IBM 的转折点，IBM 700 系列计算机的订单量在这一年超过了 UNIVAC。直到 1955 年 8 月，UNIVAC 的销量仍然领先于 IBM 700 系列，二者之比约为 30比24。但 IBM 700 系列的装机量在一年后达到 66 台，而 UNIVAC 只有 46 台，两种计算机的订单量分别为 193 台与65 台。

不过，确立 IBM 在业内领先地位的并非 700 系列大型计算机，而是低成本的磁鼓计算器。1953 年，公司宣布推出 IBM 650 磁鼓数据处理机，月租金为 3250 美元（相当于购买价格为 20 万美元左右）。尽管 650 系统的成本仅为 701 系统的四分之一，它仍然十分昂贵，价格比其他厂商的同类产品高出一倍。但 IBM 650 以其优秀的工程技术、可靠性与软件在市场上大获成功，最终交货量达到 2000 台，收益远远超过整个 700 系列计算机。

小沃森曾表示："虽然百万美元的拳头产品 700 系列深受青睐，但 650 系统才是计算机行业的'T 型车'①。"[25] 基于对市场营销的敏锐理解，公司以高达 60% 的折扣将大量 IBM 650 销往大学和学院，前提是在大学中开设计算机课程。其结果不仅是造就了一代出自 IBM 650 的程序员与计算机科学家，而且为 IBM 的产品培养出一批训练有素的员工——这是 IBM 精于营销的绝佳范例。就许多方面而言，精于营销比精于技术更重要。

凭借 650 系统的成功，IBM 开始迅速超越雷明顿－兰德的 UNIVAC 事业部。尽管如此，雷明顿－兰德在 1951 年推出第一台 UNIVAC 后也没有止步不前，而是积极拓展其计算机事业部。1952 年，公司收购了位于美国明尼阿波利斯的初创企业——工程研究协会，雷明顿－兰德的第一种科学计算机 UNIVAC 1103 即是工程研究协会的成果。1955 年中期，雷明顿－兰德与斯佩里陀螺仪公司合并（并更名为斯佩里－兰德），以进一步提升技术水平。然而在 1954 年或 1955 年，雷明顿－兰德已开始落后于 IBM。部分原因是公司的营销策略出现失误：雷明顿－兰德担心计算机会降低传统打孔卡设备的销量，因此没有将打孔卡和计算机销售团队统一起来，以至于经常错失销售良机。导致雷明顿－兰德衰落的另外两个原因在于其费城工厂与明尼阿波利斯工厂之间的内部纷争，以及公司不愿为计算机软件与市场营销投入足够的资金。尽管"UNIVAC"在公众眼中仍然是计算机的代名词，但企业决策者已开始青睐 IBM。正如计算机权威赫布·格劳希所言，丧失对 IBM 的早期领先优势令雷明顿－兰德"功败垂成"。[26]

---

① 指 1908 年面世的福特 T 型车，这款车型到停产前的总销量超过 1500 万辆。T 型车为汽车产业与制造业的发展做出巨大贡献，外界将其视为有史以来最重要的车型。——译者注

计算机竞赛

尽管 IBM 与 UNIVAC 的故事在一定程度上反映出 20 世纪 50 年代计算机行业的发展状况，但实际情况要复杂得多。50 年代末，行业经历了一次大规模洗牌。

20 世纪 50 年代初，电子与控制设备制造商通过生产供科学与工程领域使用的计算机进入市场——即便不是有利可图，损失也在可以承受的范围之内。然而，随着计算机在 50 年代末成为产销量巨大的商用设备，这些企业都面临同样的抉择：要么退出市场，要么投入大笔资金开发外设和应用软件，并拨款用于营销，以便与 IBM 一争高下。在各大企业中，只有 RCA、通用电气与霍尼韦尔选择投入资源继续参与竞争，包括飞歌和雷神等老牌公司在内的其他企业则半途而废。

然而，当时最脆弱的是小型计算机初创企业，绝大部分公司未能坚持到 20 世纪 60 年代。这些初创企业包括计算机研究公司（脱离诺斯罗普飞机公司后组建的独立实体）、Datamatic（霍尼韦尔与雷神成立的合资企业）、电子数据公司、控制数据公司以及数字设备公司。只有控制数据公司与数字设备公司保持了各自的独立性并发展壮大，二者中仅有控制数据公司在 50 年代末成为大型计算机市场的主要参与者。数字设备公司虽然度过了最初的艰难时光，但直到在小型计算机市场占有一席之地，公司才有所作为（详见第 9 章）。而在熬过破产之后，小型计算机公司接下来最常见的命运就是被某家办公设备企业收归旗下，就像埃克特－莫奇利计算机公司与工程研究协会被雷明顿－兰德收购一样。

除 IBM 外，战后没有一家办公设备企业在电子技术方面拥有丰富的经验，它们也无意制造计算机。与 IBM 一样，办公设备企业对商用计算机市场持谨慎的怀疑态度，最初只是采取渐进方式将电子技术应用到现有产品中。例如，NCR 在销往银行的普通记账机中加入电子技术，开发出 Post-Tronic。这种设备取得了比同时代几乎所有计算机都要辉煌的成功，它在 1956 年召开的美国银行家协会会议上亮相，引发外界轰动。Post-Tronic 后来创造出价值 1 亿美元的市场，"成为促使 NCR 在计算机开发中投入巨资的重要因素之一"。[27] 然而，为实现计算机制造的最终跨越，NCR 于 1953 年收购计算机研究公司，并在 1956 年推出一系列商用计算机。

伯勒斯公司也试图组建自己的计算机事业部。1948 年，时任莫尔学院研究主管的艾文·特拉维斯加盟伯勒斯，负责运营位于美国宾夕法尼亚州佩奥利的计算机开发实验室。最初，伯勒斯每年投入数百万美元用于电子技术研发，这个决定"代表了勇气与远见，因为在 1946 年至 1948 年间，我们的平均年收入不足 1 亿美元，1946 年的净利润只有 190 万美元"。[28] 尽管投入巨大，伯勒斯仍然未能研制出成功的数据处理计算机，因此在 1956 年将电子数据公司收归旗下，成功的商用计算机 Datatron 即由这家初创企业开发。伯勒斯出资 2050 万美元收购电子数据公司，这在当时是一笔巨资；但通过将自己的销售团队和客户群与电子数据公司的技术相结合，伯勒斯很快在计算机公司联盟中站稳脚跟。

20 世纪 50 年代，门罗、安德伍德、弗里登、皇家等办公设备企业试图通过自行开发或收购的方式参与计算机行业的竞争，但它们的计算机事业部在 60 年代前就销声匿迹。因此，截至 50 年代末，IBM 以及斯佩里－兰德、伯勒斯、NCR、RCA、霍尼韦尔、通用电气、控制数据公司等少数几个陪跑者成为计算机行业的主要参与者，它们很快被记者们称为"IBM 与七个小矮人"。

尽管计算机行业始于 20 世纪 50 年代，但竞争在 50 年代末才刚刚开始。1959 年，美国市场的打孔卡机销售额仍然占 IBM 收入的 65%；而在世界其他地区，这一数字是 90%。对 IBM 而言，50 年代是高速增长期，其员工数量从 3 万人增加到近 10 万人，收入增长则超过 5 倍，从 2.66 亿美元攀升至 16.13 亿美元。IBM 将在接下来的 5 年中完全主宰计算机市场，新型计算机 IBM 1401 成为这一增长的助推器。

第 6 章

大型机成熟：IBM 崛起

1957 年，由凯瑟琳·赫本与斯潘塞·特雷西主演的浪漫轻喜剧《电脑风云》上映，这是第一部以电子计算机为题材的电影。特雷西在影片中饰演"效率专家"理查德·萨姆纳，负责将计算机技术引入虚构的"联邦广播网"研究部门。而赫本饰演的邦尼·沃森对此心怀不满，认为"电子大脑"意在取代她和自己的图书管理员同事。随着特雷西与赫本争吵、戏谑并最终坠入爱河，功能强大的 EMERAC（电磁存储与研究算术计算器）逐渐表现出天真可爱、满怀善意的一面。当一位技术员错误地询问有关"宵禁岛"（而不是科孚岛 ① ）的信息时，这台昵称为"埃米"的计算机失控并开始冒烟，直到邦尼·沃森借来一枚发夹帮助修理"她"。

尽管"EMERAC"这个名字显然是在影射 ENIAC 和 UNIVAC，但 IBM 才是与这部电影联系最紧密的计算机制造商。《电脑风云》堪称 IBM 植入式广告的典范：影片不仅从 IBM 计算机的特写镜头开始，公司还为演员与制片人提供培训和设备，而 IBM 的贡献在影片结束时也得到了充分认可。当时，公众对可能出现的技术性失业感到担忧，这一点在本片中得到了准确体现，但影片关于计算机的最终结论仍然是非常积极的：计算机有助于消除重复单调的工作，但不会取代人类雇员。就许多方面而言，这部电影不仅是对电子计算机的广泛宣传，更是为 IBM 所做的绝佳广告。

然而，《电脑风云》颇具洞察力，堪称对现代计算机史上关键时期的深刻

---

① "科孚岛"的英文是 Corfu，而"宵禁"的英文是 Curfew。二者发音相近，因此被技术员搞错。——译者注

写照。编剧亨利·埃夫龙与菲比·埃夫龙均为敏锐的社会观察家。无论是电子计算机与效率专家的结合，抑或不少美国人对于"电子大脑"的矛盾心态，都准确反映出当时公众的态度。与邦尼·沃森一样，员工（以及管理人员）必须学会拥抱计算机。

不过，即便在《电脑风云》上映时，影片中那位机器明星 EMERAC 也开始显得落伍。它那灰色的搪瓷机身以及圆滑的边角，使人回想起过去朴素的办公设备。IBM 于 1959 年秋推出 IBM 1401，公司在业界的地位以及计算机的形象即将改变。三年前，IBM 聘请美国首屈一指的工业设计师埃利奥特·诺伊斯，他的影响力在 1401 系统上得到了充分体现。棱角分明的设计与色彩斑斓的漆面，彰显出这款计算机的现代气息。

IBM 1401

与其说 IBM 1401 是计算机，不如称其为计算机系统。IBM 的大部分竞争对手醉心于中央处理器（CPU）的设计，往往忽视整个系统。IBM 的许多技术人员同样注重计算机体系结构。"处理器风靡一时。"一位技术经理回忆说，"处理器项目获得了不少资源，每位开发人员都有一套设计处理器的新方法。"[1] 但在 IBM，技术专家的影响力不及营销经理。根据营销经理的观察，与各家厂商在设计方面体现出的技术优势相比，客户对利用计算机解决业务问题更感兴趣。为此，IBM 的工程师不得不从全盘着眼，运用整体方法"将编程、客户过渡、现场服务、培训、备件、物流等问题都纳入考虑"。[2] 这种理念在 20 世纪 50 年代为 IBM 650 的成功奠定基础，很快也将为 IBM 1401 的成功铺平道路。事实上，这正是 IBM 与主要竞争对手的区别所在。

推出基于电子管的 IBM 650 磁鼓计算器后，公司需要开发一种使用晶体管的后续机型，IBM 1401 就是在这种背景下诞生的。截至 1958 年，IBM 已向客户交付了 800 套 650 系统，超过其他所有大型机制造商生产的计算机总和。尽管如此，650 系统也未能撼动 IBM 数千台传统打孔卡记账机设备的地位。

IBM 的大部分客户仍然抵触计算机，并继续坚持使用传统的记账机。有不少充分的理由可以解释这种现象，首要原因在于成本：一台 IBM 650 的月租金为 3250 美元，而同样的价格可以租到一批不错的打孔卡机，它们的性能与 650 系统相差无几甚至更好。其次，尽管 IBM 650 可能是市场上最可靠的计算机，但作为一种基于电子管的设备，其可靠性从本质上说远逊于机电式记账机。再次，由于 IBM 当时几乎没有提供编程方面的支持，650 系统的潜在客户需要聘用程序员来开发应用软件，这种奢侈只有规模最大、最富有冒险精神的企业才能负担。最后，650 系统的读卡器和打孔机、打印机等大部分"外设"都沿袭自现有的打孔卡机，这些产品乏善可陈。有鉴于此，在大部分商业用户看来，IBM 650 其实只是一种看似高级的打孔卡机，真正的优点寥寥无几，缺点反而不少。因此，直到 20 世纪 50 年代末，IBM 407 记账机都是 IBM 最重要的产品。

1958 年，IBM 1401 的技术规范开始成形，它充分借鉴了公司在开发 650 系统时积累的经验。首先，新系统必须比 650 系统价格更低、速度更快、性能更可靠。仅需使用改进的电子技术就能达到这些要求，它们或许是规范中最容易实现的目标：如果将 650 系统的电子管替换为晶体管，磁鼓替换为磁芯存储器，那么速度与可靠性将提高一个数量级。其次，需要为 1401 系统配备新的读卡器和打孔机、打印机、磁带机等外设，从而使新系统相对于 650 系统和电动记账机具有决定性的优势。当时最重要的在研外设是一种高速打印机，其打印速度达到每分钟 600 行。

IBM 同样需要为编程问题寻求技术上的解决方案。根本性的挑战在于，如何指导使用打孔卡机的业务分析师编写程序——企业既不必投入大量资金对他们复训，也无须雇用新的程序员。为此，IBM 开发了一套称为报告程序生成器（RPG）的编程系统。这套系统经过专门设计，熟悉记账机插件板接线的人员在接受一两天的培训后，就能使用自己了解的符号与技术编写商业应用程序。RPG 的成功超出所有人的预期，它成为全世界应用最广泛的编程系统之一。但很少有 RPG 程序员了解这门语言的起源，或意识到它的某些神秘特性源自模拟打孔卡机逻辑的要求。

然而，并非所有客户都愿意编写程序（即便是采用 RPG），某些客户更倾向于由 IBM 开发自己所需的应用程序软件，比如工资单、发票、库存管理、生产规划以及其他常用的业务功能。IBM 在打孔卡机研发方面经验丰富，非常熟悉这些业务流程，开发的软件几乎无须修改就能供任何中型企业使用。IBM 为其服务最广泛的行业（如保险业、银行业、零售业、制造业）开发了完整的程序套件。这些应用程序的研发费用相当昂贵，但由于 IBM 居于市场主导地位，公司有能力向客户"赠送"软件，并将开发成本分摊给成千上万的客户。而斯佩里－兰德、伯勒斯、NCR 等 IBM 在办公设备领域的竞争对手没有太多客户，它们通常只为一两个自己具备传统优势的行业开发软件，不会尝试与 IBM 展开全面竞争。

1959 年 10 月，IBM 宣布推出 1401 系统。首批系统于 1960 年初交付，月租金高达 2500 美元（相当于购买价格为 15 万美元），成本与一台中型打孔卡设备相差无几。IBM 原计划生产 1000 套左右 1401 系统，事实证明这个数字被大大低估，IBM 1401 的最终产量达到 1.2 万台。

IBM 的预测为何如此离谱？ 1401 系统无疑是一种优秀的计算机，但它之所以能取得成功，与它是计算机并无太大关系。相反，决定性因素在于 IBM 为 1401 系统配套提供的 1403 新型"链式"打印机。这款打印机采用一种新技术，铅条与一根高速旋转的水平链条相连，通过一组液压驱动打印锤的即时撞击进行打印。IBM 1403 每分钟可以打印 600 行，而以战前打印技术为基础研制的 IBM 407 记账机每分钟只能打印 150 行。换言之，一套 1401 系统只相当于两套 IBM 407 系统的成本，却具备 4 套标准记账机的打印能力——何况还包括一台免费提供的存储程序计算机。新的打印技术成为 IBM 客户进入计算机时代的动力，虽属意料之外，也在情理之中。

一段时期以来，IBM 的成功也使自己深受其害，因为越来越多的客户决定返还老式的记账机，转而订购计算机。客户在决策过程中深受 IBM 工业设计师的影响，这些设计师将计算机时代的现代感与诉求表现得淋漓尽致：他们抛弃青灰色的圆角打孔机，转而采用浅蓝色的方角计算机柜。对财务控制与借贷能力不如 IBM 的企业来说，处理大量被淘汰的租赁设备并非易事。但《财富》杂志的一位记者指出：

> 在美国商业史上，很少有公司能保持如此快速与持续的收入增长。I.B.M. 的股票无疑是多年来维持惊人增长的绝佳范例。一个尽人皆知的说法是，如果投资者在 1914 年买入 100 股（花费 2750 美元），之后再拿出 3614 美元参与供股，那么这些股票如今的投资价值将达到 250 万美元。[3]

IBM 的声誉如日中天，使投资者愿意面对新产品无法预知的前景。随着越来越多浅蓝色涂装的 1401 系统进入美国企业的办公室，IBM 赢得了一个不祥的新名字：蓝色巨人。

IBM 与"七个小矮人"

与此同时，IBM 的成功令竞争对手处境艰难。到 1960 年，大型计算机行业仅剩 IBM 与另外 7 家公司。在所有大型机供应商中，斯佩里－兰德遭遇了最大的逆转，早在 IBM 1401 面世前就已开始的衰退愈发严重。作为行业开拓者的斯佩里－兰德始终未能从计算机业务中获利，还落下了近乎嘲讽的名声。《财富》杂志的另一位记者写道：

> 在 I.B.M. 的 7 个主要竞争对手中，威胁最小的……是斯佩里－兰德的 Univac 事业部，它继承了雷明顿－兰德在计算机行业的衣钵。很少有企业能生产出这样优秀的产品，但经营又如此糟糕。Univac 虽有不错的机型，但推出时为时已晚，其他方面更是乏善可陈；Univac 的销售技巧和软件很难与 I.B.M. 相提并论。[4]

因此，"失望的人们从 UNIVAC 离开，成为其他计算机公司的高层"。1962 年，斯佩里－兰德从国际电话电报公司请来富有进取心的新经理路易斯·T. 雷德，以帮助解决 UNIVAC 存在的不足。尽管斯佩里－兰德在航空订票计算机系统方面取得了技术上的成功，但雷德很快被迫承认："如果另一位捕鼠夹厂商拥有 5 倍于己的推销员，那么制造再好的捕鼠夹也无济于事。"[5]

1963 年，UNIVAC 终于有所起色，开始实现收支平衡。然而为公司带来利润的 UNIVAC 1004 根本算不上计算机，它只是一种使用晶体管的记账机，针对公司现有的打孔卡机用户。即便前景有所改善，UNIVAC 所占的市场份额仍然只有 12%，客户数量仅为 IBM 的六分之一，与 20 世纪 30 年代雷明顿－兰德在打孔卡机市场所占的份额相差无几。公司似乎永远只能屈居第二。

在商用机器市场，其他两位竞争对手伯勒斯与 NCR 远远落后于 IBM，甚至不及 UNIVAC。它们的市场份额都只有 3% 左右，仅为 UNIVAC 的四分之一。两家公司奉行安全第一的策略，力图保住分别主要集中在银行业与零售业的现有客户群。伯勒斯与 NCR 认识到，机电产品转向电子产品是大势所趋；它们循序渐进，通过向现有客户提供计算机来推动新技术的发展。

20 世纪 60 年代初，计算机行业上升最快的新星当属控制数据公司。这是一家由企业家威廉·诺里斯在 1957 年建立的初创企业，其表现优于所有传统的办公设备企业。通过制造性价比高于 IBM 的大型机，控制数据公司摸索出一套成功的策略：在大型机中使用先进的电子技术，并将客户目标锁定在 IBM 销售力量较为薄弱的尖端科学市场以及其他市场。到 1963 年，控制数据公司在行业中已升至第三位，仅次于 UNIVAC。

在 20 世纪 60 年代初的大型机行业中，另外三位幸存者是电子与控制设备巨头——RCA、霍尼韦尔、通用电气——的计算机事业部，它们都决定投入必要的资金与 IBM 一较高低。这种竞争之所以存在现实可能性，仅仅是因为三家公司具备与 IBM 分庭抗礼的实力和规模。不同之处在于，计算机对它们来说并非核心业务，而是进入陌生新市场的尝试。三家公司都准备在 1963 年底发布重要产品。

霍尼韦尔计划推出与 IBM 1401 兼容的 H200 计算机。这种计算机可以运行相同的软件，很容易就能锁定 IBM 的现有客户。霍尼韦尔的技术总监名叫朱传榘，这位老谋深算的前 UNIVAC 工程师推断，IBM 在面临反垄断诉讼时颇为紧张，担心背负"因太过精明，连 10% 的市场份额都阻止竞争对手获得"的罪名。[6]RCA 的传奇首席执行官戴维·萨尔诺夫将军① 则承诺，公司不仅会

---

① 戴维·萨尔诺夫是美国广播与电视事业的先驱，曾在 1945 年被授予美国陆军通信兵预备役准将军衔，因此人们习惯称他为"萨尔诺夫将军"。——译者注

投入巨资开发一系列 IBM 兼容计算机，还将与海外公司签订授权协议，在世界其他地区制造计算机。最后，通用电气同样计划在 1963 年底发布大、中、小三种规格的计算机。

革命，而非进化：System/360

尽管 IBM 1401 在营销方面成绩斐然，但公司内部的产品线互不兼容，威胁到 IBM 在整个行业的主导地位。不少 IBM 内部人士认为，解决这个问题的唯一办法是制造一系列"兼容"计算机，它们采用相同的体系结构，运行的软件也相同。

1960 年，IBM 推出了至少 7 种型号的计算机，部分用于科研领域，部分面向数据处理用户。其中既有大型机，也有小型机，还有介于两者之间的机型。但就制造层面而言，IBM 从这种庞大的规模中获利甚微。同时生产 7 种不同型号的计算机，让 IBM 看起来更像是由若干小公司组成的联盟，而非一个有机整体。每种机型配有一支培训有素的专业营销团队，负责相关细分市场的销售工作，但这些专业团队很难服务于其他机型或细分市场。每种机型都需要一条专门的生产线和一套专用的电子元件。实际上，IBM 准备了至少 2500 种电路组件，以应付不同机型的需要。外设同样令人头疼，因为需要数百种外设控制器，才能确保为全部处理器配备所需的外设。

同时生产多种型号所遇到的窘境，与 IBM 的打孔卡产品形成了鲜明对比：仅靠一种机型（IBM 400 系列记账机），公司就能满足所有客户的需求。生产流程合理化以及零部件标准化降低了制造成本，使 IBM 在打孔卡机市场根本没有遇到能构成威胁的竞争对手。

然而，最大的问题在于软件而非硬件。由于 IBM 为客户提供的软件包数量不断增长，计算机型号的激增将引发严重的齿轮效应：如果存在 m 种不同的计算机型号，每种型号需要 n 种不同的软件包，那么总共要为这些计算机开发并维护 $m \times n$ 种程序。用不了多久，这种组合爆炸[①]就会成为压垮 IBM 的

[①] 组合爆炸指当有限多个子系统构成大系统时，所形成的大系统的数量将迅速增长，以至于无法在有限的时间内检视。——译者注

最后一根稻草。

IBM 客户自己开发的软件同样存在严重问题。由于每种计算机针对的细分市场过窄，如果不更换新的型号，企业的计算机系统规模就不可能扩大两倍以上。如此一来需要重写所有应用程序，客户业务在过渡期往往会受到很大影响。实际上，重新开发程序的成本比采购一台新计算机更高。IBM 再清楚不过，企业一旦决定更换计算机型号，就会将目光投向所有厂商，IBM 的产品绝非唯一选择。

所有迹象都表明，IBM 迟早要接受"兼容计算机"的概念。但对 IBM 而言，这在技术上尤其具有挑战性，因为公司的客户来自各行各业，规模和应用领域各不相同。无论小微企业还是行业巨头，科研机构还是商业团体，兼容计算机必须能满足 IBM 所有现有客户的需求。不仅如此，新机型还必须兼容整条产品线，以便在一台计算机上编写的程序能移植到其他所有计算机上——当然，程序在小型机上的执行速度较慢，但它们必须能直接运行而无须重新编程。

制造兼容计算机的决策并不像事后看起来那样一目了然，IBM 当时为此伤透了脑筋。一方面，对于提出的兼容性需求，IBM 不清楚在技术上是否可行。即便可行，人们担心为实现兼容性所付出的代价可能使每台计算机的成本上升，导致产品的市场竞争力下降。另一个复杂的问题在于，IBM 内部存在不同的意见，他们倾向于改进现有机型来巩固业已取得的成功。例如，IBM 1401 的支持者希望继续生产这种系统的改进型号。他们认为，IBM 考虑放弃迄今为止最成功的产品极其愚蠢，这意味着将成千上万心怀不满的用户拱手让与竞争对手。公司内部的另一个阵营则对已完成部分设计工作、用于取代7000 系列大型机的 8000 系列青睐有加。

不过，最终决定产品策略的仍然是软件问题。到 1960 年底，IBM 转而寻求根本性的解决方案。IBM 为一种计算机开发的程序无法在其他计算机上运行，如果公司继续开发更多的型号，那么势必如一位高层管理人员所言："我们将陷入混乱，而且混乱程度更甚于当下。"[7] 接下来的几个月中，规划人员与工程师开始探索技术和管理方面的问题，以及如何协调 IBM 内部的 15 到 20 个计算机开发团队来实现这一目标。但工作进展缓慢，因为参与讨论的人员要么另有职责，要么钟情于其他方案。兼容计算机的概念仍然停留在纸面上，前景并不明朗。

为尽快解决有关兼容计算机的争论，小托马斯·沃森于 1961 年 10 月授意 IBM 副总裁 T. 文森特·利尔森组建 SPREAD 任务组，包括公司 13 位最资深的工程、软件与营销经理。"SPREAD"是 IBM 创造的一个缩写词，表示"系统、编程、审核、工程与开发 ①"。但在其字面含义的背后，却反映了 IBM 在为今后的数据处理产品制定总体规划时所面临的巨大挑战。一个月后，利尔森对 SPREAD 任务组迟缓的进展失去耐心，他决意在年底前做出决定。11 月初，这位具有鲜明 IBM 风格的副总裁将整个任务组赶到美国康涅狄格州一家汽车旅馆，让他们在免受日常事务干扰的情况下尽快拿出方案，"命令所有人达成一致后才能回来"。[8]

1961 年 12 月 28 日，长达 80 页的 SPREAD 报告终于赶在当年最后一个工作日出炉。报告建议启动"新产品线"项目，研制一系列兼容计算机以取代 IBM 目前所有的计算机。1962 年 1 月 4 日，任务组将这份报告提交给小沃森、利尔森与其他 IBM 高层管理人员。报告提出的目标令人咋舌，实现这一目标需要付出的代价同样惊人：仅软件开发一项的成本预计就达到 1.25 亿美元，而当时 IBM 每年的程序开发费用加在一起也不过 1000 万美元。利尔森回忆，与会者对"新产品线"的热情并不高：

问题在于，他们认为项目太过宏大……对营销、财务以及工程部门而言，报告提出的目标看起来遥不可及。所有人都意识到这是一项无比艰巨的任务，我们的全部资源都将投入这个项目中，而且在相当长一段时间内得不到任何回报。[9]

但沃森和利尔森很清楚，沿老路继续走下去更危险，他们在会议上一锤定音："好，那就干吧。"[10]

"新产品线"于 1962 年春开始实施，对商业保密的重视程度前所未有。例如，IBM 将项目轻描淡写地称为"NPL"（"New Product Line"的缩写，即

---

① SPREAD 是"Systems, Programming, Review, Engineering, and Development"的缩写。部分资料将 SPREAD 中的"R"写作"Research"（研究）而不是"Review"（审核）。——译者注

"新产品线"），计划研发的 5 种处理器也在编号上做了手脚，以 101、250、315、400、501 指代。从编号上不仅看不出它们属于同一条产品线，某些编号还与其他制造商的产品型号完全相同。就算编号泄露，也只会让竞争对手迷惑不已。

"新产品线"是有史以来规模最大的民用研发项目之一。IBM 始终对项目的开发情况守口如瓶，直到 20 世纪 80 年代初才有所松动。只有《财富》杂志记者汤姆·怀斯成功突破 IBM 的新闻封锁，打探到有关"新产品线"的只言片语。怀斯用"IBM 的 50 亿美元豪赌"来形容这个项目，表示"第二次世界大战中研制原子弹的'曼哈顿计划'也没有这么烧钱"。[11] 这在当时听起来颇为夸张，但怀斯对"50 亿美元"的估计基本正确。他写道，一位资深经理"半开玩笑地说，'为了这个项目，我们赌上了整个公司'"。[12] 据说 IBM 相当欣赏怀斯为公司塑造的这种传奇且富有冒险精神的形象，但对于报道详细描述了 IBM 内部混乱且缺乏理性的决策过程，小沃森怒不可遏。他"签发了一份备忘录，表示公司上下都应当从这件事中吸取教训：保持缄默，对外统一口径，不要将内部分歧暴露给公众"。[13]

"新产品线"的后勤保障工作同样相当出色。在计划开发的 5 种机型中，3 种最大的机型由美国纽约州波基普西的主研发中心负责，最小的机型由纽约州北部的恩迪科特实验室负责，第 5 种机型则由远在英国的赫斯利开发实验室负责。仅仅使分布各地的开发团队保持计算机设计的兼容性就令人头疼不已。为协调开发团队之间的工作，IBM 在电信设施上投入大笔资金，包括两条永久租用的跨大西洋通信电缆，如此规模的投入在当时的民用研发项目中前所未有。而在美国纽约，还有成百上千名程序员为"新产品线"开发软件。

"新产品线"项目的直接研发投入约为 5 亿美元，而实施所需的费用十倍于此，包括添置厂房设备、复训营销人员以及更新现场工程师的装备。其中很大一笔资金用于加强 IBM 一度薄弱的半导体产能。小托马斯·沃森不得不想方设法说服董事会批准这项开支，他回忆道：

普通工厂的造价当时约为每平方英尺 40 美元，而集成电路工厂的造价超过每平方英尺 150 美元。因为车间必须保持无尘环境，干净得如同外科病房。

我无法相信预算申请居然得到了批准，感到吃惊的并非只有我自己。董事会因为成本问题没少找我的麻烦。"你真的确定需要这么多？"他们说，"还有更具竞争力的报价吗？太奢华的工厂我们可不喜欢。"[14]

这笔投资也让 IBM 一跃成为全球最大的半导体制造商。

到 1963 年底，随着开发工作全面展开，最高管理层开始将注意力转向产品发布。IBM 将兼容机型命名为"System/360"，寓意"360 度全方位"[15]，也暗示了这一系列的普遍适用性。然而，采用哪种发布策略却令 IBM 左右为难。如果将整个系列一次性推向市场，虽然声势浩大，但需要承担客户取消现有产品订单的风险，那么 IBM 很可能在新机型投产前陷入无货可卖的境地。较为稳妥和传统的策略是在几年内每隔一段时间发布一种型号，以使从老机型到新机型的过渡更加平稳。实际上，这正是 20 世纪 50 年代 IBM 从老式打孔卡机过渡到计算机时所采取的策略。

然而，当霍尼韦尔在 1963 年 12 月推出 H200 时，所有关于产品发布策略的内部讨论戛然而止。H200 是第一种大胆采用 IBM 兼容性概念来挑战 IBM 的计算机。H200 与 IBM 1401 兼容，但使用当时最新的半导体技术，性价比是 IBM 1401 的 4 倍。由于两种计算机相互兼容，IBM 的客户可以将目前租用的计算机退还给 IBM，转而以同样的成本从霍尼韦尔采购性能更好的机型，或性能相当但价格更低的机型。H200 无须重新编程就能运行 IBM 的程序，现有的 IBM 1401 程序也可以通过名为"解放者"的程序加速，以充分利用 H200 的性能。

这种明智的策略取得了巨大成功：霍尼韦尔在推出 H200 后的第一周就收到 400 笔订单，超过公司之前 8 年的计算机销量。H200 上市导致 IBM 1401 的订单量显著下降，一些现有客户开始退还 1401 系统，转而订购霍尼韦尔的新产品。在 IBM 内部，人们担心多达四分之三的 IBM 1401 用户会转投 H200。

尽管已经为 System/360 制定了全部计划，但 IBM 并没有为"新产品线"项目押上全部身家，H200 的面世迫使所有营销计划推倒重来。在最后一刻，IBM 似乎有两种选择：要么继续推进整个 System/360 系列的发布，寄望于大力宣传新产品，并暗示 IBM 1401 即将过时会使 H200 相形见绌；要么放弃

System/360，改为推出 1401 系统的增强版本 1401S，期待正在开发的 1401S 能与霍尼韦尔的产品分庭抗礼。

1964 年 3 月 18 日至 19 日，在一次漫长的风险评估会议上，小沃森、IBM 总裁阿尔伯特·L. 威廉斯以及其他 30 位 IBM 高层管理人员做出不成则败的最终抉择：

风险评估会议结束时，沃森似乎很满意所有反对 System/360 的意见都已得到解决。主持会议的阿尔伯特·威廉斯起身询问众人是否还有异议；看到无人回应，威廉斯夸张地念道："第一次……第二次……成交！"[16]

IBM 的工作随即进入高潮。3 周后，整条 System/360 产品线启动；同一天，IBM 在全美 63 座城市以及其他 14 个国家召开新闻发布会。一列载有 200 名记者的专用列车从纽约大中央车站出发，驶向 IBM 位于波基普西的工厂。参观者被带入一间大型展厅，"6 台新计算机与 44 台新外围设备在他们面前一字排开"。[17] 小托马斯·沃森虽已满头白发，但年龄尚不足五十岁。这位颇有肯尼迪风范的企业家站在大厅中央，宣布推出"公司历史上最重要的产品"[18]——IBM 第三代计算机 System/360。

计算机行业与计算机用户对产品发布的规模深感震惊。尽管 IBM 的发布会早在意料之中，但严格的保密措施仍然极有成效，因此公司更换整条产品线的决定令外界惊讶不已。《财富》杂志记者汤姆·怀斯准确捕捉到这种心态，他写道：

新的 System/360 意在淘汰目前几乎所有计算机……好比通用汽车决定放弃现有的品牌和型号，转而推出新款车型。它采用全新设计的发动机与进口燃料，能满足所有用户的需求。[19]

IBM 从这个"近代最关键、最重要（可能也是最冒险）的商业判断"中获得了丰厚回报。[20] 数以千计的 System/360 订单接踵而至，远远超出公司的交付能力。在最初两年，IBM 的产能连 9000 笔订单的一半都难以应付。为满足急剧增长的需求，IBM 扩大了营销与生产团队，还修建了新的制造工厂。因此，在 System/360 发布 3 年后，IBM 的销售与租赁收入飙升至 50 多亿美元，员工数量增加了 50%，总人数接近 25 万。

外界将 System/360 称为"IBM 制造的计算机，它转而造就了 IBM"。但对于 System/360 成为之后 30 年公司发展的推动力，IBM 当时并不知晓。就这方面而言，System/360 对 IBM 的重要性不亚于经典的 400 系列记账机——从 20 世纪 30 年代初到 60 年代初的计算机革命，400 系列记账机始终推动了 IBM 的发展。

"小矮人"的回击

在 System/360 发布几周后，IBM 的竞争对手开始制定各自的应对方案。System/360 引入软件兼容计算机的概念，很大程度上改变了整个行业。到 1964 年，虽然大部分制造商都在探索兼容计算机的概念，但 System/360 的面世迫使它们迅速做出决断。

尽管 IBM 在大型计算机行业居于主导地位，但通过生产更好的产品，其他公司仍有机会与"蓝色巨人"一较高低，这并非痴人说梦。外界常常将 System/360 视为计算机史上了不起的技术成就以及"美国最伟大的工业创新之一"[21]——IBM 自然尽其所能将这种看法发扬光大。但就技术而论，System/360 并无过人之处。兼容计算机并非颠覆性的概念，整个行业对此已有充分了解，而 IBM 在实现这个概念时显得较为保守和平庸。例如，IBM 选择采用称为固体逻辑技术的专有电子技术，它属于分立式晶体管（第二代计算机使用）与集成电路（后续机型使用）之间的过渡性方案。对 IBM 来说，这是规避风险的不错选择，但将 System/360 称为"第三代"计算机只是夸大现实的营销口号而已。

System/360 最严重的设计缺陷或许是不支持分时技术，这种技术可使多位用户同时使用计算机，是增长最快的计算机市场。另一个问题在于，System/360 的整个软件开发计划几乎一败涂地（详见第 8 章），数千名程序员耗资 1 亿多美元编写的软件漏洞百出。当然，IBM 并非闭门造车，公司对 5 亿美元研发成本带来的低回报也有所耳闻。觉察到新计算机存在的缺陷后，小托马斯·沃森亲自要求开展工程审计，结果充分证实了他的疑虑：IBM 的工程水平颇为平庸。

但一如既往，技术在 IBM 的成功中始终居于营销之后，而试图在营销方面与 IBM 竞争绝无胜算。"七个小矮人"不得不瞄准 IBM 在技术方面的软肋，以期与 IBM 一较高下。

为回击 IBM，第一种（也最具对抗性）方案是制造兼容 System/360 且性价比更高的计算机，就像霍尼韦尔为抗衡 IBM 1401 而推出与其兼容的 H200 一样。RCA 决定采用这种策略，它是少数几家拥有足够财力与技术资源的公司之一。实际上，早在 System/360 发布前两年，RCA 就已承诺投资 5000 万美元生产一系列 IBM 兼容计算机。RCA 有意保持研发计划的灵活性，以便能复制 IBM 最终采用的体系结构与指令代码，公司相信"这将成为美国乃至世界其他地区的标准代码"。[22]

在 System/360 于 1964 年 4 月亮相之前，RCA 的产品规划人员对该系列的发布日期和最终形态一无所知。RCA 没有实施工业间谍活动，直到发布会当天才第一次见到 System/360。产品规划人员在一周内决定，RCA 的计算机应该与 System/360 完全兼容，他们根据 IBM 公开的手册"开始分毫不差地复制这款计算机"。[23]RCA 需要建立起 10% 或 15% 的性价比优势，才能与 IBM 竞争。RCA 在电子元件领域处于世界领先水平，公司决定放弃 IBM 使用的固体逻辑技术，生产一系列采用全集成电路的计算机，从而使自己的产品比 System/360 体积更小、价格更低、速度更快。System/360 上市大约 8 个月后，RCA 于 1964 年 12 月推出"光谱 70"系列计算机。

RCA 是唯一一家制造完全兼容 IBM 计算机的大型机公司，但它采取的策略风险极大：考虑到 IBM 庞大的体量，获得优于"蓝色巨人"的性价比绝非易事。兼容 IBM 的计算机也令竞争对手处于仰人鼻息的境地，不得不响应 IBM 对其机型所做的每一项改进。更糟糕的是，IBM 总有一天可能会完全淘汰 System/360。

因此，与 System/360 竞争的第二种策略是实现产品差异化，这种风险较小的策略致力于开发一系列软件彼此兼容、但与 System/360 互不兼容的计算机。霍尼韦尔采取的就是这种策略。以大获成功的 H200 为基础，霍尼韦尔发展出 1 种较小的型号（120）以及 4 种较大的型号（1200、2200、4200 与 8200），在 1964 年 6 月至 1965 年 2 月间推出。霍尼韦尔做出这样的决定殊为不易，因为外界可能认为公司在坚守陈旧过时的理念。不过，霍尼韦尔仅仅希望获得 IBM 1401 现有客户群的十分之一（总共约 1000 台装机量），而这个目标并非遥不可及。制造非兼容 IBM 计算机的策略同样为伯勒斯和 NCR 所采纳，两家公司分别在 1966 年和 1968 年推出 B500 系列与"世纪"系列计算机。

与 IBM 竞争的第三种策略是瞄准"蓝色巨人"较为薄弱的细分市场，"小矮人"在这些市场中具有特殊的竞争优势。例如，控制数据公司发现 System/360 系列并未提供真正意义上的大型计算机，于是决定完全放弃制造普通的大型机，只生产主要服务于政府和国防研究机构的巨型数字运算计算机。与之类似，通用电气注意到 IBM 在分时技术方面的短板，公司与美国达特茅斯学院和麻省理工学院的计算机科学家合作，迅速成为全球分时计算机系统的翘楚（详见第 9 章）。此外，制造商也充分利用了现有的软件与应用程序经验。因此，尽管并未推出任何新机型，UNIVAC 仍然能在航空订票系统领域与 IBM 分庭抗礼。同样，虽然伯勒斯与 NCR 的计算机产品乏善可陈，两家公司依旧与银行业和零售业建立了特殊的合作关系。这种关系始于 19 世纪和 20 世纪之交，从两家公司销售加法机与现金出纳机时就已开始。这是销售解决方案（而非问题）的老业务。凭借这些战略战术，"七个小矮人"都坚持到 20 世纪 70 年代——仅此而已。

及至 20 世纪 60 年代末，IBM 已所向披靡，在全球大型计算机市场中的份额约占四分之三。其他 7 位竞争对手各自占有 2% 到 5% 的市场份额；部分公司亏损严重，所有公司均获利甚微。IBM 的超高利润占其销售额的四分之一左右，其他公司被迫委身于 IBM 的"价格保护伞"之下。人们常说，"七个小矮人"的生存完全仰赖 IBM 的恩赐；一旦 IBM 收起价格保护伞，它们都会淋湿甚至溺亡。这就是 1970 年至 1971 年计算机行业第一次衰退时出现的情况。当时的记者表示，IBM 一打喷嚏，整个行业就会感冒。70 年代初的全球经济低迷影响到 RCA 与通用电气的核心电子及电气业务，它们决定退出竞争，裁撤亏损的计算机事业部。RCA 与通用电气的客户群分别被斯佩里－兰德与霍尼韦尔收入囊中，两家公司以相对较低的成本获得了市场份额。自此之后，计算机行业不再呈现"IBM 与七个小矮人"的格局，而是演变为"IBM 与 BUNCH"——"BUNCH"代表伯勒斯、UNIVAC、NCR、控制数据公司以及霍尼韦尔。

系统专家与管理信息系统

仅仅从主要计算机制造商的角度探讨计算机行业有一定误导性，如同认为新技术在发明后必然会得到采用一样有失偏颇。与所有技术一样，电子数字计算机的设计者、制造者、购买者、使用者是个人而非"脸谱化"的企业。现代社会的计算机化既是计算机使用者的故事，也与计算机制造者有关。IBM 为电子计算机开辟出一条循序渐进的发展道路，尽其所能使机构和组织适应这种新的信息技术。一般来说，一种技术不会仅仅因为比其他技术成本更低、速度更快、性能更好而受到企业或政府管理者的青睐。[24] 是否采用新技术取决于对风险、收益、功能、成本、可靠性等因素的复杂演算，也涉及个人、专业与政治方面的考虑。电子数字计算机最新颖、最具变革性之处在于，它很容易就能适应预料之外的新用途，第 8 章"软件"将对此进行论述。计算机的成本、功能与可靠性在 20 世纪 60 年代取得长足进步，从而有能力满足不断扩大的经济、科学、社会以及政治需求。

电子计算机首先应用于工资核算、账单计费、报表生成等日常行政工作：藉由打字机、制表机与机械计算器，这些工作都在一定程度上实现了机械化。不少大型企业已将这些工作委托给专门的数据处理部门。20 世纪 50 年代末，IBM 推出多款为这些部门量身定做的计算机，它们实际上是作为"电子数据处理"工具进行销售的。尽管相当一部分计算机专家将电子数据处理视为计算机技术中最平庸的应用，它仍然在 60 年代推动了企业的大部分计算机使用。在计算机制造商看来，进化（而非革命）显然是一种理想的策略，但许多计算机化的倡导者对此感到沮丧，他们认为"电子数据处理至上"的策略缺乏远见。

系统专家是最有影响力的专业计算机爱好者群体之一。这个群体并无新奇之处，其历史可以追溯到 19 世纪 80 年代出现的商业方法的"系统化管理者"（相关讨论参见第 1 章），是系统化管理者在第二次世界大战结束后的化身。系统专家（绝大多数为男性）致力于建立管理系统，以消除机构在各个层面上的浪费与低效。对胸怀壮志的系统专家而言，电子计算机是实现这一宏伟目标的理想工具。20 世纪 50 年代末，他们将"全信息系统"一词引入电子计算机领域，这就是后来为人所熟知的管理信息系统。

管理信息系统背后的核心思想在于，通过调用计算机与通信技术，为复杂和分布式组织的总体信息环境绘制一幅全面的图景。这种系统对高层管理人员的吸引力显而易见：在"作战室"中，利用管理信息系统就能监视并控制整个企业，无须运营经理与中层管理人员的介入。就这方面而言，计算机化既是观念的改变，也意味着显著的效率提升。1958 年，《哈佛商业评论》刊登的一篇著名文章预测，在"20 世纪 80 年代的管理"中，计算机化的最终目标是将控制权集中到一批精英管理者手中。大幅缩减中层管理人员对系统专家来说是件好事，但中层管理人员并不这样想。

管理信息系统在技术上雄心勃勃，但实现成本极高；即便是系统专家提出的最低目标，也少有公司能够实现。尽管如此，在之后几十年里，计算机作为管理控制工具的设想仍在继续影响企业对计算机化的认知与对策。

与管理信息系统密切相关但截然不同的概念是"自动化"。它是著名商业顾问约翰·迪博尔德在 20 世纪 50 年代初提出的一个术语，意指将机械化与计算技术相结合以开发工业制造自动控制系统。根据第二次世界大战期间发展起来的思想与技术——不仅包括电子计算机，也包括"控制论"反馈循环的概念——迪博尔德认为，计算机控制系统可能在制造业中引发第二次工业革命。50 年代末和 60 年代初，包括发电、炼钢、石油化工、高科技工程在内的各个行业都将计算机纳入加工、制造与装配操作之中。以美国密歇根州特伦顿的麦克洛斯钢铁公司为例，公司安装了一台过程控制计算机，用于控制切割、测量、跟踪、喷水以及铣削钢梁所需的各种机器。在麦克洛斯公司，计算机不仅是监控其他设备的主要工具，也因此成为熟练的人类规划员或机器操作员的潜在竞争对手。与《电脑风云》中那些抵制计算机的角色一样，工人们担心计算机自动化会影响就业。

　　尽管存在这些担忧，但在 20 世纪 60 年代，公众对即将到来的计算机革命普遍感到乐观。《商业周刊》在 1959 年指出，"科学家认为计算机存在无限可能性"；[25]《华尔街日报》则在 1964 年警告，"计算机专家表示前景尚不明朗"。[26] 似乎没有哪种行业或职业能摆脱计算机化的冲击。

计算机化的漫漫征途

　　电子计算机之所以能在 20 世纪 60 年代迅速普及，不仅归功于基础技术的创新，也得益于围绕 IBM 设备进行的计算机行业事实上的标准化。围绕 IBM 发生的行业整合减少了竞争，也使企业在规划未来时更加轻松。对软件开发人员与外设制造商而言，只要保持与 IBM 系统相互兼容，就能最大限度确保产品和服务的潜在市场。选择减少意味着购买者不必过多考虑从哪家制造商订货，可以将注意力放在如何利用新的计算机技术上。

　　值得注意的是，计算机技术在新兴行业中的发展，只是部分反映了计算机硬件的创新与标准化。更重要的因素在于人类能力的发展，即将计算机技术纳入现有业务实践与组织所需的意愿和专业知识。麦肯锡、博思艾伦、安达信等管理咨询公司都在积极推进计算机化（以及各自的实施服务），作为提高管理与运营效率的辅助手段。1962 年，曾担任 IBM 推销员的罗斯·佩罗创办电子数据系统公司；在（众多）计算机设备企业中，它是第一家致力于为客户构建并运营整个计算机系统的公司。这项工作不仅与设备有关，还涉及应用程序、操作人员以及管理人员，以帮助缺乏技术专业知识的机构轻松实现计算机化。最后，其他公司也开始涉足应用软件的开发，这对于将通用计算机的理论潜力转化为解决实际问题的具体工具至关重要，后续章节将对此进行探讨。只有在完整的电子计算机生态系统——不仅包括相对便宜和可靠的计算设备，也包括专业知识、应用程序、协议、标准等不易感知的要素——建立后，计算机化才真正成为一种普遍存在的现象。

　　我们无法一一列举从 20 世纪 60 年代开始采用计算机技术的行业和组织。

在某些成熟行业（如制造业和银行业）中，电子计算机是对现有技术能力的补充或扩展；而在其他行业（如石油开采或医学）中，计算机技术从根本上改变了行业形态。

金融业显然是计算机化的理想之选。早在 20 世纪 50 年代中期，美国银行其实就已开始发展称为电子记录机会计（ERMA）的计算机化银行系统，以降低支票处理的相关成本。ERMA 包括支票读取与打印系统（采用磁墨水和专门的编码系统）以及综合会计簿记系统。60 年代初，英国巴克莱银行采购了第一台大型计算机，并建立了电子清算所。到 60 年代中期，美英两国与其他国家的银行开始探索在柜员操作中实施计算机自动化，70 年代出现的自动柜员机就源自这种技术轨道。

在医学领域，人们期待计算机有助于解决日益增长的医疗保健费用，并作为实现医学诊断实践合理化的手段。就第一点而言，计算机在医疗领域和商业领域中的作用并无二致，都承担降低管理成本、消除错误以及自动执行日常文书工作的职能。第二点则涉及对计算机用途更为激进的设想。例如，20 世纪 50 年代末，美国国立卫生研究院一批具有改革意识的医生和管理人员开始推动一种更为量化的医学诊断方法（如今称为"循证医学"），这种方法在很大程度上依赖于统计分析。到 60 年代初，国立卫生研究院启动了一项为期 3 年、耗资 4200 万美元的计划，以期将计算机技术引入生物医学科学。该计划的最终目的是建立一套"健康计算系统"，用于在国家层面协调护理与研究工作。尽管这个雄心勃勃的设想未能成为现实，但国立卫生研究院的另一个项目成功研制出第一种小型交互式计算机，并在生物医学实验室中投入使用。

最具颠覆性的数字电子计算机应用或许和仿真有关。运用数学对复杂系统建模是现代科学与工程学发展的基石；我们已经看到，20 世纪三四十年代众多开创性电子计算机项目背后的动机，就是希望降低数学模型的计算成本并提高准确性。

计算机建模改变了石油工业。20 世纪 50 年代之前，确定石油资源的分布以及如何开采在很大程度上取决于经验、直觉与运气。诚然，训练有素的地质学家可以利用科学工具作为辅助手段，不过在实际开采前基本属于盲目作业，而干井 ① 对投资者来说意味着数百万美元的损失。但到 60 年代初，计算机的价格已降至可负担的程度，石油公司得以利用计算机分析冲击波反射模式，或构建不可见的地质构造模型，甚至模拟钻井模式与生产过程。及至 70 年代，石油化工企业已将计算机仿真与控制系统应用于生产过程的各个环节，基本实现了从勘探、开采、提炼到运输环节的全覆盖。

　　而在物理学和气象学等科学领域，人们利用计算机来模拟无法采用数学方法建模的系统。约翰·冯·诺伊曼对模拟核内爆的兴趣激发了他对 ENIAC 和 EDVAC 的兴趣，他从同样棘手的问题中洞察到科学探索的未来。20 世纪 40 年代，冯·诺伊曼与工程师弗拉基米尔·佐利金（外界常常将他视为电视的发明者）共同倡导为天气模拟建立庞大的计算机模型，两人提出的方案相当于将刘易斯·弗里·理查森设想的天气预报工厂（相关讨论请参见第 3 章）进行计算机化。如今，气候建模是消耗计算能力最多的学科之一。

　　事实证明，计算机仿真技术在社会、经济与政治领域也大有用武之地。例如，美国哈佛大学经济学家瓦西里·列昂季耶夫在 20 世纪 40 年代末建立了一套计算机模型，以模拟美国不同经济部门之间的相互作用，列昂季耶夫因这一贡献最终获得诺贝尔奖。而约翰·冯·诺伊曼作为现代博弈论的创立者对后世产生了深远影响，利用他开发的工具，经济学家得以从信息交换与处理系统的角度重新定义他们的学科。在政界，系统理论家赫尔曼·卡恩率先将博弈论与计算机仿真应用于热核战争的地缘政治学研究。50 年代末，在冷战紧张局势的背景下，卡恩与他在兰德公司的同事借助计算机实施兵棋推演，以"模拟不可思议之事"。[27] 利用计算机游戏来模拟复杂的社会现象很快从兰德公司与五角大楼扩展开来，最终应用于政治分析、政策制定、城市规划等领域。

---

① 干井指没有发现大量石油储量的油井，也可引申为不成功的商业冒险。——译者注

计算机成为商品

如今，从历史的角度观察，IBM 能在早期的计算机市场居于主导地位，很大程度上属于机缘巧合。从 20 世纪 50 年代中期到 70 年代中期的 20 年间，IBM 拥有各种得天独厚的组织能力，在大型计算机市场如鱼得水。无论是在机电制造方面积累的经验，还是精心调整的销售与营销部门，抑或以服务为导向的策略，都与综合数据处理系统的交付息息相关。1964 年 6 月，后来担任 IBM 总裁的弗兰克·卡里在 System/360 推出后不久表示："我们不卖产品……我们销售问题的解决方案。"[28]

只有 IBM 保证为业务问题提供完备的解决方案。而 IBM 的推销员很可能提醒客户的数据处理经理，没有人会因为选购 IBM 产品而遭到解雇①。这种居高临下的轻慢态度常常使客户对 IBM 爱恨交织。到 20 世纪 70 年代初，客户越来越精通计算机，不必再依赖 IBM 等计算机制造商提供系统集成方面的技术专业知识或建议。一些较大的企业已在内部成立了自己的电子数据处理部门，其他企业则依靠越来越多的第三方咨询公司、软件公司、设备管理人员以及承包服务提供商来处理计算需求。

System/360 的成功建立起卓有成效的计算机标准，也给 IBM 带来了一些意想不到的后果。围绕 System/360 体系结构进行的标准化，在消除部分竞争的同时引入了新的竞争。设备制造商不必支付设计与维护整套替代产品系统的费用，可以集中精力生产经过改进的低成本 System/360 兼容组件。例如，前 IBM 工程师、曾担任 System/360 主要设计师的吉恩·阿姆达尔在日本计算机制造商富士通的资助下，从 1970 年开始研制一系列能与 IBM 同类产品完全互换的"插接兼容"计算机。日本与欧洲的其他制造商也在生产 IBM 兼容计算机。阿姆达尔、富士通、日立、西门子等公司都推出了成本更低的兼容计算机，面对众多竞争，大型机业务的利润骤降。到 20 世纪 70 年代中期，大型

---

① 这是 IBM 在 20 世纪 80 年代提出的著名口号（Nobody ever got fired for buying IBM），意在强调 IBM 产品质量可靠。——译者注

机已发展成熟并成为一种商品，而 IBM 在系统集成方面的专业知识正日益遭到软件公司或第三方提供商的蚕食。计算机用户对 IBM 的依赖由此大为减少，他们不可避免地开始转向其他不那么强势且价格更低的供应商。更重要的因素或许在于，60 年代，日益多样化的行业与学科燃起对计算机的兴趣，并开始探索新的计算模式，而 IBM 在这方面力有未逮。整个 70 年代，就在竞争对手不断壮大之时，IBM 的一举一动都受到美国司法部反垄断局的严格审查。

可以肯定的是，IBM 在计算机领域保持了至少 20 年的显著优势，但这种主导地位不会永远持续下去——事实也确乎如此。

第三部分
创新发展

Innovation

and

Expansion

第 7 章
实时：旋风降临

　　20 世纪五六十年代，商业机构与政府部门中安装的大部分计算机系统并无新意可言，它们不过是打孔卡记账机的电子替代品而已。尽管计算机比打孔卡机更有魅力且现代感十足，但其效率和成本未必优于打孔卡机。对许多组织而言，计算机并没有带来实质性的改变，无论是否使用计算机，数据处理操作都大同小异。真正体现出计算机重要性的是实时系统。

　　实时系统是一种可以"实时"响应外部消息的系统，通常在几秒内（甚至更快）就能做出反应。这种速度令之前的办公技术难以企及，而实时计算机的出现有可能改变商业实践。

"旋风计划"

　　实时计算技术并非计算机行业的首创。相反，计算机行业利用了最初为军事目的而开发的技术。这就是美国麻省理工学院的"旋风计划"，该计划源自第二次世界大战期间设计"飞行模拟器"的一份合同。

　　飞行模拟器是一种能提高飞行员训练速度的系统。藉由模拟器，飞行员不必实际飞行就能学习飞机的控制与操作特性。在飞机驾驶舱模型中，控制装置和仪表与控制系统相连。当飞行员"驾驶"模拟器时，机电控制系统将适当的数据反馈给飞机仪表，一系列机械作动器对飞机的俯仰与偏航进行模拟。利用模拟器训练飞行员比使用真正的飞机成本更低，安全性更高，也足够真实。

　　但不足之处在于，每种机型都需要配备不同的模拟器。1943 年秋，美国海军航空局特种设备部启动了一项计划，着手研制一种适合模拟任何机型的通用飞行模拟器，但这种模拟器只能通过更精密的计算系统实现。麻省理工学院伺服机构实验室获得军方合同，开始进行初步的可行性研究。

麻省理工学院伺服机构实验室是美国军用计算系统的主要研究机构。实验室成立于战争爆发后的 1940 年，致力于开发先进的机电控制与计算设备，以满足火控（即武器瞄准）、轰炸瞄准、飞机自动稳定器等应用的需要。到 1944 年，实验室已有近百名从事各类军用项目研究的人员。实验室助理主管杰伊·W. 福里斯特受命担任飞行模拟器项目的负责人，当时只有 26 岁的福里斯特在机电控制设备的设计与开发方面显示出过人的才干。

福里斯特性格坚毅，在接下来的 10 年中，他顶住军方施加的成本压力，将模拟器项目向前推进。许多早期的计算机项目远远超出最初的成本与时间估算，而"旋风计划"变化之大史无前例：项目目标在中途改变，研发时间从预计的 2 年延长到 8 年，实际成本从最初估计的 20 万美元飙升至 800 万美元。如果在较为保守与理性的研究环境中，这个项目很可能已经夭折；但项目并未胎死腹中，所产生的影响最终证明了投入的合理性。除 SAGE 和 SABRE 计划（稍后将介绍）外，实时计算也脱胎于"旋风计划"，这项计划还为美国马萨诸塞州"128 号公路"[①]计算机产业的发展奠定了基础。不过在 1944 年，一切仍然是未知数。

在 1945 年的最初几个月中，几乎孤军奋战的福里斯特为新型模拟器起草技术规范。在他的设想中，这种配备飞行驾驶舱的模拟器装有传统仪表与控制装置，可以在模拟计算系统中使用；借助液压传动系统，模拟器就能给出对应机型的正确操作行为。驾驶舱与仪表看起来相对简单；模拟计算机虽有一定挑战性，但似乎也并非难以逾越的障碍。

在福里斯特初步研究的基础上，麻省理工学院于 1945 年 5 月提议由伺服机构实验室承担模拟器项目的开发工作，项目为期 18 个月，成本约为 87.5 万

---

① 128 号公路是马萨诸塞州环绕波士顿的一条公路，沿线聚集了数以千计的高科技企业，曾是美国最著名的高新技术产业区。128 公路靠近麻省理工学院，后者对公路沿线的科技发展影响巨大。——译者注

美元。考虑到美国仍在与日本作战（战争还有 4 个月才结束），87.5 万美元和18 个月似乎是一笔不错的投资，因此麻省理工学院的计划获得批准。接下来的几个月里，福里斯特开始招聘机械与电气工程师。他将麻省理工学院一位颇有抱负的研究生罗伯特·R. 埃弗里特招致麾下，担任自己的副手（埃弗里特后来成为美国主要国防承包商之一 MITRE 公司的总裁）。之后的 10 年中，尽管福里斯特仍然保留了总体的行政与技术领导权，但随着他越来越忙于财务谈判，埃弗里特承担起日常的具体工作。

工程团队组建完毕后，福里斯特开始研究飞行模拟器中较为简单的机械系统，但计算系统的问题仍然十分棘手。福里斯特越来越清楚地发现，模拟计算机的速度不够快，难以实时操控模拟器。

为寻找控制问题的解决方法，福里斯特在百忙之中抽出时间考察计算领域。1945 年夏，他从麻省理工学院研究生佩里·克劳福德那里首次了解到数字计算机。早在实用的数字计算机出现之前，克劳福德就已率先认识到实时数字控制系统的价值。1942 年，克劳福德以《算术运算的自动控制》为题提交了自己的硕士论文，探讨了数字技术在自动控制中的应用。此前，控制系统一直是通过机械或机电模拟技术实现的，这些技术应用于第二次世界大战期间数百种武器的控制设备上。这些设备的共同特点是利用物理模拟对数学量进行建模。

例如，可以通过一系列圆盘与齿轮来计算运动微分方程的机械积分，或利用"异形电阻"从电学角度对数学函数建模。而在数字计算机中，数学变量采用数字表示，以数字形式存储。克劳福德率先认识到，与专用模拟计算机相比，这种通用数字计算机可能更快也更灵活。克劳福德向福里斯特解释了前因后果，两人在马萨诸塞大道 77 号麻省理工学院大楼前的台阶上进行了深入探讨。福里斯特后来表示，克劳福德的话"使我豁然开朗"。[1] "旋风计划"就此确定。

1945 年 8 月，第二次世界大战结束，战争期间秘密开发的数字计算技术开始迅速扩散到民用科学领域。同年 10 月，美国国防部科研委员会在麻省理工学院召开高级计算技术会议，福里斯特与克劳福德也应邀参会。正是在这次会议上，福里斯特了解到"宾夕法尼亚技术"的详细情况，这就是 ENIAC 及其后继者 EDVAC 使用的电子数字计算技术。在第二年夏天举行的莫尔学院系列讲座中，克劳福德以数字计算机的实时应用为题授课，埃弗里特则以学员身份参加讲座。[2]

与此同时，尽管计算系统的问题仍未解决，但模拟器项目已有所进展。这是一个典型的大学科研项目，福里斯特组建了一支年轻的研究生工程师团队，并给予他们充分的独立性。团队精神在实验室内部得到了很好的体现，但在外界看来，团队傲慢自大，项目也给人留下了"华而不实"的印象。[3]福里斯特团队中的少壮派之一、之后创立数字设备公司并担任总裁的肯尼思·奥尔森后来表示："哦！我们自命不凡！所有人都会认识我们！我们做到了。"[4]

到 1946 年初，福里斯特已完全确信数字化才是前进方向。尽管这会导致研发成本大幅上升，但他相信，为飞行模拟器开发的通用计算机有助于"解决众多与飞机飞行并不直接相关的科学和工程问题"。[5]

1946 年 3 月，福里斯特向海军航空局特种设备部提交了经过修改的计划，要求重新协商合同，将全尺寸数字计算机的开发纳入其中。调整后的成本预计为 190 万美元，整个项目的预算是原先的 3 倍。凭借扎实的技术准备工作，加之福里斯特争取到麻省理工学院上级的支持，修改后的计划（此时已正式命名为"旋风计划"）成功获得海军航空局的批准。

经过调整，福里斯特的整个实验室开始转向"旋风"数字计算机的设计与开发。实验室约有 100 名工作人员，他们分为 10 组，每月支出达到 10 万美元。由埃弗里特领导的一个小组从事"框图"（如今称之为计算机体系结构）的研究，另一个小组进行电子数字电路的开发，两个小组负责研制存储系统，另一个小组则致力于解决数学问题，不一而足。

与所有早期计算机项目的负责人一样，福里斯特很快发现，最棘手的问题当属研制可靠的存储技术。水银延迟线存储器是最有前途的存储技术，不少机构都在从事相关研究。但这种系统的速度过慢，无法满足"旋风"计算机的要求。尽管数学实验室正在开发运算速度为每秒 1000 次或 1 万次的计算机，但对麻省理工学院研制的这台计算机而言，速度需要提高十倍甚至百倍才能成功实现实时功能；换言之，"旋风"计算机的运算速度必须达到每秒 10 万次。

因此，福里斯特尝试采用另一种很有前途的技术：静电存储管。这是一种经过改良的电视显像管，每个信息比特以电荷的形式存储。与使用声波脉冲的水银延迟线存储器不同，静电存储器能以电子速度（几微秒）读写信息。但在 1946 年，静电存储还属于不切实际的设想，摆在面前的是一项旷日持久且耗资巨大的研究计划。此外，尽管存储技术最为棘手，但它只是整个系统的一部分而已。随着数字计算机项目的重要性开始显现，原先的飞行模拟器研究逐渐退居幕后。"旋风计划"的官方史学家后来表示，"数字计算机已反客为主，占据主导地位"。[6]

1946 年到 1947 年，"旋风"计算机基本组件的开发与测试工作取得了丰硕成果，但在外界看来，项目进展似乎不那么引人注目。福里斯特与海军航空局的"蜜月期"即将结束。战争结束后不久，美国重新规划军事拨款，海军研究办公室取代海军航空局特种设备部成为"旋风计划"的主管部门。尽管耗资巨大的应急研究项目在战时尚属正常，但国防预算在战后不断缩减，随之而来的是追求"物有所值"的新态度。从 1947 年底开始，福里斯特发现自己受到海军研究办公室日益严格的审查，针对"旋风计划"的成本效益及其科学和工程水平的独立调查也在进行之中。福里斯特努力保护团队免受政治与财务问题的困扰，他"认为没有理由让工程师为这些问题忧心忡忡"。[7]

幸运的是，福里斯特得到海军研究办公室一位重要盟友的支持，他就是佩里·克劳福德。1945 年 10 月，克劳福德作为技术顾问进入海军研究办公室，他对实时计算的兴致丝毫未减。事实上，如果非要说有什么不同的话，那就是克劳福德对这个领域的热情甚至超过福里斯特。根据克劳福德的预测，实时计算今后不仅会应用于军事系统，也将对整个民用经济部门（如空中交通管制）产生影响。

与此同时，海军研究办公室全部研究预算的五分之一都分配给"旋风计划"，这项计划的成本远远超过办公室资助的其他计算机项目。让海军研究办公室难以理解的是，为什么其他计算机研制小组可以在只有十几位工程师、预算仅为 50 万美元或更少的情况下开发计算机，福里斯特却需要一支超过百人的团队，预算接近 300 万美元。此外，与"旋风计划"相比，其他计算机研制小组的成员更有声望，比如美国普林斯顿高等研究院的冯·诺伊曼团队。

"旋风计划"的成本之所以居高不下，主要有两个原因：首先，与其他计算机相比，"旋风"计算机的速度需要提高一个数量级才能实现实时功能；其次，"旋风"计算机对可靠性的要求很高——在实时环境中，常规数学计算的一个小问题都可能引起不能容忍的大麻烦。遗憾的是，海军研究办公室的计算机政策制定者以数学家为主。他们欣赏计算机作为数学工具的价值，但对它在控制应用领域的潜力尚存疑虑。到 1948 年夏，海军研究办公室对福里斯特与"旋风计划"的信心迅速消退。与此同时，福里斯特的主要盟友、"无所畏惧畅想未来"[8] 的佩里·克劳福德也陷入困境，他被调往另一个项目组，福里斯特只得竭尽所能应付海军研究办公室。

1948 年秋，福里斯特与海军研究办公室商讨续约问题，一场重大冲突由此爆发。福里斯特提出的预算为每个月 12.2 万美元，但海军研究办公室只同意每个月拨付 7.8 万美元。对于"旋风计划"的预算遭到削减，福里斯特相当不满，他认为项目距离成功只有一步之遥。此外，福里斯特现在只是将"旋风计划"视为重要军事信息系统的晋身之阶，该系统可能需要 15 年的时间进行开发，耗资将达到 20 亿美元。福里斯特认为，作为国家级计算机开发项目，"旋风"计算机的重要性不言而喻，无论付出多大代价都在所不惜。这一次，虚张声势与边缘政策①赢得了胜利，但新一轮危机很快就会到来。

福里斯特可能已在一定程度上说服海军研究办公室相信"旋风计划"即将取得成功，但绝非所有技术问题都已解决——尤以存储问题为甚。静电存储管价格昂贵，存储容量令人失望。福里斯特一直在寻找替代的存储技术，一则推销新型磁性陶瓷"铁镍薄板"的广告令他印象深刻。1949 年 6 月，福里斯特在笔记本中勾画出一种新型存储器的设想，并悄悄展开研究。曾在实验室

---

① 边缘政策指将危险情况推向安全极限以试图获得有利结果的一种做法，通常认为由美国时任国务卿杜勒斯在 1956 年率先提出。外界将 1962 年古巴导弹危机视为冷战期间美苏之间的一种边缘政策。——译者注

工作的一位研究生后来回忆："杰伊拿着一堆材料，独自一人走向实验室一角。谁都不清楚他在干什么，他也无意告诉我们。我们只知道，大约有五六个月，他花了很多时间独自工作。"[9] 第二年秋天，福里斯特将整个项目交给一位名叫比尔·帕皮安的年轻研究生，并等待结果。

到 1949 年底，海军研究办公室内部对"旋风计划"的信心跌至谷底。作为计算机部门的负责人，查尔斯·V. L. 史密斯对福里斯特有关国家军事信息系统的夸张想法感到失望，他认为这既"不可思议"又"令人震惊"。[10] 另一位批评人士则指责旋风计算机"从数学角度来看并不可靠"，而且"技术上过于复杂"。[11] 一个高级别的国家委员会认为"旋风计划"缺乏"合适的最终用途"，并声言如果海军研究办公室无法为该计划找到客户，就"应该停止对这台计算机的进一步投入"。[12] 史密斯掌握了所需的全部证据，并于 1950 年对"旋风计划"的预算展开审查。他只肯在下个财年拨付大约 25 万美元——而不是福里斯特要求的 115 万美元——以维持"旋风计划"的正常进行。幸运的是，当一扇门关闭时，另一扇门已经打开。

SAGE 防御系统

1949 年 8 月，美国情报机构发现苏联试爆了一颗原子弹。苏联还拥有能携带这种武器的轰炸机，可以经由北极进入美国境内，而美国对此类攻击的防御能力十分脆弱。现有的防空网基本属于第二次世界大战遗留的产物，它由若干大型雷达站组成，信息经人工处理后转发给中央指挥控制中心。防空网最大的缺点是处理与使用所采集信息的能力有限。系统在各个层面上均存在通信不畅的问题，雷达覆盖范围也有漏洞，因此无法对来自北极的攻击提供预警。

1949 年秋，进一步加剧的冷战紧张局势促使美国空军科学咨询委员会审查防空系统。麻省理工学院物理学教授乔治·E. 瓦利是委员会的重要成员之一，他对防空系统进行了非正式评估，证实该系统确实存在不足。1949 年 11 月，瓦利提议科学咨询委员会设立一个分委会，负责为防空系统存在的问题提供最佳解决方案。

美国防空系统工程委员会于 1949 年 12 月成立，以其创始人与主席之名被非正式地称为"瓦利委员会"。在 1950 年提交的第一份报告中，瓦利委员会将现有系统描述为"跛子、盲人与白痴"。[13] 委员会建议全面升级防空系统，将更新后的截击机、地空导弹与防空火炮纳入其中，并改进雷达覆盖范围和使用计算机的指挥控制中心。

1950 年初，就在瓦利积极寻找能作为新型指挥控制中心核心的计算机技术时，麻省理工学院的一位同事向他推荐了福里斯特以及"旋风计划"。瓦利后来回忆道："我记得自己对一个几年前就已启动的大型模拟计算机项目有所耳闻，我曾小心翼翼地不予理睬，但没有想到福里斯特的项目已转向数字计算机。"[14] 瓦利四处打探有关"旋风计划"的消息，不过得到的报告"只是消极程度有所不同而已"。[15]

瓦利决定亲自探访"旋风计划"，福里斯特与埃弗里特向瓦利展示了他所希望了解的一切。幸运的是，"旋风"计算机刚刚开始运行第一批测试程序，这些程序存储在容量为 27 个字的静电存储器中。瓦利看到这台计算机计算出一个初级力学问题，并将结果显示在阴极射线管屏幕上。这次演示——加之福里斯特与埃弗里特对军事信息系统的深入了解——使瓦利将注意力转向"旋风"计算机。但实际上，当时并无其他计算机可供选择。

1950 年 3 月 6 日，乔治·瓦利出席了海军研究办公室召开的"旋风计划"评审会。他表示，相信空军愿意在下个财年为这个项目拨款 50 万美元。瓦利对于"旋风计划"的褒奖改变了海军研究办公室内部对福里斯特团队的印象，批评之声开始消失。接下来的几个月中，空军提供了更多资金，项目得以按福里斯特一直坚持的财务条款进行下去。几个月后，"旋风计划"成为另一个更大项目的主要组成部分：麻省理工学院启动"林肯计划"（后来发展为林肯实验室），这个完整的研发项目致力于实现美国防空系统的计算机化。10 年后，脱胎于林肯计划的半自动地面防空系统（简称 SAGE）才全面投入使用。

"旋风"计算机于 1951 年春达到可运行状态。唯一的主要缺陷是静电存储管，它的性能仍不可靠，存储容量也令人失望。1951 年底，比尔·帕皮安展示了一种磁芯存储系统样机，这个问题终于得以解决。进一步的开发工作随之展开。1953 年夏，在磁芯存储器完全取代不可靠的静电存储器后，存取时间缩短为 9 微秒，"旋风"计算机由此成为当时世界上速度最快、性能最可靠的计算机。

帕皮安并非唯一从事磁芯存储器研究的专家（至少还有两个团队同时在进行这方面的研究），但"麻省理工学院磁芯板"是第一种投入使用的系统。之后的 5 年里，磁芯存储器取代了所有其他类型的计算机存储器，麻省理工学院从这项技术中获得数百万美元的专利使用费。对美国而言，仅仅是磁芯存储器这个副产品就足以证明整个"旋风计划"的投入物有所值。

安装磁芯存储器后，"旋风"计算机的速度和可靠性大为提高，研制工作实际已经完成。研发阶段结束后，为 SAGE 计划批量生产计算机的工作必须提上日程。技术逐渐转移到 IBM，公司以"旋风"原型机为基础研制出 IBM AN/FSQ-7 计算机。1956 年，福里斯特离开一线计算机工程领域，担任麻省理工学院斯隆管理学院工业与工程组织教授。他运用计算机研究全球环境问题，因 1971 年出版的《世界动力学》一书而闻名于世。

最终建成的 SAGE 系统由分布在美国和加拿大的 23 个指挥引导中心组成。每个指挥引导中心负责一个分防区的空中监视与武器部署，通常覆盖数千平方英里的陆地和海洋范围。指挥引导中心的核心是两台 IBM AN/FSQ-7 计算机，采用"双工方式"运行以提高可靠性：一台实时运行，另一台处于待机模式。AN/FSQ-7 包括 4.9 万个电子管，重达 250 吨，是有史以来投入使用的最大计算机。[16] 约有 100 个数据源进入指挥引导中心，为 AN/FSQ-7 提供数据。这些数据源包括地基与舰载雷达装置、武器与飞行基地、机载导弹与飞机雷达以及其他指挥引导中心。在指挥引导中心内，100 多名空军人员负责监控各自分防区的防空情况。大部分人坐在控制台前，观察阴极射线管屏幕上显示的监测数据。控制台标出了区域内所有飞机的位置和速度，并滤掉无关信息。操作员在查询控制台后就能确定飞机与武器的身份（民用或军用，友军或敌军），并根据计算机存储的环境与天气数据、飞行计划、武器特征等信息制定战术计划。

然而，单纯从军事角度看，耗资高达 80 亿美元、在 1963 年完成全面部署的完整 SAGE 系统堪称"华而不实的摆设"。[17]20 世纪 60 年代，洲际弹道导弹新技术的出现削弱了 SAGE 系统保护美国免受机载核武器攻击的初衷。洲际弹道导弹使轰炸机的威胁退居其次，但对机载核武器的担忧仍然使军方继续为 SAGE 系统提供支持，直到该系统于 80 年代初最终退役。

因此，SAGE 的真正贡献不在于军事防御，而是向民用计算领域的技术转移。[18] 随着工业承包商与制造商介入基础技术开发以及硬件、软件与通信系统制造，完整的子行业应运而生。这些工业承包商包括 IBM、伯勒斯、贝尔实验室以及众多小公司。在此过程中，源自 SAGE 计划的大量技术创新迅速扩散到整个计算机行业。例如，印刷电路、磁芯存储器与大容量存储器的发展由于 SAGE 计划而大大加速，这些技术是 20 世纪 60 年代计算机商业化开发的关键使能技术。基于阴极射线管的图形显示不仅催生出一项新技术，也创造了整个交互式计算文化，其他国家直到 70 年代才迎头赶上。此外，美国企业在数字通信技术和广域网领域也遥遥领先。最后，SAGE 系统成为培养软件工程人才的沃土：SAGE 软件是大约 1800 名程序员多年努力的成果，以至于"在 70 年代与大型数据处理有关的工作中，有相当高的概率会找到至少一位曾参与 SAGE 系统开发的人员"。[19]

在众多承包商中，IBM 无疑受益匪浅。小托马斯·沃森曾表示，"冷战帮助 IBM 成为计算机行业的王者"。[20]20 世纪 50 年代，SAGE 计划为 IBM 贡献了 5 亿美元的收入；在高峰时期，有 7000 到 8000 人参与其中，约占 IBM 员工总数的五分之一。IBM 在处理器技术、大容量存储器与实时系统领域处于领先地位，公司始终保持了领先优势，并很快将这些技术投入商用。

SABRE：机票预订的变革

IBM 为美国航空开发的 SABRE 机票预订系统是第一个主要的实时民用项目，它直接利用了 IBM 在参与 SAGE 计划时积累的技术。SABRE（以及类似的系统）不仅改变了航空公司的运营方式，也催生出人们如今所知的现代航空公司。为理解实时预订系统对航空公司的影响，首先需要了解计算机出现之前的机票预订处理流程。

如果读者有幸在 20 世纪四五十年代进入主要商业航空公司的订票处，想必会对所见所闻感到讶异，订票处的场景不禁使人想起作战室。在电传打字机的嘈杂声中，房间中央的大约 60 名票务员每天要处理数千个来电。任何时候，票务员都要对客户或旅行社的三种一般性问询做出答复：可用航班信息、预订或取消某趟航班的座位、购买机票。为处理这些请求，票务员需要查看一系列调派板，上面标示了未来几天内所有离港航班的座位情况。而对于更晚的航班，票务员必须穿过房间去查阅大量卡片目录。

当问询涉及订票、退票或购票时，票务员将交易的详细信息记录在卡片上，然后放在发件托盘中。每隔几分钟，这些卡片被收集起来并送给指定的调派板操作员，操作员据此调整每趟航班的可用座位数量。调派板在机票售出后随之更新，销售信息将转至后勤部门。在那里，另有大约 40 名职员负责维护乘客信息并出票。如果乘客的旅程涉及转机，那么整个过程将更为复杂，这些请求经由电传打字机发往其他航空公司类似的订票处。订票处在航班离港前的一两天忙碌不已，既要与尚未确认的乘客联系，也要处理最后一刻的订票或退票操作，并将最终的乘客名单发往机场登机口。

每天以这种方式处理的机票预订业务数以万计，而几座不同机场的订票处几乎没有实现机械化。这种人力密集型行业的运作方式与 19 世纪 90 年代并无二致，原因在于当时所有数据处理技术（无论是打孔卡机抑或计算机）均采用所谓的"批处理模式"：首先将交易以数百或数千笔为单位进行分组，然后排序和处理，最后汇总、检查并分发。批处理的主要目的在于降低单笔交易的成本：在处理完所有交易的一个子任务后，再开始处理下一个子任务；如果一笔一笔地处理交易，那么从头至尾处理完每笔交易至少要一小时，但通常需要半天时间。对大部分企业来说，批处理是一种经济有效的数据处理问题解决方案，自 20 世纪二三十年代起沿用至今，银行处理支票、保险公司签发保单、公用事业公司开具发票均以此为基础。计算机取代打孔卡机后，同样继承了批处理模式。然而，无论采用打孔卡机还是计算机，批处理都无法满足机票预订系统即时处理数据的需求。

在 20 世纪 50 年代之前，通过手动方式处理机票预订尚不成问题。那时，公众视航空旅行为奢侈消费，因此对价格不太敏感。航空公司仍然可以从远低于运力的航班客座率（购票乘客与座位之比）中获利。

然而，航空市场在 20 世纪 40 年代中期发生了翻天覆地的变化。1944 年，当美国航空率先决定对预订操作进行自动化升级时，公司正接近采用纯人工方式所能达到的极限。随着业务量的增加，调派板上的航班信息越来越多，需要的调派板也逐渐增加；票务员不得不坐得越来越远，有时甚至要借助双筒望远镜。为解决这个问题，美国航空委托设备制造商 Teleregister 开发一套机电系统，以便管理每趟航班的可用座位数量。利用这种名为 Reservisor 的系统，票务员通过专门设计的终端就能确定某趟航班还有多少空位，从而不必再使用调派板。[21]

Reservisor 带来的效益十分可观：在系统投入使用的第一年，美国航空就能处理新增的 200 趟航班，职员数量却减少了 20 人。但主要问题在于，Reservisor 并未直接集成到整体信息系统中。Reservisor 记录下机票销售后，乘客和预订记录仍然需要手动调整。人工系统与 Reservisor 之间不可避免地出现了不一致：根据估计，大约每 12 条预订记录中就有一条是错误的。据说，"大部分周五返家的商务旅客都会让他们的秘书预订至少两趟回程航班"。[22] 这些错误不是导致机票销售不足而造成经济损失，就是导致超额预订而损害客户关系。

1952 年，美国纽约拉瓜迪亚机场安装了经过改进的 Reservisor 系统，可以存储未来 10 天内 1000 趟航班的详细信息。新系统的关键进步在于具备一定的计算能力，使得纽约地区的销售代理既可以售票或取消订票，也能很容易确定是否还有座位。即便如此，Reservisor 也只能简单计算出每趟航班的已售座位和未售座位数量，乘客记录与出票仍要依靠票务员完成。随着机票预订业务不断增长，美国航空开始规划新的订票处。这个占地面积达 3 万平方英尺的订票处能容纳 362 名票务员，每天可以处理 4.5 万个来电。

到 1953 年，美国航空已陷入危机，订票成本由于业务量和调度复杂性的增加而变得难以承受。在价格为 500 万美元的喷气式客机出现后，这种情况进一步恶化。美国航空计划采购 30 架波音 707（载客量为 112 人），从而将横穿美国大陆的飞行时间由 10 小时缩短为 6 小时。这比现有预订系统传输航班资料的速度还要快，更新乘客名单（加入最后一刻购票者或取消误机者的机票）因此变得毫无意义。与此同时，美国航空还要应对日益激烈的市场竞争。提高航班客座率成为增强盈利能力的最有效途径。

美国航空总裁 C. R. 史密斯始终将解决公司面临的数据处理问题作为头等大事。1953 年春，在从洛杉矶飞往纽约的班机上，坐在他身旁的正巧是 IBM 高级销售人员布莱尔·史密斯。自然而然地，两人的谈话很快转向机票预订问题。布莱尔·史密斯随后应邀访问拉瓜迪亚机场的订票处，此后两家公司的工程与规划人员一直保持联系。

实际上，IBM 对 Reservisor 系统的情况了如指掌。但这套系统在 20 世纪 40 年代首次研发时，IBM 并未表现出任何兴趣。不过到 1950 年，开始接管 IBM 的小托马斯·沃森决定进军机票预订市场，以及"银行、百货公司、铁路等类似的棘手领域"。[23]1952 年，佩里·克劳福德离开美国海军研究办公室并加盟 IBM，他后来在实时系统的早期发展中发挥了重要作用。早在 1946 年夏，克劳福德就公开倡导为商业航空公司以及更显而易见的军事应用项目开发控制系统。IBM 成立了一个与克劳福德共同领导的联合研究小组，并利用公司在参与 SAGE 计划时积累的经验，开始探索计算机化实时预订系统的开发。

1954 年 6 月，联合研究小组完成初步报告。报告指出，计算机化预订系统从长远来看令人向往，但性价比高的技术在几年后才会出现。报告还建议，短时间内应采用传统的打孔卡设备实现已有记录保存系统的自动化。因此，令人印象深刻（但即将过时）的新型打孔卡系统以及经过改进的 Reservisor 在 1955 年至 1959 年间投入使用。与此同时，根据今后可能的技术发展，一种基于计算机的理想化综合预订系统也在规划之中。人们后来将这种做法称为"技术拦截"策略。仅当使用磁芯存储器的可靠固态计算机出现后，计算机化预订系统才具备经济可行性。另一个核心要求是大容量随机存取磁盘存储单元，这项技术当时仍处于实验室研发阶段，尚未进入市场。得益于参与 SAGE 计划时积累的经验，IBM 有能力对新兴技术与产品做出明智的判断。然而，如果没有采用传统打孔卡机技术开发的系统作为备用计划，那么实施技术拦截策略将过于冒险。

1957 年初，项目正式启动。接下来的 3 年中，IBM 与美国航空组成的联合团队制订了详细的技术规范。IBM 技术顾问选定大型机、磁盘存储与电信设备，并以 IBM 电动打字机为基础开发出一种特殊的低成本终端，安装在 1000 多个票务代理处。1960 年，系统正式命名为 SABRE。这个名称的灵感源自别克马刀汽车在 1960 年的一则广告，IBM 为此特意创造了缩略词 SABRE①，表示"半自动业务研究环境"。虽然这个缩略词后来被弃之不用，但外界仍然将该系统称为 SABRE 或 Sabre（有时也写作 Saber），因为这个词代表了速度与准确性。1960 年春，开发团队向美国航空的管理层提交了整套系统规范文档，项目总成本预计略低于 4000 万美元。美国航空总裁史密斯在批准项目后表示："最好让这些黑匣子发挥作用，因为同样的资本支出可以买到五六架波音 707。"[24]

SABRE 系统在 1960 年至 1963 年间全面实施，它是当时最大的民用计算机化项目：大约 200 名技术人员参与其中，编写的程序代码达到 100 万行。中央预订系统位于纽约以北大约 30 英里处的布赖尔克利夫马诺，以两台 IBM 7090 大型计算机为基础，二者采用双工方式确保可靠运行。这些处理器与 16 个磁盘存储单元相连，总共可以存储 8 亿个字符，是当时最大的在线存储系统。通过超过 1 万英里的租用电信线路，这套系统将全美 50 座城市大约 1100 个票务代理处的桌面终端连接在一起。SABRE 系统每年能处理近 1000 万笔乘客预订业务，包括每天"8.5 万个来电、3 万次价格问询、4 万次订票、3 万次涉及其他航空公司的查询以及 2 万笔机票销售"。[25] 大部分交易在 3 秒内就能处理完毕。

然而，比交易量更重要的是，预订服务因 SABRE 系统而明显改善。原先的 Reservisor 只能提供已售座位和未售座位的简单信息，而 SABRE 系统可以提供不断更新并可即时访问的乘客姓名记录，包括电话联系方式、特殊餐食要

① 别克马刀的英文是 Buick LeSabre，SABRE 系统的名称即源于此，而"sabre"一词为"马刀"之意。别克马刀是通用汽车在 1959 年至 2005 年间生产的大型轿车品牌。——译者注

求、酒店与汽车预订等乘客信息。新系统不仅迅速接管了预订业务，也将航空公司的整体运营纳入其中：飞行计划、维护报告、机组调度、燃油管理、航空货运以及其他大部分日常工作。

1964 年，SABRE 系统全面投入使用；第二年，美国航空就因航班客座率与客户服务的改善而收回投资。项目实施耗时 10 年。在外界看来，项目研发好似闲庭信步，但要更换如此庞大的商业信息系统，必须采用严谨有序、步步为营的方式。从工程角度来说，这就是样机与产品之间的区别。SABRE 系统据称总共耗资 3000 万美元，尽管被蔑称为"简化版 SAGE"[26]，但它其实是一个大型民用项目，并非没有风险。

一家航空公司的创新很快成为其他航空公司参与竞争的必要条件。达美航空和泛美航空与 IBM 在 1960 年和 1961 年签约，两家公司的系统于 1965 年投入运行。美国东方航空紧随其后，于 1968 年开始启用自己的系统。其他计算机制造商与航空公司也结为同盟，但某些同盟并未采用 IBM 与美国航空的保守策略，因而引发了"经典的数据处理灾难"[27]，导致它们的系统在几年后才投入使用。其他主要的国际航空公司从 20 世纪 60 年代中期开始研制预订系统。到 70 年代初，各大航空公司都已拥有可靠的实时系统与通信网络，它们成为航空公司业务的重要组成部分。下面这组统计数字或许暗示了后来的迅猛发展：截至 1987 年，全球最大的机票预订系统由美国联合航空运营；该系统使用 8 台功能强大的 IBM 3090 计算机，1 秒内能处理 1000 多条内部与外部消息。

机票预订问题之所以不同寻常，是因为它在 20 世纪 50 年代基本还未实现自动化，因此对采用新的实时技术具有很高的积极性。传统行业的反应速度则慢得多。但在航空公司率先起步后，传统行业最终也紧随其后。通过引入信用卡与自动柜员机，金融服务业成为首批拥抱实时技术的传统行业。

Visa 系统与自动柜员机

与信用卡和自动柜员机有关的金融革命源于两点：一是"无现金"支付卡

的理念，二是取款机的发展。

1950 年，两位企业家成立了第一家独立的支付卡机构——大来俱乐部。大来俱乐部首先与纽约市的餐厅签约，并很快扩展到美国各地的旅游和娱乐商户。最初，持卡人是富有的商人，他们可以在就餐、旅行购票、租车时出示大来卡（实际上是一种硬纸卡片）进行付款。大来卡用户按月结算，每月需要全额付款。虽然加油站与百货公司的"签账卡"已经面世几十年，但大来俱乐部以及之后出现的信用卡和借记卡，掀起一场无现金与无支票支付的革命。

在自动柜员机出现之前，银行开发的机器仅具备取款功能。20 世纪 60 年代末，日本、瑞典与英国基本同时在进行这方面的研究。例如，1961 年在英国率先建立计算机中心的巴克莱银行与德拉鲁公司（最初是 1821 年成立的一家印钞公司）签约。50 年代末，德拉鲁曾为荷兰皇家壳牌石油公司的无人值守仓库开发安全的自动加油机，这种设备与自动贩卖机为德拉鲁的工程师提供了参考模型。1967 年 6 月 27 日，巴克莱银行在北伦敦启用德拉鲁自动现金系统，这是欧洲与美国的第一台取款机。客户在银行营业时间缴纳一定费用购买名为"巴克莱现金"的打孔卡券，将其插入取款机并输入 6 位授权码后就能取出现金。卡券的一部分被剪掉并留在取款机中，供银行职员稍后完成交易。德拉鲁后来转向为 NCR 供应取款机部件，NCR 与 IBM 携手进入市场。

1969 年 9 月 9 日，化学银行位于纽约州长岛的分行成为美国首家安装自动化取款机的银行。取款机使用如今随处可见的磁卡，背面的磁条中包含持卡人的基本信息（这是 IBM 在 10 年前的一项发明）。1971 年，化学银行的一种后续型号设备成为真正意义上的自动柜员机，客户可以使用它完成存款、余额查询、在储蓄账户与支票账户之间转账等操作。

20 世纪 60 年代末和 70 年代初，管理顾问、记者以及其他人士开始为今后的"无支票与无现金社会"撰文。兼具顾问与企业家身份的约翰·迪博尔德曾在 1952 年推广自动化一词；对于电子资金转账以及容易使人误解的"无现金"社会，他颇有预见性地写道："未来电子信贷与转账系统的显著特征在于能大大减少各类纸张处理，交易的时间、准确性与成本得以优化。将未来的系统描述为'无现金'，如同将目前的系统描述为'无物交换'一样准确而有意义。"[28] 然而，为降低成本、提高准确性并缩短交易时间，还需要大量的技术、组织与文化变革。

与汽车一样，塑制信用卡和借记卡已成为日常生活中无处不在的制品，而它们包含在更大的技术体系中。以汽车为例，汽车本身很复杂（包括大量部件），其内部工作机制通常难以理解；不过在更大的技术体系中，大部分要素是显而易见的，如道路、公路、加油站、修车厂、停车场以及汽车旅馆。然而，信用卡与借记卡本身很简单，庞大而复杂的基础技术体系却主要隐藏在幕后。实时计算机是这个系统的核心，它对银行卡的采纳和使用至关重要。Visa支付系统就是这种隐形基础设施的代表，它是迄今为止全球最大的此类系统，出自远见卓识的金融家迪伊·霍克之手。

人们一直在为实现更高效的货币交易发展新技术，Visa 系统的故事同样延续了这个主题。第 1 章曾讨论过 18 世纪 70 年代伦敦出现的清算所；第 6 章则介绍了美国银行及其承包商在 20 世纪 50 年代末开发的电子记录机会计（ERMA），这是一种使用磁墨水字符识别技术的自动支票分拣系统。无论 ERMA 抑或伦敦与其他大城市的集中清算所，都是为了应对不断增长的支票量。率先推出信用卡的银行希望从受到高度监管的行业中获利，而日益加重的支票处理负担也是原因之一。与支票系统一样，信用卡同样面临授权、清算与结算的挑战。

20 世纪 50 年代末，许多银行开始尝试发行签账卡。作为全美最大的银行，美国银行在 1958 年推出名为"美国银行卡"的"信用卡"，向加利福尼亚州弗雷斯诺的居民寄送了 6.5 万张非邀约信用卡。与大来卡等签账卡相比，如果客户选择部分偿还每月欠款，那么信用卡可以提供信贷。由于信用卡业务在 60 年代初已实现盈利，因此美国银行成立了名为美国银行卡服务公司的子公司，为其他小型银行提供信用卡与处理服务。信用卡面临的关键问题之一在于如何管理客户的信用额度。当时，唯一的措施是允许客户在无须授权的情况下购买低于"上限"（大约几十美元）的商品，且进行高价值交易前需要获得电话批准。然而，缓慢的结算与清算过程滋生出严重的欺诈行为：被发现之前，犯罪分子往往会在几周内进行大量"低于限额"的交易。

在为其他银行提供信用卡服务方面，美国银行多年来居于实质上的垄断地位。其他银行最终决定摆脱美国银行，在 1970 年成立了自己的合作发行机构——美国银行卡全国联盟（NBI）。1976 年，NBI 更名为 Visa 美国，其国际分支国际银行卡公司（Ibanco）更名为 Visa 国际组织。迪伊·霍克在 NBI/Visa 成立的最初 14 年中担任总裁，他曾在西雅图一家银行负责美国银行卡业务。霍克生于大萧条时期的犹他州乡村，他总是强调自己出身卑微，不希望外界将他视为"典型的银行家"。霍克后来写道，他对 NBI/Visa 的管理受到新的"混序"组织形式的影响——"混序"一词由霍克提出，用于描述既混乱又有序的系统或组织。霍克威严而古怪。研究 Visa 的历史学家表示，霍克的员工认为他"鼓舞人心"且"才华横溢"，同时也"令人生畏"且"让人反感"。[29]

在霍克看来，货币只不过是一种有保障的字母数字数据。从担任 NBI/Visa 总裁的第一天起，霍克就十分看好共享计算机网络与电子价值交换的前景，他的言行也深受二者的影响。霍克认为，应该能随时在全球范围内以电子方式购买或转让任何价值（无论信用账户、支票账户、储蓄账户还是经纪货币市场账户）。这一如今看来理所应当之事，在当时是一种非同寻常的设想。

交易授权是 NBI/Visa 面临的最大问题。如果交易超过信用额度就必须致电授权中心，由授权中心通过电话或电传设备与买方银行联系。授权过程相当烦琐，时间可能长达一个小时（买方可以先进行交易，并在获得授权后取回商品）。霍克设想利用实时计算机完全实现这一过程的自动化。NBI/Visa 着手研制两种计算机系统，其中 BASE 一号用于授权，BASE 二号用于清算和结算。

NBI/Visa 与汤普森·拉莫·伍尔德里奇公司和管理咨询公司麦肯锡签订合同，开发能实现授权自动化的 BASE 一号，它使用 DEC PDP-11/45"小型计算机"作为处理授权请求的中央实时系统。项目不仅要求在所有处理中心安装终端并增加网络硬件，还涉及软件的编写、测试与调试。系统可靠性至关重要，几乎所有组件都配有备份设备。与 SAGE、SABRE 等大型实时项目不同，BASE 一号在 1973 年 4 月如期交付且没有超出预算。这套系统能在几秒内完成授权处理。

在 BASE 二号诞生之前，所有清算与结算工作均由人工完成，很容易出错。银行之间需要交换纸质的销售汇票，然后进行核对。有别于使用磁墨水字符识别技术清算和结算支票，霍克在寻找这样一种自动化计算机系统：它能将销售汇票转换为电子记录，并通过 BASE 二号的集中式计算机（一台功能强大的 IBM 370/145）进行清算，从而不必再邮寄纸张。全部 88 个处理中心均安装了经过定制设计的 DEC PDP-11/10 小型计算机，并配有与 BASE 二号相互通信的设备。NBI/Visa 的 BASE 二号是美国第一种全国性自动化清算中心，可以在一夜之间批量完成过去需要一周时间才能完成的清算与结算工作，欺诈检测的速度因而大大加快。BASE 二号还能降低成员银行的人工与邮资成本，在投入使用的第一年就节省了 1400 万至 1700 万美元的清算与结算费用——对一个开发预算不足 700 万美元、且能在 1974 年 11 月如期交付的系统而言实属不易。

20 世纪 80 年代初，Visa 引入磁条技术以及直接与 BASE 一号相连的廉价销售点终端。依靠这些最先进的系统，从 1975 年到 1983 年，全球范围内接受信用卡的商户数量、成员机构数量以及信用卡发卡量均实现翻番，销售量则增长 5 倍以上，达到 700 亿美元。高容量催生出对高性能系统的需求，Visa 为此部署了航线控制程序操作系统（"蓝色巨人"IBM 最初为 SABRE 开发的系统），以加快处理速度。

根据霍克对电子价值交换的宏大设想，Visa 于 1975 年推出"资产卡"。这种最初名为 Entrée 的银行卡允许持卡人直接从银行账户取款，很快更名为 Visa 借记卡。起初，说服商户与消费者接受借记卡并非易事，但随着销售点终端在 20 世纪 80 年代中期的广泛流行，借记卡成为一种常见的支付方式，随后接入自动柜员机网络。

与信用卡和借记卡类似，自动柜员机堪称银行业一项革命性的技术。银行高层管理人员很快意识到，发行信用卡可能获利丰厚，但主要驱动力在于提供有利于吸引存款的服务，以及取消行政成本过高的支票系统。存取款这样的柜员交易也会导致银行成本上升。日常的交易处理极为耗时，催生出怨声载道的"银行短工时"——20 世纪 60 年代，银行常常在下午 3 点左右就停止对外营业①。而自动化有可能为许多简单交易提供 24 小时服务。与信用卡一样，存取款的自动化进程也是分阶段进行的；从最初的夜间批量处理，逐渐演变为实时计算机系统以及如今与自动柜员机相关的即时交易。

尽管增加了这些功能，但在 20 世纪 70 年代，通过大部分自动柜员机进行的交易仍然要在夜间批量更新。在此期间，只有大型银行投资安装了自动柜员机；1981 年之前，在资产不足 5000 万美元的美国小型银行中，拥有自动柜员机的银行数量仅为十分之一。到 80 年代末，自动柜员机出现在越来越多的银行中，不少柜员机是联网的，可以即时更新账户。覆盖全美的网络在 80 年代建立起来，因此客户也能使用其他银行的自动柜员机。各个网络整合后，两个最大的网络 PLUS 与 Cirrus 分别被 Visa 与万事达卡收购，并在全球开展业务。随着时间的推移，旅行者通过这些国际网络就能在全球大部分地区以合理的汇率提取现金，旅行支票因此逐渐淡出人们的视线。

迪伊·霍克于 1984 年被 Visa 董事会罢免，很大程度上是因为成员银行不满他与杰西潘尼进行的直接交易②。但霍克对于不断扩大的电子价值交换的愿景，相当一部分在 20 世纪 90 年代成为现实——他认为，只有当联网的个人计算机普遍成为销售点终端后，万维网时代的网上银行才能发展壮大。最终，改变杂货零售业（与其他行业）的是早期的销售点设备、电子现金出纳机以及一项需要广泛合作的新技术。

通用产品代码

虽然不少老牌企业和官僚机构进展缓慢，但从 20 世纪 60 年代中期开始，实时计算逐渐占据主导地位；不过就像机票预订和信用卡支付系统一样，公众

---

① 由于这个原因，"银行短工作时"（banker's hours）后来引申为"安逸舒适的工作"。

——译者注

② 20 世纪 70 年代末，包括杰西潘尼在内的美国大部分零售商只接受自家发行的信用卡。经过与霍克的协商，杰西潘尼同意从 1979 年秋天起接受 Visa 信用卡。但霍克在没有咨询 Visa 董事会的情况下准备合同条款，事后才告知董事会已说服杰西潘尼接受 Visa 信用卡。杰西潘尼只与 Visa 美国（而不是成员银行）签署协议，令成员银行非常不满。——译者注

往往没有觉察到这种变化。超市中常见的通用产品代码是个显著的例外，这种条形码可以在目前几乎所有生产或包装的零售食品上找到。20世纪二三十年代出现的现代食品制造业与分销业奠定了通用产品代码的基础。超市最重要的早期创新在于引入了解放人力的概念：售货员不再将商品拿给顾客，消费者可以自由穿行于店内的商品之间（即自助服务）。

尽管第一家超市"小猪扭扭"于1916年就在美国田纳西州孟菲斯开业，但超市从概念提出到发展成型经历了20年时间。20世纪30年代初的经济衰退，为金·库仑、大熊等早期"廉价"超市在美国东部的繁荣发展创造了合适的经济条件。虽然价格比传统杂货店低5%左右，但凭借巨大的销量，超市仍然能保持3%或4%的销售利润率，是行业平均水平的两倍以上。1936年，当可靠的统计数据出现时，全美只有600家超市，但巨大的结构性变化已近在眼前。那一年，美国最大的食品零售商大西洋与太平洋茶叶公司（A&P）仅拥有20家超市，而传统零售店的数量达到1.4万家。除了应对来自廉价商品的竞争，转向超市业务的A&P承诺通过规模经济来提高经营利润率。每当一家超市开业，就有多家小杂货店倒闭。到1941年，A&P已拥有1646家超市，旗下的传统零售店则减少为4000多家。当时，全美共有8000家超市。在超市零售业发展的同时，食品制造业见证了全国性品牌产品的出现。这些产品始于19世纪90年代，在20世纪三四十年代通过报纸和电台广告进行推广，逐渐占据了食品行业的主导地位。第二次世界大战结束后，超市恢复增长势头。截至1955年，有超过1.5万家超市开业；到1965年，则有超过3万家超市开业。

及至20世纪60年代末，超市已在美国食品行业中居于主导地位，占全部杂货业务量的四分之三。不过与所有成熟行业一样，繁荣时期的可观利润率正遭到侵蚀。生产率在1970年前后停滞不前，经营利润率降至1%，这是自20年代以来整个行业从未有过的低水平。此外，在高通胀时期，食品价格已成为政治敏感性话题，超市因此承受了更大压力，不得不通过提高生产率来降低成本。生产率的改善在结账作业中最为明显，它几乎占运营成本的四分之一，且经常会造成令顾客恼火不已的拥挤。

改进这些"前端"业务的需求与新一代销售点终端的发展相吻合，这为定价和库存控制提供了自动数据捕获的可能性。新的销售点终端要求在商品上应用产品代码，而结账时采集的信息又能用于维护库存并确定商品成本。但产品代码往往不适合在超市中使用，因为商品数量众多（一两万件）且平均价值很低，如果在所有商品上应用产品代码，那么成本将大幅提高。

个别杂货连锁店曾尝试实施产品编码，尽管在操作上取得成功，但性价比过低。食品行业的结构决定了只有企业之间通力合作，产品编码才具备经济可行性。如果制造商、批发商与零售商都采用相同且通用的产品代码，就能协调整个食品行业的计算机硬件与软件开发（形成一体化运作），从而获得更大的收益。这要求所有组织进行极为密切的合作，因此实施通用产品代码既是技术方面的成就，也是政治方面的成就。

1969 年，全美食品连锁协会委派管理咨询公司麦肯锡为食品行业实施编码系统提供建议。麦肯锡从一开始就认识到，如果不能协调好各利益相关方，产品编码就无法取得成功。因此，麦肯锡采取自上而下的策略，将食品杂货业各个环节（零售商、制造商以及行业协会）的高层管理人员召集在一起。将这些利益相关方集中起来，有助于取得各方都能达成的共识；一旦决策层协商一致，就能确保各自的组织遵守承诺，其他企业也会跟进。1970 年 8 月，"食品杂货业特设委员会"成立。委员会由"10 位最杰出的行业领袖组成，食品制造商和食品分销商的代表各占一半"，亨氏公司总裁担任委员会主席。[30] 特设委员会继续聘请麦肯锡担任顾问。在接下来的几个月里，顾问们向业内人士做了 50 多次演讲。所有企业的决策层都聆听了这些演讲，麦肯锡努力将产品编码的概念作为未来愿景进行推销。

与此同时，必须做出许多技术性决策。各方首先就采用 10 位产品代码取得共识，其中 5 位数字表示制造商，另外 5 位数字表示产品。代码本身就体现出制造商与零售商之间的妥协：制造商希望增加代码长度以提高灵活性，零售商则希望缩短代码长度以降低设备成本。（事实证明，10 位代码可谓一项糟糕的决定。欧洲后来自行开发的欧洲商品编码系统采用"6 加 6"代码格式。）此外，各方同意由制造商负责印制产品代码，这比零售商在店内应用代码的成本更低。由于各家零售店的商品价格有所不同，因此商品编码中不包含价格信息。

到 1971 年中期，整个行业都已接受通用产品代码的原则，但各方还需就采用何种技术以及技术投入使用等重要问题达成一致。这又是一个政治敏感性话题。必须控制在产品上应用代码的成本，以免损害小型制造商的利益。此外，产品编码的费用不能显著增加商品成本，否则会使无法参与系统的零售商处于不利地位，因为它们将被迫承担由此增加的系统成本而不会获得任何收益。由于最终需要数百万部条形码阅读器，结账设备的成本同样不能太高。受这些条件所限，银行与美国联邦储备委员会当时使用的磁墨水与光学字符识别系统因价格过高而出局。各种实验系统的测试耗资数百万美元。及至 1971 年底，人们进一步认识到必须做出复杂的权衡，比如在打印成本与扫描成本之间进行取舍。1973 年春，我们如今熟悉的条形码系统正式启用。条形码系统主要由 IBM 开发，之所以选择条形码，仅仅因为它是最便宜、最可靠的系统。由于扫描技术的成本很低，可以采用普通油墨打印条码，阅读器对产品包装上的污损与变形也不会过于敏感。

截至 1973 年底，美国已有 800 多家制造商获得标识号。几乎所有最大的制造商都在其中，它们的销售额占零售食品销售总额的 84% 以上。首批印有条码的商品于 1974 年上市，IBM 和 NCR 制造的扫描仪也在同一时期面世。

由于设备更新的成本不菲，食品零售商采用新技术的速度比食品制造商慢得多，因为制造商只需重新设计标签即可。不过到 20 世纪 80 年代中期，大部分食品连锁企业均已在大型零售店中安装了自动结账系统。

条形码原则的扩散速度极快，食品与大部分包装零售商品中都出现了条形码的身影（请注意本书封底的 ISBN 条形码）。条形码已成为具有重大经济意义的标志。

在商品的实际流动之外还出现了相应的信息流，计算机可以藉此跟踪商品流动，整个制造与分销过程的一体化程度变得越来越高。零售店不必等到商品售罄后再开始补货：当后备库存减少时，订单以电子方式自动发往批发商与配送中心，再由它们自动发往制造商。为加快整个过程，人们制定了在制造商、分销商与零售商之间以标准形式交换电子信息的专门协议。

从某种意义上说，物理系统与虚拟系统并存于世：计算机中的虚拟信息系统代表制造和分销环境中实际存在的每一件商品，甚至具体到一罐豌豆。虽然没有计算机也能完成这些工作，但收集、管理与访问如此规模的信息成本过高，因而不具备经济可行性。在旧有的零售机构中，与随时补给库存相比，超额备货（甚至少备货并因此承担销量损失的风险）的成本往往更低。

虽然条形码确实降低了结账与库存成本，但超市利润在 20 世纪 80 年代达到历史最高水平，主要推手并非条形码。结账自动化使产品种类大幅增长（某些情况下增加了 3 倍以上），成为利润的重要来源之一。许多新产品都是获利丰厚的奢侈品，它们才是利润的真正来源。

就食品行业本身而言，条形码也带来一些负面影响——正如 20 世纪 30 年代超市的崛起终结了传统杂货店一样。例如，食品制造业的准入门槛越来越高：不仅要克服通用产品代码分配中的官僚习气，如今也需具备相当的经营规模才能进入全国性连锁零售网络。的确，20 世纪后期出现的民间特色食品颇为有趣；它们看似出自小型食品加工企业之手，实际上由全国性连锁店批量生产和销售。我在写作时，面前放着一盒"最好的手工烘制饼干"，这是一位朋友从英国德文郡度假归来后带给我的礼物。在盒子底部不太显眼的位置，印有超市结账所用的条形码——现代生活中恐怕没有比这更有力的讽刺了。

第 8 章

软件

　　英国剑桥大学开发的延迟存储电子自动计算机（EDSAC）是第一台实用的存储程序计算机，外界普遍（且无可争议地）将它的成功建造视为现代计算史上令人欢欣鼓舞的时刻。不过 EDSAC 在 1949 年 5 月投入使用后不久，剑桥研究小组就意识到，要想开发可以运行的计算机系统，完成计算机的制造只是第一步。为充分发挥这台新型通用计算机理论上的优势，EDSAC 团队首先必须为它编写程序，以执行能解决实际问题的特定功能。但剑桥研究小组负责人莫里斯·威尔克斯很快发现，开发此类程序的难度出乎意料：

　　及至 1949 年 6 月，人们开始认识到，使程序正确运行并不像之前那样容易。当我第一次意识到这一点时，我清楚地记得自己的感觉是多么强烈。EDSAC 位于大楼顶层，纸带打孔与编辑设备位于下面一层的走廊，走廊旁边是安装有微分分析仪的房间。我试着运行第一个重要程序，那是一个计算艾里微分方程 ① 数值积分的程序。就在往返 EDSAC 机房与打孔设备的途中，"在楼梯拐角处的犹豫不决"使我突然意识到，我余生的大部分时间将在寻找自己程序的错误中度过。[1]

　　起初，程序中的这类错误被简单地称为 "mistake" 或 "error"；几年后，人们称其为 "bug"，纠正错误的过程则被相应地称为"调试"（debugging）。威尔克斯或许是第一位认识到无法完全消除这类错误的计算机程序员，但他绝非最后一位。在接下来的 10 年里，与计算机程序（或"软件"）开发相关的成

---

① 形如 $\dfrac{\mathrm{d}^2 y}{\mathrm{d}x^2} - xy = 0$ 的方程，它是最简单的二阶线性微分方程。——译者注

本和挑战日益凸显。尽管随着计算机技术的发展，计算机的体积越来越小，速度越来越快，可靠性也越来越高，计算机软件开发项目却因预算超支、进度落后、错误频出而声名远扬。到 20 世纪 50 年代末，行业领导者、学术计算机科学家与政府官员宣布一场全面的"软件危机"爆发。软件开发为何如此之难，以及存在哪些可能的应对措施，将在之后几十年中主导有关计算机行业健康与未来的讨论。

程序设计第一步

对调试的认识并非威尔克斯首次思考软件开发问题（尽管软件一词直到 20 世纪 50 年代末才出现）。早在 1948 年，当 EDSAC 仍处于建造阶段时，威尔克斯已开始将注意力从硬件转向程序设计问题。在所有存储程序计算机（包括今天的计算机）中，程序均以纯二进制形式（"1"和"0"的机器表示模式）存储。以 EDSAC 为例，指令"在存储单元 25 添加短数"存储为：

11100000000110010

由于人类很难记住长串的二进制数，因此使用二进制作为编程符号系统并不合适。有鉴于此，所有计算机研究小组都在思考，能否采用一种对程序员更友好的符号系统来设计与编写程序。仍以 EDSAC 为例，指令"在存储单元 25 添加短数"写作：

A 25 S

其中 A 表示"添加"，25 是存储单元的十进制地址，S 表示将使用"短"数。

尽管约翰·冯·诺伊曼与赫尔曼·戈德斯坦曾就 EDVAC 提出过类似的编程符号系统，但两人始终认为，将人类可读的程序转换为二进制形式属于程序员的职责，或由级别更低的"编码员"完成。然而，威尔克斯意识到计算机自身也能进行这种转换。计算机毕竟是设计用来处理数字的，英文字母在计算机内部表示为数字；归根结底，程序不过是字母与数字的组合。现在看来，这无疑是真知灼见。

1948 年 10 月，时年 21 岁、刚刚获得剑桥大学数学第一名的研究生戴维·惠勒加入剑桥研究小组。威尔克斯将程序设计问题交给惠勒，作为后者博士研究课题的主要内容。为将程序转换为二进制，惠勒编写了一个他称之为"起始指令"的程序。这个极短的程序读取电传打字机纸带上以符号形式打孔的程序，并将其转换为二进制，然后保存在计算机存储器中准备执行。这个小程序只有 30 条指令，经惠勒反复修改后已很完善。就许多方面而言，程序设计与数学都属于年轻人的游戏。编写程序同样需要新想法且不受传统束缚，对操作技巧的要求极高。1948 年至 1951 年间，惠勒和其他人在剑桥大学编写的程序颇具吸引力，堪与优雅的数学定理相比。

　　然而，在"起始指令"解决了将符号程序转换为二进制的问题之后，另一个问题随之而来：如何使程序正确运行？

　　在尝试运行程序之前，程序员需要进行极为细致的检查以减少错误发生的概率。人们发现，利用半小时检查程序，可以为之后纠正错误节省大量时间——何况在 20 世纪 50 年代初，机器时间的成本高达每小时 50 美元。即便如此，这差不多成为一种传统（但新程序员不得不自己摸索）：几乎所有人都必须了解，程序调试不仅缓慢，而且代价高昂——至今依然如此。

　　剑桥研究小组认为，减少程序错误的最佳途径莫过于开发"子程序库"，这是冯·诺伊曼与戈德斯坦曾经提出的一种设想。因为许多操作对于不同程序是通用的，比如计算平方根或三角函数，或以特定格式打印数字。子程序库旨在将这些操作编写为某种小型程序，程序员可以将其复制到自己的程序中。经过这样的处理后，在一个典型的程序中，子程序的比例可能高达三分之二，而新代码仅占三分之一。（彼时，程序一般称为例程，即子例程或子程序。例程一词在 20 世纪 50 年代被程序取代，但子例程一词流传至今。）重用现有代码的思想曾经是、也仍然是提高程序员效率与程序可靠性最重要的手段。

　　威尔克斯自然指定惠勒负责子程序库的具体研究，但事情远非表面上那样简单——只要看看在这些想法实现标准化之前，20 世纪 50 年代曾出现过多少不同的方案就略知一二。将子程序载入计算机存储器与收拾行李颇为类似：有人喜欢将所需的一切都丢进行李箱，如果装不下再将物品取出；另一些人将行李箱分为几个同样大小的区域，这种方式易于管理但浪费空间，因为足以装下衬衣的空间对袜子而言显然过大；还有研究小组将磁带与磁鼓存储器视为巨大的行李箱，需要时就从中取出一份新的子程序副本。惠勒的解决方案简单而优雅：当子程序按执行的先后顺序载入存储器时，程序就会正确运行。因此，程序的所有组件载入存储器底部并自下而上执行，不留任何间隙，从而能最大限度利用宝贵的存储空间。

1951 年，剑桥研究小组将他们所有的程序设计思想编撰成书。为争取更多的读者，威尔克斯选择在美国出版这本名为《电子数字计算机程序编制》的教程。彼时，第一批研究型计算机才刚刚投入使用；一般来说，在突然拥有一台可以运行的计算机之前，设计人员很少会考虑编程问题。剑桥研究小组撰写的《电子数字计算机程序编制》是当时唯一的程序设计教程，很快填补了这方面的空白。"剑桥模型"因而奠定了 20 世纪 50 年代初的程序设计风格，时至今日，几乎所有计算机中的子程序组织方式仍然遵循这一模型。

流程图与编程语言

从本质上说，计算机程序设计包括两种转换过程：首先，将实际问题（更确切地说是问题的解）转换为一系列可供计算机执行的步骤，即所谓的算法；其次，将这种算法转换为特定计算机使用的特定指令。两种转换都不容易，很可能出现差错和误解。

为便于进行第一种转换，最早开发的工具是流程图，它是算法或过程的图形化表示。方框可以直观地表示过程的各个步骤，它们之间的关系通过直线和箭头表示，而决策点表示过程流中可能出现的分支（例如，"如果条件 A 为真，则执行步骤 2，否则执行步骤 3"）。流程图的发展始于 20 世纪 20 年代，最初用于工业工程。50 年代，早年接受过化学工程师培训的冯·诺伊曼开始在计算机程序中使用流程图。流程图旨在充当计算机程序员的蓝图，它是连接系统分析与软件应用程序实现的中间桥梁。

第二种转换涉及将算法转化为机器可读的代码，威尔克斯与惠勒已经部分解决了这个问题。但在 1953 年前后，程序设计研究的中心从英国转向美国，大笔资金投入存储容量大、配有磁带和磁鼓的计算机。计算机的存储容量可能已是第一代原型机的 10 倍。第一代计算机的存储容量只有 1000 个字，为它们研制的编程系统如今已不再适用，人们希望通过设计更复杂的编程技术来探索"大容量"存储器（多达 1 万个字）的潜力。此外，逐条指令编写程序已变得很不划算。程序员需要花费大量时间开发和调试程序。

美国的许多研究实验室与计算机制造商开始尝试"自动编程"系统，这种系统支持程序员使用某些高级编程代码编写程序。这些代码像英语或代数一样易于编写，而计算机可以将它们转换为二进制机器指令。这种系统旨在最大限度实现从流程图设计到完整应用程序的机械转换。自动编程既是技术问题，也是文化问题。就许多方面而言，文化问题更难解决。诞生已有 5 年时间的计算机行业深受传统束缚。20 世纪 50 年代，许多经验丰富的程序员不愿改变他们的工作方法，就像 200 年前的手工编织者不愿使用织布机一样。

在改变 20 世纪 50 年代程序员的保守文化方面，也许没有人比格雷丝·默里·霍珀做得更出色。霍珀曾在 1943 年担任"哈佛马克一号"的第一位程序员，之后又为 UNIVAC 编写程序。在 50 年代的几年中，她奔走于美国各地，在技术水平尚不成熟时劝说人们接受自动编程的优点。例如，为 UNIVAC 项目工作期间，霍珀开发了她称作 A-0 编译器的自动编程系统。（霍珀之所以选择编译器一词，是因为系统能自动将构成完整程序的各个代码段组合在一起。）尽管 A-0 编译器可以运行，但效率很低，不具备商业可行性。即便是非常简单的程序，转换时间也长达一个小时，转换后的程序慢得出奇。霍珀在 A-0 编译器之后开发了 B-0（更为人所熟知的名称是 FLOW-MATIC），其独特之处在于它专为商业应用而设计，但同样存在速度慢和效率低的问题。

因此，在 1953 年和 1954 年，编程技术中的突出问题是开发一种自动编程系统，它生成的程序与有经验的程序员写出的程序同样优秀。这个问题最成功的解决方案来自 IBM：由 29 岁的研究员约翰·巴克斯领导的项目组开发出"公式翻译器"，这种简称为 FORTRAN 的系统成为第一门真正取得成功的"编程语言"，至今仍是科学计算领域的通用语言。在 FORTRAN 中，一条语句能产生多条机器指令，从而大大提高了程序员的表达能力。以下面的语句为例：

$$X = 2.0 * FSIN(A+B)$$

这条语句将生成计算函数 $2\sin(a+b)$ 所需的全部代码，并将值赋给 x 表示的变量。

巴克斯之所以提出开发 FORTRAN，主要是基于经济方面的考虑。据估计，在 1953 年，计算机中心的运营成本中有一半用于支付程序员的工资，而计算机平均可用时间的四分之一到二分之一都消耗在程序测试与调试上。巴克斯认为，"程序设计与调试占计算机运营成本的四分之三，随着计算机越来越便宜，这种情况显然会越来越严重"。[2] 1953 年底，巴克斯向上司提交了成本效益分析。他顺利获得预算和人员，为 IBM 即将推出的 704 型计算机开发FORTRAN。1954 年上半年，巴克斯开始组建程序设计团队。

在 IBM 内部，FORTRAN 项目并不引人注目：项目办公室位于美国纽约麦迪逊大道 IBM 总部的一栋附属建筑中，"在 19 层……紧邻电梯"的一个不起眼位置。[3] IBM 只是将 FORTRAN 视为一个没有确定结果的研究项目，它在704 型计算机的产品规划中也并未占据重要位置。事实上，在 1954 年，人们根本不清楚能否开发出这样一种自动编程系统，可以生成与手写代码质量相同的代码。IBM 内部有许多人持怀疑态度，他们认为巴克斯的项目无异于缘木求鱼。因此，FORTRAN 团队始终将产生堪与手写代码媲美的代码作为首要目标。1954 年，开发团队为这门语言制定了初步的技术规范。规范并没有过多考虑语言设计是否优雅，因为一切都要让位于效率。巴克斯与团队成员从未想过，他们正在设计一种直到 21 世纪仍在使用的编程语言。

巴克斯与团队开始向潜在用户兜售 FORTRAN 的理念，但得到的大部分反馈都是高度怀疑，那些经验丰富的程序员对自动编程的所谓优点嗤之以鼻："他们听过太多夸奖拙劣系统的溢美之词，因此并未将我们放在眼里。"[4] 翻译器的开发工作始于 1955 年初，巴克斯计划在 6 个月内完成这个项目。实际上，一支由 12 名程序员组成的团队耗时两年半，在 FORTRAN 系统中编写了 1.8万条指令。FORTRAN 翻译器绝非迄今为止最长的程序，但它的确是一个极为复杂的大型项目。项目之所以复杂，很大程度上是因为要求编译器产生的代码质量不逊于手写代码。进度一再延后，于 1956 年和 1957 年进行了密集调试。为尽可能获得稀缺的机器时间，开发团队充分利用夜班时间："我们经常在 56 街的兰登旅馆租用房间……白天小憩，整晚工作。"[5]

第一本装帧有精美 IBM 封面的 FORTRAN 程序员手册宣布，FORTRAN 将于 1956 年 10 月发布。但事实证明，这是"1957 年 4 月（系统实际发布时间）的委婉说法"。[6]

FORTRAN 系统的首批用户之一是美国马里兰州的西屋－贝蒂斯核电站。1957 年 4 月 20 日是周五，计算机中心在下午晚些时候收到一大盒打孔卡。卡片上没有任何标识，但它们显然只能用于"1956 年底发布"的 FORTRAN 编译器。程序员们决定试着运行一个小型测试程序。他们惊讶地看到，当测试程序输入 FORTRAN 系统后，打印机打印出明确的诊断语句："源程序错误……右侧括号后缺少逗号。"[7]修正错误后，程序重新编译并打印出正确结果，总共耗时 22 分钟。西屋－贝蒂斯计算机中心"在摸索中前进"，成为 FORTRAN 的第一个用户。[8]

实际上，以内存占用或运行时间衡量，FORTRAN 系统生成的程序质量已达到手写程序的 90%。程序员的工作效率因使用 FORTRAN 而显著提高。之前耗时数天或数周编写和运行的程序，现在只需几小时或一两天就能完成。截至 1958 年 4 月，在 IBM 调查的 26 台 704 型计算机中，有 13 台使用 FORTRAN 解决了一半的问题。到同年秋天，约有 60 台 IBM 704 使用 FORTRAN。与此同时，巴克斯的程序设计团队迅速响应用户反馈，着手开发新版语言和编译器。这个称为 FORTRAN II 的系统包括 5 万行代码，耗费 50 人年①进行开发，于 1959 年发布。

虽然 IBM 的 FORTRAN 堪称最成功的科学编程语言，但同一时期，其他计算机制造商与计算机用户也在开发类似的项目。例如，UNIVAC 的霍珀团队改进了 A-0 编译器，将其作为 MATH-MATIC 编程语言提供给客户。在学术界，密歇根大学的 MAD 与卡内基·梅隆大学的 IT 都是当时开发的编程语言。

---

① "人年"是一种劳动量单位，用于衡量 1 个人在 1 年内完成的工作量。只考虑纯粹的工作时间，不计入休息时间。——译者注

此外，美国计算机协会以及它在欧洲的姊妹机构还尝试开发一种名为 ALGOL 的国际语言。到 20 世纪 50 年代末，人们使用的科学编程语言多达数 10 种。

然而，FORTRAN 仅用几年时间就从众多语言中脱颖而出，成为科学应用领域的主要语言。外界有时认为，这是 IBM 有计划主导计算机行业的结果，但没有确凿的证据证明这一点。实际上，FORTRAN 只是第一种广泛使用的高级语言。1961 年，丹尼尔·D. 麦克拉肯出版了第一本 FORTRAN 教程[9]，大学与学院开始在本科程序设计课程中使用这门语言。而在工业界，由于 FORTRAN 适用于任何装有翻译器的计算机，因此对这门语言进行标准化有利于使用不同计算机的机构之间交换程序。另一个优势在于，就业市场上出现了越来越多受过 FORTRAN 培训的程序员。不久之后，美国几乎所有科学计算程序均采用 FORTRAN 编写。尽管 ALGOL 在欧洲存在了一段时间，但很快也被 FORTRAN 取代。就一切情况而论，FORTRAN 的巨大吸引力在于，它已成为所有用户接受的"标准"语言。1966 年，美国国家标准协会正式将 FORTRAN 作为第一种标准化编程语言。

当 FORTRAN 成为科学应用程序的标准时，另一门用于商业应用的语言也在崛起。FORTRAN 成为标准语言在很大程度上出于偶然，而 COBOL（"面向商业的通用语言"的缩写）实际上是由美国政府推动创立的标准。在 FORTRAN 成为标准的同时，工业界与政府机构却遭受了严重的经济损失，因为每次更换计算机时都必须重写所有程序。这项工作不仅耗资巨大，而且往往会造成混乱。美国政府决心避免商业应用程序出现这种情况，因此在 1959 年为数据系统语言委员会提供资助，致力于开发一种新的商业数据处理标准语言。1960 年，COBOL 60 诞生。如果使用这门新语言编写程序，用户就能在更换计算机时保留之前所有的软件投资。

在推动 COBOL 发展方面，霍珀发挥了积极作用。虽然她并非这门语言的设计者，但 COBOL 的设计深受数据处理语言 FLOW-MATIC 的影响，而为 UNIVAC 研制的 FLOW-MATIC 出自霍珀之手。一位评论家表示，霍珀"对于使用英语编写代码具有传教士般的热情"[10]，这对 COBOL 的影响尤甚。假如需要计算从总工资中扣除税款后的净工资，相应的 COBOL 语句其实已呼之欲出：

SUBTRACT TAX FROM GROSS PAY GIVING NET PAY

行政管理人员因此产生了一种宽慰的错觉：即便自己不会编程，也能阅读并理解员工所写的代码。尽管不少技术人员认为这种"语法糖"并无意义，但如果希望获得决策者的信任，那么语法糖具有重要的文化价值。

制造商最初不愿采用 COBOL 标准，它们更希望自己的商业语言和竞争对手有所区别——因此，IBM 使用商业翻译器，霍尼韦尔使用 FACT，而 UNIVAC 使用 FLOW-MATIC。后来，美国政府在 1960 年底宣布，将不再租用或采购任何未安装 COBOL 编译器的新计算机，除非制造商能证明计算机的性能不会因使用 COBOL 而提高。没有人敢于进行这样的尝试，所有制造商立即将安装 COBOL 编译器的工作提上日程。

在接下来的 20 年里，尽管 COBOL 和 FORTRAN 在编程语言中居于主导地位（90% 的应用程序采用这两种语言编写），但为特定应用领域设计新的编程语言仍然是 20 世纪 60 年代初最大的软件研究活动。最终出现了数百种语言，其中大部分已经消亡。[11]

软件承包商

虽然编程语言和其他实用工具有助于提高计算机用户开发软件的效率，但程序设计仍然是计算机运行中的最大支出。为尽量降低成本，只要情况允许，许多用户更愿意使用现成的程序而非自行编写。

20 世纪 50 年代末，注意到这种情况的计算机制造商开始为保险、银行、零售、制造等特定行业开发应用程序。此外，工资、成本核算、库存控制等许多行业通用的应用程序也在开发之中，这些程序均由计算机制造商免费提供。50 年代，人们尚未形成软件是可售商品的概念，大部分制造商仅仅将应用程序视为销售硬件的一种手段。实际上，应用程序设计通常隶属于计算机制造商的营销部门。当然，虽然程序是"免费"的，软件开发成本最终仍会体现在计算机系统的总价中。

计算机用户的另一个软件来源是协作用户组内自由交换的程序，如 IBM 用户的"SHARE"和 UNIVAC 用户的"USE"。在这些用户组中，程序员相互交流编程技巧与程序。IBM 还通过维护客户开发的程序库来促进计算机用户之间的软件交换。这些程序很少能直接使用，但比起从零开始编写程序，计算机用户自己的程序员往往能更快地修改现有程序。

受困于程序员的高薪以及招聘和管理程序员的难度，许多计算机用户无力自行开发软件。这为软件承包行业的兴起创造了机会，为计算机用户编写程序的公司应运而生。20 世纪 50 年代中期，新兴的软件承包商将目光投向两个截然不同的市场。一个市场的主要客户是政府机构与大型企业，它们不具备开发超大项目所需的技术能力；另一个市场针对没有能力或资源自行开发软件的普通计算机用户，为他们提供规模适度的"定制"程序。

第一家提供大型系统开发服务的软件承包商是兰德公司，这家美国政府所有的国防承包商曾为 SAGE 防空系统研制软件。20 世纪 50 年代初，SAGE 计划启动。尽管 IBM 获得了开发与制造大型计算机的合同，但 IBM 或其他企业都没有为 SAGE 系统编写程序（代码量估计达到 100 万行）的经验。因此，SAGE 软件的开发合同在 1955 年被交予兰德公司。虽然缺少实际的大型软件开发经验，但外界视其为承揽项目的最佳选择。为完成这项庞大的程序设计任务，兰德公司于 1956 年成立系统开发公司，这家独立的机构成为美国第一家大型软件承包商。[12]

SAGE 软件开发项目是软件史上的重要事件之一。当时，美国的程序员总数估计约为 1200 人，而系统开发公司一共雇用了 2100 名员工，包括 700 名为 SAGE 计划工作的程序员。中央操作程序的指令接近 25 万条，辅助软件的总代码量超过 100 万行。外界将 SAGE 软件开发项目形容为一所面向程序员的大学。即便并非有意而为之，这也是奠定美国软件行业霸主地位的有效途径。

20 世纪 50 年代末和 60 年代初，汤普森·拉莫·伍尔德里奇、MITRE、休斯动力等大型国防承包商与航空航天企业也相继开展大型软件承包业务。除这些企业外，只有计算机制造商具备开发大型软件系统的技术能力。通过为客户开发独一无二的大型应用程序，IBM 与其他大型机制造商成为（目前也仍然是）软件承包行业的重要参与者。例如，IBM 曾与美国航空合作研制 SABRE 机票预订系统，并继续为其他航空公司开发预订系统，客户包括美国的达美航空、泛美航空与东方航空，以及欧洲的意大利航空和英国海外航空。60 年代，其他许多大型计算机制造商也开始涉足软件承包行业，它们通常依靠在办公设备领域积累的经验。例如，NCR 致力于开发零售应用程序，伯勒斯则将市场锁定在银行。

主要的软件承包商与大型计算机制造商致力于为大型企业开发超大规模系统，而为中型客户开发软件的二级市场仍然存在。大公司缺乏有效开拓这类市场所需的小规模经济结构，因而给第一代编程企业家创造了机会。计算机惯用法公司或许是第一家小型软件承包商，它的发展轨迹体现出典型的行业特征。

1955 年 3 月，两位来自 IBM 的科学程序员①在纽约创立计算机惯用法公司。开展软件承包业务的成本并不高，因为"只需要一块编码板和一支铅笔"。[13] 而通过从服务机构租用机器时间或使用客户自己的计算机，也能省去购置计算机的费用。公司成立时的资本为 4 万美元，部分是私人资金，部分来自担保贷款。这笔钱用于支付 1 位秘书与 4 位女性程序员的工资，盈利之前，员工在创始人的私人公寓中工作。两位创始人曾就职于 IBM 的科学编程部门，公司最初的大部分合同与石油、核电这类行业有关。20 世纪 50 年代末，公司获得了美国国家航空航天局的许多合同。及至 1959 年，计算机惯用法公司已有 59 名员工。公司于次年上市，募得 18.6 万美元，这笔资金用于购置公司的第一台计算机。

到 20 世纪 60 年代初，除计算机惯用法公司之外，计算机科学公司（由 IBM FORTRAN 项目团队的一位成员共同创立）、规划研究公司、信息学公司、应用数据研究公司等其他一些初创企业也进入软件承包行业。它们均为创业型企业，与计算机惯用法公司的增长模式类似，但侧重不同的应用领域。另一家重要的初创企业是成立于 1965 年的大学计算公司。

---

① 科学程序员利用科学与工程方面的专业知识，从事航天、天文、气象、海洋等领域的软件开发工作，区别于商业程序员或 Web 程序员。——译者注

20 世纪 60 年代前 5 年堪称软件承包商的繁荣时期，计算机的速度、规模以及用户数量较 50 年代至少增长了一个数量级。软件的需求量因此显著增加，私营企业与政府机构的计算机用户越来越倾向于将大型软件项目外包出去。在公共部门，国防机构为大型数据处理项目提供资助；而在私营部门，随着自动柜员机的应用，银行开始转向实时计算。

截至 1965 年，美国已有四五十家大型软件承包商。部分公司的程序员数量超过百人，年销售额在 1000 万至 1 亿美元之间。例如，计算机惯用法公司已成长为一家大型企业，除作为核心业务的契约式编程外，公司还在培训、计算机服务、设施管理、软件包、咨询等领域实现了多元化发展。到 1967 年，计算机惯用法公司已拥有 12 个办公室与 700 名员工，年销售额达到 1300 万美元。

然而，大型软件承包商只是冰山一角，冰山下是众多规模较小的软件承包商，这些公司通常仅有几名程序员。据估计，1967 年美国有 2800 家软件承包公司。

计算机服务和咨询公司也加入专业软件承包商的行列，比如罗斯·佩罗在 1962 年创办的电子数据系统公司以及成立于 1963 年的美国管理科学公司。这些公司发现，契约式编程正日益成为有利可图的商机。

软件危机

软件承包行业的出现，有助于缓解与计算机程序设计相关且最紧迫的一项挑战：找到足够有经验的程序员来完成工作。而在查找与根除编程错误的过程中，高级编程语言与编程工具的发展不仅有助于消解大部分成本，也能排遣无聊。但是到 20 世纪 60 年代末，一系列与软件和软件开发有关的新问题浮出水面，以至于许多行业观察家都在公开谈论一触即发的"软件危机"，这场危机威胁到整个计算机行业的未来。在之后几十年中，"软件危机"的整套话语将影响电子计算领域的许多关键发展——无论技术、经济抑或管理层面均是如此。

对于日益加剧的软件危机，一种显而易见的解释是，计算机的功能与规模增长过快，远远超出软件设计人员的驾驭能力。从 1960 年到 System/360 和其他第三代计算机问世的 5 年间，计算机的存储容量与运行速度增加了 10 倍，有效性能由此提高 100 倍。但在同一时期，软件技术几乎止步不前。当时，程序设计技术已发展到能编写 1 万行代码的程序，但在编写规模 10 倍于此的程序时则力有未逮，而代码量达到百万行的项目经常以灾难告终。到 20 世纪 60 年代末，这类大型软件开发项目已成为"管理的噩梦……一片无利可图的沼泽，代价高昂，永无止境"。[14] 彼时的商业报道中充斥着此类故事：软件项目出现问题，对计算机技术的昂贵投资被证明无利可图。

如果将 20 世纪 60 年代称为软件崩溃的 10 年，那么最大的崩溃当属 IBM 的 OS/360 操作系统。"操作系统"是 50 年代末所有大型机制造商随产品提供的大量支持性软件。除编程语言外，操作系统还包括程序员开发和运行应用程序所需的全部软件。例如，输入 / 输出子程序就是一种操作系统组件，用户可以藉此组织磁带与磁盘驱动器中的数据文件。在原始的物理层面为这些外围设备编写程序极为复杂，程序员需要付出多年的努力，但操作系统使用户不必考虑物理层面的问题（如数据比特保存在磁盘的具体位置），只需处理逻辑数据（如员工记录文件）。另一种操作系统组件是所谓的"监控程序"，它利用计算机组织工作流程。以 IBM 的第二代计算机为例，其操作软件包括大约 3 万行代码。到 60 年代初，功能强大的操作系统已成为所有计算机制造商参与市场竞争的必要条件。

当 IBM 从 1962 年开始规划 System/360 时，软件已成为硬件的重要补充，IBM 也认识到软件开发投入巨大：根据初步估算，开发费用将达到 1.25 亿美元。至少 4 种不同的操作系统都在规划之中，IBM 后来将它们称为 BOS、TOS、DOS 与 OS/360。BOS 代表为小型计算机研制的"批处理操作系统"，TOS 是中型磁带计算机使用的操作系统，而 DOS 是"磁盘操作系统"的简称，适用于大中型计算机。这 3 种操作系统代表了当时软件技术的最高水平，研制过程均未超出预期的时间与资源范围。第 4 种操作系统 OS/360 更具雄心，但它却成为 20 世纪 60 年代最知名的软件灾难故事。

OS/360 项目负责人是小弗雷德里克·P. 布鲁克斯，霍华德·艾肯最有才华的博士生之一。这位 30 多岁的软件设计师后来离开 IBM，前往美国北卡罗来纳大学创立计算机科学系。布鲁克斯能言善辩且富有创见，他不仅是 20 世纪 70 年代软件构建工程学发展的主要推动者，还曾撰写软件工程领域最负盛名的《人月神话》一书。

OS/360 的开发之所以困难重重，根本问题在于它是有史以来最庞大、最复杂的程序制品。OS/360 包括数百种程序组件，总代码量超过 100 万行。所有组件必须协调一致，不能出现任何问题。布鲁克斯和合作设计师理所当然地认为，开发超大型程序需要雇用大批程序员，这与埃及法老希望使用大量奴隶和石块来建造大型金字塔的想法如出一辙。遗憾的是，这种方法仅适用于简单的结构，而软件规模并非以同样的方式增长，软件危机的核心就在于此。

另一个困难在于，OS/360 计划采用称为"多道程序设计"的新技术，以便计算机能同时运行多个程序。IBM 当时充分认识到，实施这种未经实践检验的技术存在风险，开发团队内部对此也多有争论，但多道程序设计是营销所需。System/360 于 1964 年 4 月 7 日发布，IBM 将 OS/360 称为"编程支持的核心环节"[15]，完整的多道程序设计系统计划在 1966 年中期交付。

OS/360 控制程序（操作系统的核心）的开发工作由位于美国纽约州波基普西的 IBM 程序开发实验室承担。在那里，该项目不得不与其他 System/360 软件项目展开竞争，因为所有项目都在争夺公司最优秀的程序员。开发工作始于 1964 年春，最初的组织工作有条不紊：12 位程序设计师领导一支由 60 名程序员组成的团队，负责实施大约 40 段功能性代码。但就像当时几乎所有大型软件项目一样，进度很快延后。这并非源于某种特殊的原因，而是由无数小事累积所致。布鲁克斯解释道：

> 昨天，一位重要成员生病，导致会议取消；今天，大楼的电力变压器遭到雷击，导致所有设备停止工作；明天，从工厂订购的第一张磁盘推迟一周交付，导致磁盘程序无法开始测试。下雪、陪审任务、家庭问题、与客户的紧急会议、执行审计等，不胜枚举。虽然每个人只会将工作推迟半天或一天，但项目进度在日复一日地延后。[16]

IBM 为开发团队增派了更多人手。及至 1965 年 10 月，约有 150 名程序员投身于控制程序的开发；但根据"实事求是"的估计，进度已延后大约 6 个月。[17] 对 OS/360 的早期测试表明，系统"慢得出奇"，大量软件代码需要重写才能使用。[18] 而到 1965 年底，项目出现了基础性设计缺陷，且似乎无法找到简单的补救措施。"从纯粹的技术可行性角度来看"，OS/360 第一次"陷入困境"。[19]

1966 年 4 月，IBM 公开宣布，支持多道程序设计功能的 OS/360 改在 1967 年第二季度交付，比最初宣布的时间推迟了 9 个月左右。OS/360 存在的软件问题如今已人所共知。IBM 为焦虑不安的用户召开了一次会议，公司董事长小托马斯·沃森认为最好的策略是将问题一笔带过。

几个月前，IBM 计划在 1966 年为软件开发投入 4000 万美元。昨晚离开公司前，我询问文森特·利尔森（System/360 开发项目主管）的看法，他认为需要 5000 万美元。今天下午，我在大厅里遇到负责程序设计的沃茨·汉弗莱。我问他："这个数字可靠吗？是否可以采纳？"他答道："可能需要 6000 万美元。"你看，如果再问下去，那么我们今年的分红派息必定要泡汤。[20]

但在小沃森的率性背后，IBM 内部的"绝望情绪日益增长"。[21] 唯一的出路似乎是为项目分配更多的程序员。布鲁克斯后来认识到，这恰恰是一种错误的做法："这如同火上浇油，情况因此变得越来越糟。火越大，需要的油越多；周而复始，直至毁灭。"[22] 开发大型软件属于微妙的创造性工作，分配更多的程序员于事无补："无论增加多少孕妇，都无法缩短十月怀胎的时间。"[23]

在 1966 年整年，项目增加了越来越多的人手。在高峰时期，波基普西有超过 1000 名程序员、技术开发人员、分析师、秘书以及助手为 OS/360 工作。1963 年至 1966 年，OS/360 的设计、构建与文档编制总共耗费大约 5000 人年。

1967 年中期，OS/360 终于步履蹒跚地出现在世人面前，比预定时间延后了整整一年。当 OS/360 以及为 System/360 开发的其他软件交付客户时，IBM 已经为项目投入了 5 亿美元，是原先预算的 4 倍。托马斯·沃森解释道，这是"System/360 项目最大的单笔预算，也是公司历史上最大的支出"。[24] 然而，更高的人力成本或许还未计算在内。

事实上，IBM 为开发 System/360 相关软件而投入的费用，用它给员工造成的损失来衡量再合适不过：无论是努力向最高管理层和客户做出承诺并信守承诺的经理，还是多年来克服各种困难长时间工作的程序员，都在为交付空前复杂的程序而竭尽全力。由于难以承受技术和身体上的诸多压力，许多经理与程序员选择离职。[25]

如果仅仅是姗姗来迟，OS/360 还不至于成为如此知名的灾难故事。在 OS/360 发布时，软件中存在大量需要多年时间才能根除的错误。一个错误的解决往往意味着另一个错误的出现——如同试图修补一台泄漏的散热器。OS/360 的教训似乎表明，大型软件项目不仅昂贵，也不可靠。因此，OS/360 代表了一种常见的软件问题，似乎困扰着整个计算机行业。

软件产业学科

识别疾病症状是一回事，准确诊断潜在病因是另一回事，开发有效疗法则难上加难。尽管软件危机的存在已得到普遍认同，对其本质或原因的解释却大相径庭：企业雇主常常将注意力放在与招聘和管理程序员有关的问题上，志存高远的计算机科学家欠缺软件开发方法的理论严谨性，程序员本身相对缺乏职业地位与自主权。每个群体根据自己对基本问题的解读，提出了迥然不同的解决方案，这一点不足为奇。

大部分对软件危机的解释都有一个共同的主题，那就是“计算机从业人员”代表了一种不同类型的新型技术专家。尤其是计算机程序设计，几乎从诞生之初就被视为“巫术”而非科学或工程学科。正式的编程学术课程直到 20 世纪 60 年代还未出现：第一代程序员的背景与专业各不相同，大部分人自学成才，他们研究特殊的技术与解决方案，相当程度上往往孤立于更大的从业者群体。人们也不清楚优秀程序员需要具备哪些技术和能力：数学培训或许有所帮助，就像国际象棋或音乐方面的天赋一样；但在大部分情况下，才华横溢的程序员似乎是“天生而非后天培养的”。[26] 培训与招聘大量程序员因此变得尤其困难。为尽力满足对程序员日益增长的需求，企业招聘人员开发出能力倾向测验与人格剖析图，以期发现少数天生具有程序设计才能的求职者。约翰·冯·诺伊曼与其他人曾认为，"编写代码"属于例行工作，可以由技术水平相对不高且薪资较低的劳动力完成（因而往往是女性），但事实很快证明这个观点并不准确。到 50 年代末，计算机程序设计在很大程度上已成为自信、熟练、雄心勃勃的年轻人的天下。

熟练且经验丰富的程序员相对稀缺，加之对编程劳动力的需求不断增长，意味着这一时期的程序员大都待遇优厚且受到高度重视。但这种特权待遇也招致企业雇主的不满，许多雇主感觉自己遭到这些"神童"技术专家的挟持。越来越多的管理人员认为，计算机程序员往往过于轻狂，是难以管理的"妄自尊大之徒"。[27] 用于挑选潜在实习程序员的人格剖析图强化了这种观念，表明程序员的一个"显著特征"是"对人漠不关心"。[28] 到 20 世纪 60 年代末，计算机怪才不善社交的刻板形象在行业报道与大众文化中已根深蒂固：他们一头长发，胡子拉碴，脚蹬凉鞋且"略显神经质"。[29]

人们普遍认为，计算机程序员天赋异禀，但也可能令人生厌（此外，程序员的流动率每年高达 25%）。这既是对新兴软件危机的解释，也提供了解决之道。如果说软件问题部分源于其开发过度依赖熟练且昂贵的编程劳动力，那么一种方案就是降低程序员所需的专业知识水平。COBOL 的开发至少在一定程度上受此影响：人们希望设计出企业管理人员也能阅读、理解乃至编写的计算机代码。20 世纪 60 年代，新的语言（如 IBM 开发的 PL/1）甚至更明确地主张要消除企业对专业程序员的依赖。

但事实证明，"程序设计问题"的技术性解决方案很难获得成功。人们越来越清楚地认识到，编写高效无误的代码并非开发优秀软件的全部：软件项目越复杂、越雄心勃勃，越需要程序员更多地参与到分析、设计、评估、交流等各项业务中，而这些业务很难实现自动化。OS/360 操作系统折戟沉沙后，弗雷德里克·布鲁克斯在事后分析中遗憾地表示，将更多资源投入程序设计问题不仅于事无补，往往还会使情况变得更糟。借用工业工程领域的行话来说，软件的问题在于规模效应较差。机器可以在工厂中大量生产，但计算机程序不能。

另一种实现程序设计过程合理化的可行方法，是为软件开发发展更为缜密的学术方法。1946 年成立的美国计算机协会是第一个计算机专家的专业团体。顾名思义，早期的计算机协会侧重于硬件开发，但其重心到 20 世纪 60 年代已转向软件。在协助创建大学的计算机科学系方面，计算机协会功不可没。及至 60 年代中期，计算机科学已从数学与电气工程学中分离出来，成为一门独立的学科。计算机协会在 1968 年发布"课程 68"指南，对于规范美国的计算机科学课程教育起到一定作用。

大学中开设的计算机科学课程，有助于解决软件行业存在的一些重要问题。计算机科学家不仅夯实了这门学科的理论基础，也建立起评估与验证算法的形式化方法，还为软件开发创造出新的工具与技术。编程实践因此得到改进，程序设计作为一门知识学科的地位也随之提高。然而，仅靠计算机科学系并不能提供足够数量的程序员来满足商业计算行业的需求。大学学位课程时间过长且学费过高，导致太多人被排除在外（包括这一时期的许多女性与少数族裔）。更重要的是，学院派计算机科学家关注的理论问题并非总是与企业程序员遇到的问题有关。1968 年，IBM 的一位招聘人员在人事研究会议上指出：

大学中新设立的计算机科学系……为获得学术认可而忙于纯粹的教学工作，以至于无暇研究为培养程序员和系统分析师适应实际工作所需的应用知识。[30]

面对这种担忧，人们发展出"专业化"计算机程序设计的替代方法。例如，数据处理管理协会在 20 世纪 60 年代初推出数据处理证书项目，以期建立基本的能力标准。而提供计算机程序设计培训的职业学校也成为大学教育之外的另一种选择。

对软件危机最明显也最有影响力的回应当属"软件工程"运动。1968 年，由北大西洋公约组织赞助的软件工程大会在德国加尔米施 - 帕滕基兴召开，成为这场新运动的历史性时刻。与会者来自工业界、政府机构与军方，会议反映并放大了对当时迫在眉睫的软件危机的担忧。美国麻省理工学院的一位代表坦言："我们像莱特兄弟制造飞机那样开发系统——造好整个系统，将之推下悬崖，任其崩溃，然后重新开始。"[31] 另一位与会者则对比了硬件设计人员与软件开发人员："他们是工业家，我们是佃农。如今，软件生产的产业化程度尚不及较为落后的建筑行业。"[32] 会议组织者认为，这场危机的解决之道是创建一种新的软件生产模式，它"建立在传统的工程分支的理论基础与实践学科基础之上"。[33]

　　软件工程的倡导者强调，程序员的非正式和特殊的工艺实践应当受到行业规则的约束。他们驳斥了大型软件项目本质上无法管理的观点，建议软件开发人员采用借鉴自传统制造业的方法和技术。最终目标是建立一种"软件工厂"，配有可互换的部件（或"软件构件"）、机械化生产以及大量不需要专业技能的常规劳动力。为实现这个目标，可以借助结构化设计、形式化方法与开发模型。

　　应用最广泛的工程实践是采用"结构化设计方法"。结构化设计体现出这样一种理念，即解决复杂性问题的最佳途径是限制软件开发人员的视野。因此，程序员首先从整体上把握准备开发的软件制品；满意后即搁置一旁，然后将所有注意力转向更低层次的细节——以此类推，直至最终在设计过程的最底层编写实际的程序代码。结构化编程是一门很直观的工程学科，可能也是 20 世纪 70 年代最成功的程序设计思想。顾问和专家都在兜售结构化编程的专利"药方"，并发展出利用 FORTRAN 和 COBOL 进行结构化编程的技术。新的计算机语言同样体现出结构化编程的概念。以 1971 年诞生的 Pascal 为例，它是 20 年来大学本科程序设计教学中最流行的语言。而在美国国防部开发安全攸关软件所用的编程语言 Ada 中，结构化编程也是重要概念之一。

　　解决复杂性问题的另一种方案是采用形式化方法，即尝试简化程序创建的设计过程并将其数学化。由于技术与文化方面的原因，形式化方法并未产生重大影响。就技术而言，形式化方法适用于相对较小的程序，但无法扩展到非常复杂的大型程序；就文化而言，软件从业者从大学毕业多年，数学水平已然生疏，形式化方法中充斥的学术内容令他们胆战心惊。

　　广泛采用的一个概念是开发模型，它既是管理工具，也是技术工具。开发模型将软件开发视为有机变化的过程（如城市建设），而非一劳永逸的基建工程（如胡佛水坝）。因此，软件将经历构思、需求采集、开发、投入使用等阶段，并不断改进。使用一段时间后，软件因为变得越来越过时而消亡，然后整个过程将再次开始。将软件生命周期模型划分为不同阶段，不仅使项目更容易管理和控制，也有助于从有机的角度认识软件开发。

最后，实践证明，软件工程只能在一定程度上解决与软件开发有关的问题。软件生产始终难以实现产业化，并非由于软件开发人员不愿或不能在软件学科中采用更"科学"的方法，也不是因为程序员怪才无法与同事清晰地交流。硬件规格与特性易于表达和度量，而软件很难精确定义和描述。例如，为开发一套成功的企业薪资应用程序，不仅需要综合运用一般性业务知识、特定于组织的规则和流程、设计技巧以及高度技术性的程序设计专业知识，也要深入了解特定的计算机设备。这本身就非易事，往往是一项颠覆性的工作。有充分理由可以解释，为什么这一时期的大部分软件是针对个别企业量身定制，其过程更像是聘请管理咨询公司，而非购买现成的产品。但事实上，"软件产品"的概念已初见端倪。

软件产品

尽管 20 世纪 60 年代末出现了经过改进的软件技术，但计算机利用软件的能力与软件供应之间的差距仍在扩大。除超大型企业外，对大部分计算机用户而言，通过编写大型程序以挖掘计算机潜力的做法已不具备经济可行性，因为开发成本永远无法收回。无论是自己开发程序还是由软件承包商代劳，概莫能外。

在这种情况下，现有的软件承包商获得了开发软件产品的机会。软件产品是经过封装的程序，其成本可以通过销售给 10 位甚至 100 位客户收回。使用软件包比定制软件的成本低得多。企业有时会根据业务需要定制软件，但也会经常调整业务运营以利用现有产品。

IBM 发布的 System/360 创造了第一种稳定的行业标准平台，部分软件承包商此后开始探索将一些现有的软件制品转换为软件包。1967 年，软件包市场尚处于起步阶段，产品数量不足 50 种。

在第一批软件包产品中，有一种产品专为软件开发人员而设计。1965 年，软件承包商应用数据研究公司发布 Autoflow，它能生成对应于现有程序的流程图。这与流程图和计算机代码之间的预期关系正好相反（流程图应该作为指导程序设计过程的设计规范，而非对程序员如何实现的追本溯源），表明程序员对某些随意行为的抱怨其实是有道理的。确有许多程序员认为，除了满足无知管理层的一时兴起外，绘制流程图没有任何意义。Autoflow 致力于将这项工作化繁为简，它成为第一种作为产品销售的计算机程序。

1968 年 12 月，IBM 决定将硬件与软件分开定价，软件产品行业的发展由此步入快车道。此前，IBM 依照其整体系统方法提供硬件、软件与系统支持，全部捆绑为一个完整的服务包。用户付费购买计算机硬件，并"免费"获得程序与客户支持。这是当时的标准行业惯例，为 IBM 的所有大型机竞争对手所采用。然而，由于涉嫌垄断行为（包括捆绑销售产品），IBM 当时正受到美国司法部反垄断部门的调查。虽然 IBM 决定自愿拆分其软件与服务，但未能影响反垄断部门的裁定，司法部于 1969 年 1 月提起反垄断诉讼。这起持续了 10 多年的诉讼一直没有定论，最终在 1982 年遭到驳回。

在 IBM 做出拆分决定后，软件产品市场历经 3 年左右才完全成熟。从长远来看，繁荣的软件包行业毫无疑问会发展壮大，但这个过程因拆分决定而加速；几乎在一夜之间，外界对软件的普遍看法就从免费产品转变为可交易的商品。例如，20 世纪 60 年代的美国保险业在很大程度上依赖 IBM 的免费软件，而拆分决定是"引发软件公司与软件包大举进军人寿保险行业的重要事件"。[34] 到 1972 年，有 81 家厂商为人寿保险行业提供 275 种软件包。一些计算机服务公司与主要的计算机用户也注意到，有可能通过分拆软件包产品来收回开发成本。波音公司、洛克希德·马丁公司与麦克唐纳·道格拉斯公司均投入巨资开发工程设计和其他软件。

软件产品新环境的最大受益者或许是信息学公司，这家公司开发的"马克四号"文件管理系统是最早的数据库产品之一，在市场上极为畅销。信息学公司成立于 1962 年，起初是一家普通的软件承包商。但在 1964 年，公司发现大型机制造商的数据库产品脆弱不堪，从中找到了产品销售的商机。"马克四号"的开发历时 3 年，耗资约为 50 万美元。产品在 1967 年发布时，软件定价的成例寥寥无几，"马克四号" 3 万美元的售价让计算机用户"惊讶不已"[35]，因为用户长期以来已习惯于免费获取软件。到 1968 年底，"马克四号"仅售出

44 套，业绩平平。不过在 IBM 做出拆分决定后，"马克四号"的销售开始呈爆炸式增长：1969 年春售出 170 套，1970 年售出 300 套，1973 年售出 600 套。"马克四号"逐渐发展壮大，甚至还建立了自己的用户群——"常春藤联盟"①。在 1983 年之前的 15 年中，"马克四号"堪称全世界最成功的软件产品，累计销售额超过 1 亿美元。

及至 20 世纪 70 年代中期，当时所有计算机制造商都已成为软件产品行业的重要成员。当然，IBM 自拆分之日起就是行业的主要参与者。尽管 IBM 的产品往往并不出彩，但公司拥有两个关键优势：首先是使用其软件的既有用户群十分庞大，有能力支持惯性销售②；其次是能以每月数百美元的价格出租其软件。第二个因素使 IBM 在软件行业中占有很大优势，因为其他参与者需要直接销售软件才能获利。

20 世纪 70 年代末和 80 年代初，最成功的软件产品供应商当属 CA 科技公司。这家成立于 1976 年的公司最初为 IBM 大型机提供排序程序，是首批通过收购其他公司而发展壮大的计算机软件厂商之一。然而，CA 科技的所有收购都致力于获取软件资产（"销售强劲的合法产品"[36]）而非目标公司本身。实际上，被收购企业的一半员工通常都会遭到解雇。在之后的 15 年中，CA 科技将 20 多家软件公司收归旗下，其中包括一些超大型企业。截至 1989 年，CA 科技的年收入达到 13 亿美元，是全球最大的独立软件公司。然而，这一领先位置并未保持太长时间。进入 90 年代后，在微软以及其他个人计算机软件龙头企业面前，传统的软件产品行业已黯然失色。

---

① "四号"的罗马数字是 IV，但此处按照英文发音，谐音为"ivy"，即"常春藤"之意。

——译者注

② 惯性销售指商家在没有获得订单的情况下自行向潜在买家发货并寄送账单，如果买家没有退货即视为成交。——译者注

第 9 章
计算新模式

到 20 世纪 60 年代中期，商用数据处理计算机已相当成熟。商用计算机设备通常是大型集中式计算机，由 IBM 或其他 6 家大型计算机公司制造，运行批处理或实时应用程序。在这种计算环境中，用户负责将数据输入计算机系统，并在应用程序确定的有限范围内与计算机进行交互，机票预订系统和自动柜员机均是如此。而操作自动柜员机时，用户可能根本不知道他们在使用计算机。计算机硬件成本在 20 年中急剧下降，创造出前所未有的计算能力，不过数据处理的本质几乎没有改变。计算机和软件经过改进后，复杂的应用程序和许多原始的批处理系统具备了实时处理能力，但数据处理仍然是一批优秀的系统分析师与软件开发人员提供给初级用户的计算结果。

如今，在提到计算时，大部分人的脑海中会浮现出个人计算机。我们很难看出个人计算机与商业数据处理之间的关系，因为二者之间没有关系。个人计算机源于完全不同的计算文化，这正是本章准备讨论的主题。这种计算模式与计算机分时、BASIC 编程语言、Unix、小型计算机以及新的微电子设备有关。

分时

分时计算机是一种许多用户可以同时使用的计算机，每个人都会产生自己是系统唯一用户的错觉——换言之，计算机实际上为个人所有。

第一种分时计算机系统于 1961 年诞生在美国麻省理工学院，最初是为了缓解教师和学生在开发程序时遇到的困难。在计算机时代的早期阶段，为了在麻省理工学院或其他机构使用第一批研究型计算机，用户通常需要预定半小时或一小时左右的机器使用时间；在此期间，用户运行程序、修正错误并期待获得某些结果。在这段时间里，计算机实际上为用户所独占。

但这种计算机使用方式效率极低，因为用户往往会花费大量时间研究结果，而在独占机器使用权的一个小时中，或许只有几分钟能真正用于计算。对使用成本高达每小时 100 美元的计算机而言，这种方式不仅不划算，也令几十位竞相使用计算机的用户倍感沮丧，因为他们难以获得足够的实际操作时间。直到 20 世纪 60 年代初，批处理操作方案才解决了这个问题。在批处理系统中，为最大限度利用昂贵的计算机，人们将其安装在"计算机中心"；用户将程序打在卡片上，通过中心的服务台（而非直接）提交给计算机。计算机中心的操作员团队将多个程序放在一起（一批），交由计算机连续运行。用户可以在当天晚些时候或第二天取回结果。

1957 年，在获得第一台商用计算机 IBM 704 后，麻省理工学院电气工程系引入了批处理方案。尽管批处理能充分利用机器时间，教师和研究人员却发现自己的时间利用率变得很低：他们不得不静待程序通过系统，这意味着每天只能测试或运行一两遍程序。复杂程序可能需要调试几周才会得到有用的结果。世界其他大学与研究机构面临的情况大致相同。

为解决这个问题，英国计算机科学家克里斯托弗·斯特雷奇于 1959 年首次提出分时的概念，他设想将多个操作控制台（每个控制台都配有读卡器与打印机）连接到一台大型计算机。通过若干巧妙的硬件与软件，所有用户就能同时使用昂贵的大型计算机，速度之快足以令用户意识不到正与他人共享计算机。而在麻省理工学院，人工智能先驱约翰·麦卡锡提出了类似但更有深度的想法：分时系统的用户通过打字机式终端（而非斯特雷奇设想的控制台）相互交流。

藉由罗伯特·法诺与费尔南多·科巴托领导的一个项目，麻省理工学院计算中心率先实施分时系统。1961 年 11 月，演示版兼容分时系统在麻省理工学院亮相。这个早期的实验性系统支持 3 位用户共享计算机，每个人都能独立地编辑与更正程序，并执行其他信息处理任务。在这些用户看来，计算机似乎再次为个人所有。分时为麻省理工学院以及其他许多大学之后十年的计算研究奠定了基础。在麻省理工学院成功展示兼容分时系统后不到一年，其他几所大学、研究机构与制造商也开始研制各自的分时计算机。

达特茅斯 BASIC

最知名的分时系统当属达特茅斯分时系统。麻省理工学院的兼容分时系统主要为计算机科学家服务（无论其设计者的意图如何），达特茅斯分时系统则致力于服务更广泛的用户群体。系统研制工作始于 1962 年，后来担任美国达特茅斯学院校长的数学教授约翰·凯梅尼与学院计算机中心的托马斯·E. 库尔茨获得资助，开发一种简单的分时计算机系统。他们评估了几家制造商的设备，最终选定通用电气公司的计算机，因为通用电气明确表示准备研制分时系统。1964 年初，凯梅尼与库尔茨收到了计算机。通用电气对硬件做了一些修改以支持分时，但没有提供任何软件，凯梅尼与库尔茨不得不自行解决软件问题。因此，两人决定使系统尽可能简单，以便能完全交由一批学生程序员开发。1964 年春，研制小组开发出操作系统以及称为 BASIC 的简单编程语言。

BASIC 是"初学者通用符号指令代码"的缩写，它是一门非常简单的编程语言，旨在使本科生（文科生和理科生）也能开发自己的程序。在 BASIC 诞生前，大部分本科生只能使用 FORTRAN 编写程序，而这门语言主要供科学家和工程师开发技术性计算机应用程序，其设计宗旨与教育需求截然不同。FORTRAN 包含大量糟糕且不易使用的特性。以打印一组 3 个数字为例，用户不得不编写类似于下面这样的语句：

```
WRITE(6,52)A,B,C
52 FORMAT(1H,3F10.4)
```

FORTRAN 的另一个问题在于速度极慢：即便是很短的程序，在 IBM 大型机上也需要几分钟时间才能完成转换。这种速度尚可被工业用户所接受，因为他们开发的通常是一次转换、多次使用的生产程序。但凯梅尼与库尔茨不同意将 FORTRAN 作为达特茅斯学院文科生使用的编程语言，两人需要一种新的语言，这门语言应

足够简单，只需经过几个小时的培训，没有任何基础的初学者也能开始编写程序并解决问题。这门语言必须对最常用的公式和语法结构做出符合预期的响应，也必须提供简单但完整的错误消息，使普通用户无须查阅手册就能迅速更正程序中的错误。此外，新语言还必须支持扩展，以执行专家们要求的最复杂的任务。[1]

凯梅尼设计的语言具备 FORTRAN 的大部分功能，但采用更容易使用的符号表示。仍以打印 3 个数字为例，程序员只需编写如下代码：

```
PRINT A, B, C
```

从 1964 年 4 月起，凯梅尼、库尔茨与十几名本科生开始为新的分时系统开发 BASIC 翻译器和操作软件。由本科生程序员组成的小团队能够实现 BASIC 翻译器，这本身就很好地证明了这门语言的朴素设计与简洁性。相比之下，当时由大型计算机制造商研制的大型编程语言，开发时间长达 50 人年甚至更久。

1964 年春，达特茅斯 BASIC 面世，从下个学年起，新生开始在基础数学课程中学习使用这门语言。BASIC 非常简单，初学者只要完成两节 1 个小时的课程就能上手编写程序。最终，大部分学生（其中仅有四分之一是理科生）都掌握了系统的使用方法——他们通常利用这门语言完成计算作业，并访问教育软件包、仿真、计算机游戏等众多库程序。到 1968 年，当地 23 所学校以及美国新英格兰地区的 10 所院校都在使用 BASIC。

在 20 世纪 60 年代末和 70 年代初分时系统的发展如日中天之时，BASIC 应运而生。任何希望进军教育市场的计算机制造商都必须提供 BASIC 翻译器，BASIC 很快成为几乎所有非计算机专业学生学习计算机的入门语言。1975 年，BASIC 成为第一种广泛应用于新兴个人计算机的编程语言，也为微软公司的发展奠定了基础。

计算机科学家往往对 BASIC 颇有微词，认为这门语言是软件技术的倒

退。就技术层面而言，这种观点或许有一定道理，但大部分批评人士忽略了 BASIC 更为重要的文化意义：它创造出一种简单易用的编程系统，让普通人无须依靠专业计算机程序员也能使用计算机。在 BASIC 出现之前，计算机用户主要分为两类：一类是为其他人开发应用程序的计算机专业人员；另一类是航空公司票务员等初级计算机用户，他们严格依照软件规定的方式操作计算机终端。BASIC 则创造出第三类用户：这些用户可以自行开发程序，计算机对他们而言是一种个人信息工具。

J. C. R. 利克里德与高级研究计划局

到 20 世纪 60 年代中期，虽然分时的概念已被部分学术机构与研究组织所接受，但绝大多数用户使用计算机的方式仍很传统。分时得以进入主流计算领域，推动力当属美国高级研究计划局从 1962 年开始为系统开发提供的巨额资助。高级研究计划局是影响美国计算机行业的重要文化力量之一。

苏联于 1957 年 10 月成功发射第一颗人造卫星，高级研究计划局最初是为了应对这场"斯普特尼克危机"而建立的机构。卫星事件引起政界与科学界的恐慌，外界开始质疑美国在科技领域的主导地位。作为回应，美国时任总统艾森豪威尔加大了对科学教育和科学研究的支持力度，其中包括成立旨在资助与协调国防相关研究的高级研究计划局。这个机构的宗旨并非立即取得成果，而是追求能带来长期回报的目标。

1962 年，为推动计算机在国防领域的应用，高级研究计划局拨款 700 万美元资助一个项目。麻省理工学院心理学家与计算机科学家 J. C. R. 利克里德受命担任项目负责人。如果说今天的交互式计算只有一位奠基人，他就是利克里德。利克里德之所以能取得这些成就，首先在于他是心理学家，其次才是计算机科学家。

J. C. R. 利克里德在大学时攻读心理学，第二次世界大战期间就职于哈佛大学声学实验室并担任讲师。1950 年，利克里德接受麻省理工学院的教职，在电气工程系开设了心理学课程。他深信，通过鼓励工程师采用以人为本的设计方式，就能制造出最好的产品。20 世纪 50 年代中期，利克里德参与 SAGE 计划，为雷达显示控制台的人因设计做出重要贡献。1957 年，他出任位于美国马萨诸塞州剑桥的博尔特·贝拉尼克－纽曼公司（BBN）副总裁。在这家研发公司工作期间，利克里德起草了关于人机交互的宣言。这篇名为《人机共生》的经典论文发表于 1960 年，在之后 20 年中改变了计算机行业。

在利克里德的论文中，最重要的思想是倡导利用计算机来提高人类智力。这在当时是个激进的观点，一定程度上与计算机界权威人士（尤其是人工智能研究人员）的主流观点相左。许多计算机科学家梦想人工智能不久将在问题求解、模式识别、国际象棋等领域与人类智慧一争高下，他们相信研究人员很快就能为计算机分派高级任务。但利克里德认为这种想法过于理想化。

利克里德特别强调，计算机科学家应该开发能利用计算机提高日常工作效率的系统。他认为研究人员通常只有 15% 的时间进行"思考"，其余时间都在查阅资料、绘制图表、进行计算等。利克里德希望计算机可以自动完成这些低级任务，而不是追求好高骛远的人工智能。在他看来，或许还要等待 20 年，计算机才具备解决实际问题的能力："比如说，发展人机共生需要 5 年，使用它则需要 15 年。15 年既可能缩短为 10 年，也可能延长至 500 年，但那段时间应该是人类历史上最具创造性、最激动人心的时期。"[2]

在 BBN 工作期间，利克里德在他称之为"未来图书馆"的项目中阐述了上述观点。1962 年，他受命领导高级研究计划局的一个机构。从更广泛的角度看，利克里德发现可以利用各种资源来实现自己的人机共生愿景。

利克里德是一位出色的政治操盘手，他说服上级在高级研究计划局内部成立信息处理技术处，这个机构的预算最终超过美国所有与计算有关的公共研究经费之和。为有效管理信息处理技术处的项目，利克里德对与他观点相同的一小部分精英学术圈（包括麻省理工学院、斯坦福大学、卡内基·梅隆大学以及犹他大学）信任有加，他放手让这些院校追求长期的研究目标，极少进行干预。交互式计算的愿景需要多方面的研究进展，包括计算机绘图、软件工程与人机交互心理学。利克里德拿出一系列具有普遍适用性的新技术，使美国政府愿意继续投资。

早前，利克里德曾鼓励他选择的学术中心开发分时系统，以促进人机交互研究。分时项目的核心是向麻省理工学院拨款 300 万美元，用于研制名为"MAC 计划"的先进系统。"MAC"是一个缩写词，"翻译过来有多种含义，包括'多址计算机'（multiple-access computer）、'机器辅助认知'（machine-aided cognition）或'人与计算机'（man and computer）"。[3] 该系统以 IBM 大型机为基础，1963 年投入运行，校内与教师家中最终安装了总共 160 套打字机控制台。在任何情况下，系统都支持多达 30 位活跃用户。"MAC 计划"不仅支持用户进行简单计算、编写程序或运行他人开发的程序，也可用于准备和编辑文档，从而为文字处理系统的发展奠定了基础。1963 年夏，麻省理工学院组织了一次推广分时理念（尤其针对大型计算机公司）的暑期班。费尔南多·科巴托回忆道：

暑期班的目的在于引发轰动效应。没有厂商认为这种计算机能打开销路，这令我们无比沮丧。他们只是将其视为一种具有特殊用途的小玩意，用以取悦某些学者。[4]

在改变人们的态度方面，暑期班成败参半。虽然学术界对分时的兴趣有所增加，但 IBM 以及大部分保守的大型计算机制造商仍然不为所动。直到几年后，外界对待分时的态度才有所改变。

到 1965 年，"MAC 计划"已全面实施。但由于不堪重负，麻省理工学院决定利用高级研究计划局提供的资金研制一种更大的分时计算机系统。这种系统能以模块化的方式增长，最终可以支持数百位用户。系统称为 Multics，它是"多路信息与计算服务"的缩写。麻省理工学院与 IBM 保持了长期的合作关系，双方的高层管理人员都认为，麻省理工学院会再次使用 IBM 的计算机，但学院的基层人员对继续选择 IBM 有所抵触。IBM 颇为自满，其大型机在技术上也不适合分时系统；麻省理工学院决定选择一家更有前瞻性的制造商。

遗憾的是，当 IBM 在 1962 年设计全新的 System/360 计算机时，分时技术才刚刚起步。IBM 被新型计算机涌现出的大量问题搞得焦头烂额，不愿修改设计来满足麻省理工学院的需要。而通用电气已决定以达特茅斯分时系统为基础制造分时计算机，公司不仅乐于和麻省理工学院合作，还邀请学院直接参与制定全新专用分时计算机 GE 645 的技术规范。这是通用电气的最后一搏：切入 IBM 尤为薄弱的市场，建立有利可图的大型机业务。

Multics 是当时最具雄心的分时系统；这一耗资高达 700 万美元的系统支持多达 1000 台终端，任何时候都有 300 台终端能同时使用。麻省理工学院、通用电气与贝尔实验室合作，共同为新系统开发操作软件。贝尔实验室之所以成为软件承包商，是因为公司虽然拥有大量计算人才，但作为一家受到政府监管的垄断企业，无法以独立计算机服务公司的身份运营。Multics 的合同使贝尔实验室得以发挥自身的计算专业知识，其软件开发能力进一步增强。

被 "MAC 计划" 拒之门外使 IBM 的最高管理层意识到，公司不能再回避现实，必须进入分时市场。1966 年 8 月，IBM 宣布推出 System/360 系列的新成员——具备分时功能的 67 型计算机。当时，其他大部分计算机制造商也开始尝试提供自己的第一种分时计算机系统。

计算机公用设施

第一代分时计算机系统的发展引起计算机界内外的广泛关注。分时的最初设想扩展为 "计算机公用设施" 的概念。

计算机公用设施的理念在 1964 年前后发端于麻省理工学院，类似于电力公用设施。普通用电方从公用设施公司获取电力，他们并没有独立的发电厂；与之类似，计算机用户应由庞大的集中式大型机提供服务——用户从大型机获取计算能力，而不必拥有自己的计算机。虽然某些保守派人士认为计算机公用设施不过是一时之风尚，但大部分计算机用户都被这一愿景吸引。分时与计算机公用设施的概念成为 1965 年 "业内最热门的新话题"。[5] 怀疑论者仍然存在，但他们只是少数。计算机杂志《自动数据处理》的一位记者表示，令他 "惊讶" 的是，计算机社区不仅 "以压倒性且几乎不可逆转的姿态将情感和专业奉献给分时"，还被麻省理工学院与 "MAC 计划" 的声望所诱惑，做出 "非理性的从众行为"。[6]

即便怀疑论者正确无误（事实也证明他们是对的），计算机公用设施的吸引力似乎也难以阻挡。计算机与商业媒体定期刊载有关此类主题的文章,《计算机公用设施的挑战》《计算机公用设施的未来》等此类图书也纷纷面世。《财富》杂志报道称,计算机行业的预言家确信,计算机业务将"发展为问题求解的服务……一种为所有人服务的计算机公用设施,无论大小,数以千计的远程终端与相应的中央处理器相连"。[7]

推动计算机公用设施理念发展有两个关键因素,一是经济动机,二是远见卓识。计算机制造商与计算机设备购买者的主要兴趣,在于"格劳希法则"所决定的经济动机。[8] 赫布·格劳希是当时著名的计算机权威和行业搅局者,凭借自我宣传的天赋和激怒 IBM 的能力而声名鹊起,并因一个重要结论得以在史上留名。格劳希法则将计算中涉及的规模经济加以量化——这条法则指出,计算机性能随计算机价格的平方而变化。因此,一台 20 万美元的计算机,其计算能力约为 10 万美元的计算机的 4 倍;而一台 100 万美元的计算机,其计算能力将达到 20 万美元的计算机的 25 倍。根据格劳希法则可知,25 位用户共用一台 100 万美元的计算机,成本显然比每人拥有一台 20 万美元的计算机要低得多。如果没有这种经济上的动机,那么分时技术的发展就缺乏物质刺激,分时行业也不会存在。

然而,一个更广阔的目标吸引了计算机公用设施的远见卓识者,这就是计算民主化。麻省理工学院斯隆管理学院教授马丁·格林伯格或许是第一位描述公用设施概念的学者。他在《大西洋月刊》撰文指出,计算机公用设施的发展势不可挡,"除非出现不可预知的障碍,否则到公元 2000 年,信息公用机构提供的在线交互式计算机服务可能会像如今的电话服务一样普遍"。[9]

20 世纪 60 年代末,计算机公用设施的观点已得到计算机权威人士的普遍认同。兰德公司的计算机通信专家保罗·巴兰滔滔不绝地谈起家庭计算机公用设施的优点:

虽然将计算能力引入家庭似乎有些奇怪,但它也许并不像听起来那样难以置信。我们将通过一种简单易学、容易使用的语言与未来的计算机沟通。家用计算机控制台用于收发与电报类似的消息。对于广告中的运动衫,我们可以查看所需的颜色和尺寸在当地百货公司是否有货,订购后还可以询问能否如期送达。信息将及时更新且十分准确。我们不仅可以通过控制台支付账单并计算税款，也可以求问于"信息库"（一种自动化图书馆），还能获得所有电视与广播节目的最新信息。我们可以利用计算机保存并修改圣诞节购物清单，并打印出信封上的姓名与地址。储存生日同样是可行的。计算机本身可以发送消息提醒即将到来的周年纪念日，将我们从遗忘的灾难性后果中拯救出来。[10]

　　利用计算机提醒用户即将到来的生日或周年纪念日，是这一时期许多家用计算场景中常见的空泛建议。这表明家庭计算机的应用并无太多亮点可言，这个问题没有因为公众对分时的追捧而真正得到解决。

　　到 1967 年，分时计算机如雨后春笋般出现在美国各地，20 家公司相互争夺年利润达到 1500 万至 2000 万美元的市场。IBM 在 5 座城市推出用于简单计算的 Quicktran 服务，并计划推广到 10 座城市；通用电气在美国 20 座城市安装了分时计算机系统；利克里德的老东家 BBN 则提供名为 TELCOMP 的全国性服务。进入市场的企业还包括旧金山的泰姆谢尔公司、波士顿的关键数据公司及密歇根州安阿伯的科姆谢尔公司。最大的分时系统公司之一是达拉斯的大学计算公司，该公司在纽约和华盛顿均设有主要的计算机公用设施。及至 1968 年，大学计算公司已在全美 30 个州以及其他十几个国家建立起配备终端的计算机中心。公司堪称 20 世纪 60 年代的魅力股之一：1967 年至 1968 年间，其股价从 1.5 美元升至 155 美元。到 60 年代末，主要的分时系统公司已将业务拓展至整个北美，并开始进军欧洲市场。

　　但自此之后，计算机公用设施市场几乎在一夜间跌入低谷。早在 1970 年，一些业内人士就将计算机公用设施称为"假象"，是"20 世纪 60 年代的计算机神话"之一。[11] 到 1971 年，多家公司陷入困境，大学计算公司的股价在几个月内从巅峰时期的 186 美元跌至 17 美元。在之后 20 年的大部分时间里，计算机公用设施的梦想由于分时行业的消亡而止步不前。尽管简单的分时计算机系统得以幸免，计算机公用设施的广阔前景却被两种无法预见且互不相关的情况所扼杀，这就是软件危机与硬件降价。

　　大型计算机公用设施的运作严重依赖于软件。计算机公用设施越强大，软件开发越困难。IBM 首先注意到这个问题。为新的 System/360 大型机开发

OS/360 软件已令公司焦头烂额，而推出具备分时功能的 67 型计算机又使 IBM 面临分时软件开发的另一项重大挑战：TSS/360 分时操作系统原定于 1966 年秋交付，但进度一拖再拖；最后，"团队规模达到数百人……轮班工作以开发软件"。[12]1967 年发布的第一版软件姗姗来迟且并不可靠，而原先的不少订单已被取消。在进军分时市场的过程中，IBM 的损失估计高达 5000 万美元。

软件危机对通用电气打击更甚。由于相对简单的达特茅斯分时系统轻松取得成功，加之在美国和欧洲已有 30 个分时中心投入商业运营，通用电气预计新型 Multics 系统的开发将易如反掌。对于软件开发问题的严重性，通用电气及其合作伙伴麻省理工学院和贝尔实验室毫无思想准备。经过 4 年代价高昂且徒劳无功的开发后，贝尔实验室最终于 1969 年初退出 Multics 项目；直到同年年底，功能相当有限的早期系统才在麻省理工学院勉强投入使用。1970 年，由于担心根本无法解决软件问题，通用电气决定将 GE 645 撤出市场；几个月后，公司完全放弃大型计算机业务。

继续从事分时业务的企业意识到，受困于软件问题，发展小型专用系统在可以预见的将来是唯一可行的方案。这类系统通常支持 30 到 50 位用户，主要针对科学、工程、商业计算等细分市场，是计算机公用设施愿景留下的微弱印记。然而，尽管计算机公用设施折戟沉沙，但对公共计算的需求仍在，并随着 20 世纪 90 年代因特网的兴起而再次浮出水面。

Unix

然而，Multics 的困局也催生出一种非常有益的副产品，这就是贝尔实验室在 1969 年至 1974 年间开发的 Unix 操作系统。以 OS/360 和 Multics 为代表的软件灾难，本质在于系统太过复杂。因此，许多系统设计师开始探索一种"小即为美"的软件开发方式，试图通过明确的极简主义设计来规避复杂性。Unix 操作系统正是这种方式的突出体现，它堪称软件界的包豪斯椅[①]。

---

① 包豪斯是起源于 20 世纪初的一种德国建筑和设计流派，讲求实用性，是影响最大的现代艺术设计风格之一。包豪斯椅奉"简约"为最高设计原则。——译者注

Unix 出自贝尔实验室的肯·汤普森与丹尼斯·M. 里奇之手。两位程序员都留有胡须，一头长发，身材肥胖，很符合 20 世纪 60 年代计算机专家的刻板形象。1969 年，在贝尔实验室退出 Multics 项目后，汤普森与里奇倍感沮丧，因为开发 Multics 为他们提供了颇具吸引力的编程环境：

> 我们不想失去所拥有的称心工作，因为很难再找到类似的机会，甚至连后来通用电气操作系统提供的那种分时服务也成为一种奢望。我们不仅希望保留良好的编程环境，也期待拥有可以充分交流的体系。[13]

在贝尔实验室，汤普森与里奇有充分自由追求自己的想法。他们决定开发一种小巧优雅的操作系统，两人后来称它为 Unix，这是"对'Multics'略显居心叵测的一语双关"①。[14] 但比起追求兴之所至的研究，硬件要难找得多。两人"四处搜罗，找到一台废弃不用的计算机"[15]——由数字设备公司（DEC）制造的 PDP-7（"PDP"代表"程序数据处理机"）。PDP-7 是专为实验室应用而设计的小型计算机，仅具备传统大型机的部分功能。1969 年的几个月里，Unix 的设计在部分原始概念的基础上发展起来。（其中一种巧妙的概念是程序"管道"，它能将一个程序的输出反馈给另一个程序，类似于工业生产过程中使用的管道系统。借助管道的帮助，非常复杂的程序也能通过简单的程序构造而成。）

到 1970 年初，Unix 已能满足设计要求，可为单个 PDP-7 用户提供非常强大的功能。即便如此，汤普森与里奇依然很难让同事认可 Unix 的价值。最后，两人承诺编写若干文本处理软件，总算说服贝尔实验室的专利部门使用 Unix 来准备专利说明书。有了真正的潜在用户后，汤普森与里奇获得购置更大计算机所需的资金，两人选定 DEC 新推出的 PDP-11/45。里奇为此专门开发了 C 语言，并利用后者重写了整个系统。C 语言是为开发编程系统而设计的"系统实现语言"，与用于编写科学和商业应用程序的 FORTRAN 和 COBOL 大致

---

① Multics 是"多路信息与计算服务"（Multiplexed Information and Computer Services）的缩写，而汤普森与里奇最初在 PDP-7 上开发的系统只能支持两位用户，因此被戏称为"单路信息与计算服务"（Uniplexed Information and Computing Service），其缩写为"Unics"，后来取其谐音称为"Unix"。——译者注

相同。改用 C 语言赋予 Unix "可移植性"，Unix 因而能在任何计算机系统中实现——这在当时堪称独一无二的操作系统成就。(与 Unix 一样，C 语言也很快发展壮大。)

Unix 很好地利用了 20 世纪 70 年代初人们在使用计算机时的情绪波动，这种波动不仅源于对庞大的集中式大型机的日益不满，也和大型计算机公用设施败走滑铁卢有关。当时流传这样一则笑话：

问：大象是什么？

答：装有 IBM 操作系统的老鼠。[16]

具有独立思考精神的用户开始对集中式大型机敬而远之，转而在自己的部门中使用分散式小型计算机。但少有制造商能提供合适的操作系统，Unix 则填补了这一空白。里奇回忆道："因为用户准备改弦更张，也因为制造商的软件缺乏想象力且往往糟糕透顶，所以某些富有冒险精神的用户愿意尝试一种新奇有趣的操作系统，即便这种系统不受支持。"[17] 但这种情况的出现似乎与 Unix 自身的优点无关，因为当时几乎没有其他操作系统可供选择。而贝尔实验室采取温和的政策，授权学院与大学使用 Unix，仅象征性地收取少量费用。Unix 的极简主义设计很快吸引了学术界与研究实验室的注意力。大约从 1974 年起，越来越多的院校开始使用 Unix。几年后，Unix 文化随着毕业生进入各行各业。

1977 年，Unix 世界迎来重大转变，越来越多的软件加入汤普森与里奇开发的基本系统，系统开始有条不紊地增长。Unix 的设计简洁实用，在实现稳步增长的同时并未影响系统固有的可靠性。加利福尼亚大学伯克利分校、计算机工作站制造商太阳计算机系统公司以及其他计算机制造商开发了功能极为强大的 Unix 版本。就像 FORTRAN 在 20 世纪 50 年代默认成为标准编程语言一样，Unix 也正在成为 80 年代的标准操作系统。1983 年，汤普森与里奇获得享有盛誉的图灵奖，评选委员会对两人的工作给予了高度评价："Unix 系统的框架堪称天才之作，它使程序员得以借鉴他人的成果。"[18]Unix 的确是 20 世纪的设计典范之一。

20 世纪 90 年代初，Linux 操作系统继承了 Unix 的衣钵。Linux 最初由芬兰计算机科学本科生林纳斯·托瓦兹在 1992 年开发，无数程序员在没有直接回报的情况下，利用业余时间对系统进行完善和扩展。Linux 已成为"开源运动"的核心组成部分之一，第 12 章将进一步论述。

微电子革命

在 1973 年上映的影片《007 之生死关头》中，风度翩翩的特工詹姆斯·邦德将标志性的劳力士潜航者腕表换成最新的高科技装备——汉密尔顿脉冲星数字手表。与传统钟表不同，"脉冲星"没有时针和分针，它利用了当时的一项微电子创新技术——发光二极管，以数字形式显示时间。20 世纪 70 年代初，发光二极管显示器发出的红光代表了集成电路技术的前沿水平；数字手表则是一种奢侈品，18 开黄金版"脉冲星"的售价高达 2100 美元，甚至比同等的劳力士手表还贵。实际上，最初的"脉冲星"是几年前为斯坦利·库布里克执导的电影《2001 太空漫游》而开发的。一段时间里，这种技术仅出现在以科幻和国际间谍为题材的影片中。

但短短几年内，数字手表的成本（和吸引力）一落千丈。到 1976 年，德州仪器推出的数字手表仅售 20 美元，且价格在一年内又降低了一半。及至 1979 年，"脉冲星"的亏损达到 600 万美元，公司历经两次出售，并重新开始生产利润更高的模拟钟表。到 20 世纪 70 年代末，制造数字手表所需的部件成本已降至极低，以至于几乎不可能从销售成品中获得任何可观的利润。曾经的太空时代技术已沦为廉价的商品——同时也泛滥到令人反感的程度。

数字手表的迅速崛起与衰落，反映出微电子制造业这种新型经济形态的主要模式。由仙童半导体开发、英特尔和超威半导体（AMD）等公司完善的集成电路制造平面工艺，需要对专业技术与设备进行大量初始投资，但之后的边际生产成本将迅速下降。简而言之，构建新型集成电路技术的最初成本很高，不过此后生产的每一件产品会越来越便宜。半导体制造业固有的巨大规模经济，加之集成电路复杂性和功能的迅速改善、行业内的激烈竞争以及俯拾皆是的新形式风险投资，为快速实现技术创新创造出可能且必要的条件。如果希望继续从芯片设计与制造的投资中获利，半导体公司就要不断为自己的产品创造新的需求。20 世纪 60 年代末和 70 年代初发生的微型革命，直接催生出个人计算机、游戏主机、数码相机、手机等产品。然而，尽管这场微型革命最终也将彻底改变计算机行业，但必须认识到它并非发端于计算机行业。在计算领域，与这场变革相关的两个关键进步是小型计算机和微处理器，而二者与业已成熟的电子数字计算中心并无交集。

从麻省理工学院到小型计算机

1965 年至 1975 年，集成电路电子元件的出现使计算机性能成本降低了100 倍，也削弱了支撑分时技术存在的主要经济理由，即由多位用户分摊大型计算机的使用成本。到 1970 年，大约 2 万美元即可购得一台"小型计算机"；与 1965 年制造的大型机相比，小型计算机的价格仅为大型机的十分之一，性能却与之相当。对计算机用户而言，订购价格高达每人每小时 10 美元的分时服务，倒不如直接购买能支持十几位用户的小型分时系统更划算。20 世纪 70 年代，小型内部分时系统已成为大学、研究机构以及许多企业的主要计算模式。

人们往往认为小型机只是简化版的大型机，是计算机行业成熟之后的产物。但事实并非如此，小型机实际上诞生于麻省理工学院以及美国东海岸的微电子学产业。与小型计算机联系最紧密的公司是 DEC，由麻省理工学院林肯实验室的两位成员创立。1950 年，DEC 联合创始人肯尼思·奥尔森从麻省理工学院电气工程专业毕业，之后成为"旋风计划"的研究助理，为将原型磁芯存储器转换为可靠的系统而尽心竭力。另一位创始人哈伦·安德森曾在美国伊利诺伊大学攻读程序设计专业，进入林肯实验室后，他为奥尔森设计了一种基于晶体管的新型计算机。1957 年，两人从实验室离职并创办 DEC。

虽然奥尔森一直与麻省理工学院保持着密切的联系，但比起学术研究，他对将技术转化为真正的产品更感兴趣。1957 年，奥尔森从美国研究与发展公司（ARD）获得 7 万美元的风险投资。ARD 由"风险投资之父"[19]、哈佛商学院教授乔治·F. 多里奥特将军 ① 在 1946 年创办，致力于为战争期间开发的技术实现商业化提供资助。ARD 是风险投资公司的雏形，这种金融运作方式成为促进美国高新技术产业蓬勃发展的关键因素。大多数国家发现，在建立自己的风险投资机构之前，与美国企业竞争难如登天。

奥尔森的目标是进军计算机市场，与大型机制造商一争高下。但在 20 世纪 50 年代末，这个短期目标并不现实。开展大型机业务的门槛正在提高：除中央处理器外，外围设备（如磁带与磁盘驱动器）、软件（应用程序与程序开发工具）、销售团队这三个因素缺一不可，而具备所有这些条件需要投入数亿美元。由于进入计算机行业存在巨大障碍，多里奥特说服奥尔森为公司设置更切合实际的目标。

DEC 位于美国马萨诸塞州梅纳德一家南北战争前建立的毛纺厂中，与 128 号公路的电子产业区相距不远。在最初的三年里，公司为蓬勃发展的数字电子行业生产数字电路板。事实证明这种策略很成功，为 DEC 开发第一种计算机提供了资金保障。1960 年，DEC 宣布推出首款计算机 PDP-1。PDP 意为"程序数据处理机"，奥尔森之所以选择这个词，是因为新计算机的基本型号仅售 12.5 万美元。当时的计算机用户"无法相信，在 1960 年，一台可以工作的计算机造价竟然不到 100 万美元"。[20]

那么，以大型计算机行业五分之一甚至十分之一的成本制造计算机，对 DEC 来说是否可行呢？实际上，中央处理器的成本在大型机中可能只占 20%，其他费用来自外围设备、软件与营销。但 PDP-1 瞄准的并非商业数据处理用户，而是科学与工程市场。这些客户不追求高级外围设备，他们有能力自行开发软件，也无须聘请专业的销售工程师来分析自身业务的应用场景。之后 5 年里，PDP-1 与其他 6 种型号取得了一定成功，但它们的销量不足以改变行业格局。而在 PDP-8 小型计算机面世之后，情况发生了变化。作为最早利用集成电路新技术的计算机之一，1965 年上市的 PDP-8 比 DEC 之前制造的任何计算机都要小，价格也便宜得多。PDP-8 可以装在普通包装箱内，售价仅为 1.8 万

---

① 多里奥特曾在第二次世界大战期间担任美国军需部门规划主管，1945 年被授予准将军衔。多里奥特于 1926 年至 1966 年间在哈佛商学院任教。——译者注

美元。

PDP-8 一经推出即大获成功，公司在第二年交付了数百套系统。凭借 PDP-8 的成功，DEC 于 1966 年进行首次公开募股。公司当时已售出 800 台计算机（其中一半为 PDP-8），员工数量增至 1100 人，挤满了位于梅纳德毛纺厂的总部。这次融资募得 480 万美元，ARD 的原始投资获得丰厚回报。接下来的 10 年里，DEC 继续生产 PDP-8，最终售出 3 万到 4 万套系统。相当一部分新计算机用于工厂过程自动化等专门的应用领域，因为在这些领域中使用传统计算机的成本过高。其他系统则直接销往工程公司，纳入医疗扫描仪这样的先进仪器中。

许多 PDP-8 进入大学与研究实验室。因其价格低廉，研究生与教师得以亲自操作计算机，这种体验自 20 世纪 50 年代以来从未有过。无论最初的专业或目的如何，部分人的职业生涯由此转向计算机。许多 PDP-8 用户非常迷恋这种计算机，将它视为自己的"个人"计算机。一些用户还为 PDP-8 开发了游戏，其中最受欢迎的一款游戏是登月飞行器模拟，用户必须引导飞行器安全着陆。实际操作计算机的体验催生出强大的计算机爱好者文化，这种文化不仅存在于学生和年轻的技术人员中，也在经验丰富的工程师社区流行开来。

斯蒂芬·格雷就是这样一位工程师。担任《电子学》杂志编辑的格雷在 1966 年 5 月创办业余计算机协会（ACS），致力于和其他爱好者交流组装计算机的相关信息。他得到爱好者的广泛支持，这些爱好者是专业的技术人员，就职于大学、防务企业以及电子与计算机公司。格雷从 1966 年起向 160 名会员发行《ACS 通讯》，提供电路设计以及元件可用性和兼容性的相关信息，并鼓励用户分享成功自制计算机的故事。但总的来说，拥有一台计算机对于普通的爱好者遥不可及，因为最便宜的机器也要 1 万美元。然而在 20 世纪 70 年代，计算机爱好者对拥有计算机的渴求，成为影响个人计算机的强大力量。

到 1969 年，当小型机一词首次普及时，体积小巧的计算机已成为计算机行业的重要组成部分。DEC 受到数据通用公司（由一批前 DEC 工程师创建）、优质计算机公司等其他小型机制造商的挑战，两家公司后来都发展为大型国际企业。包括惠普、哈里斯、霍尼韦尔在内的一些老牌电子与计算机制造商也成立了小型机事业部。但作为小型机行业的先行者，DEC 始终展现出最强的实力。及至 1970 年，DEC 已成为全球第三大计算机制造商，仅次于 IBM 和斯佩里－兰德的 UNIVAC 事业部。1972 年，当年迈的多里奥特将军从 ARD 退休时，公司持有的 DEC 原始股价值已达到 3.5 亿美元。

半导体与硅谷

在计算机行业诞生的最初几十年中，其地理中心位于美国东海岸，集中在 IBM、贝尔实验室等成熟的信息技术企业，以及麻省理工学院、普林斯顿大学、宾夕法尼亚大学等精英学府。不过从 20 世纪 50 年代中期开始，行业向西海岸迁移的趋势越来越明显；到 60 年代末，加利福尼亚州北部的硅谷地区已成为计算机行业创新的发源地。这种蓬勃发展的技术生态系统源于科学家、行业企业家、风险投资家、军事承包商以及大学管理者富有成效的合作，成为其他国家与地区此后效仿的榜样。

要追寻计算机行业从东海岸到西海岸的这种大规模迁移，最好的办法或许是追随一个人的职业轨迹。20 世纪 50 年代初，罗伯特·诺伊斯还是个来自美国中西部的小男孩，他的童年在艾奥瓦州小镇格林内尔度过。（小镇以废奴主义牧师乔赛亚·格林内尔的名字命名，他曾响应记者霍勒斯·格里利的著名号召"小伙子，到西部去[①]"。）从当地的格林内尔学院毕业之后，为追求自己的专业与学术抱负，诺伊斯首先将目光投向东部的麻省理工学院。从格林内尔学院的一位教授那里，诺伊斯了解到贝尔实验室的科学家约翰·巴丁、沃尔特·布拉顿与威廉·肖克利在 1946 年发明的晶体管。晶体管可以实现电子管的诸多功能，但更小巧、更耐用也更节能。我们已经看到，许多早期制造的电子计算机中都有晶体管的身影，但贝尔实验室主要将它用作电话网的交换电路。作为攻读物理学博士学位的一项任务，诺伊斯投身于晶体管的研究，后来

[①]　霍勒斯·格里利（1811—1872）是美国作家、报人与政治家，曾创办《纽约论坛报》。在美国开发西部的热潮中，格里利提出的口号"小伙子，到西部去"激励了不少胸怀梦想的民众。

——译者注

进入费城的电子产品制造商飞歌公司。与大部分新技术的观察者一样，诺伊斯敏锐地认识到，东海岸成熟的电子公司将是晶体管发展的重点所在。

计算机行业向西海岸的迁移始于威廉·肖克利，在贝尔实验室发明晶体管的三位学者中，他是最有雄心（后来也是最知名）的一位。20世纪50年代中期，肖克利从贝尔实验室离职并创办了自己的公司肖克利半导体实验室，总部位于当时宁静的乡村大学城加利福尼亚州帕洛阿尔托。有许多原因可以解释肖克利为何选择这样一个不怎么吉利的地方，比如这里靠近斯坦福大学（创业工程学教授弗雷德里克·特曼正积极帮助电子企业在附近落户），与母公司贝克曼仪器也相对较近。最后同样重要的是，肖克利在帕洛阿尔托长大，他的母亲仍然住在那里。当时，没有理由怀疑除肖克利的员工外，还有谁会赞成迁往北加利福尼亚州这个相当武断的决定。在肖克利的"博士生产线"[21]上，有12位年轻、睿智的半导体物理学家追随他向西海岸迁移，罗伯特·诺伊斯就是其中之一。肖克利半导体实验室于1956年成立，诺伊斯在公司成立后不久就已加盟。

尽管肖克利在物理学领域颇有建树（他与巴丁和布拉顿因发明晶体管而荣获1956年诺贝尔奖），但作为老板，肖克利难以相处且要求苛刻，也算不上一位特别精明的企业家（他选择开发的特殊晶体管技术，其商业潜力十分有限）。到1957年，肖克利与大部分员工已很疏远，导致其中8个人（即所谓的"肖克利八人帮"，或肖克利口中的"八叛逆"）从公司离职。他们成立了自己的初创企业，与肖克利半导体实验室展开直接竞争。作为"八叛逆"的领袖，罗伯特·诺伊斯当时已声名显赫，他不但才华横溢，而且魅力非凡。诺伊斯的职责之一是为新公司筹措资金，他再次转向东海岸的企业以寻求帮助。诺伊斯不仅成功从仙童摄影器材公司筹得150万美元（同时将新公司命名为"仙童半导体"），在此过程中还吸引到北加利福尼亚州的阿瑟·洛克，这位年轻的银行家后来成为现代风险投资行业的奠基人之一。半导体制造、风险投资与军方合同结合在一起，很快将帕洛阿尔托周边的杏树与梅子果园改造成全世界最知名的高科技研发中心。

仙童半导体比其他任何公司都更能催生出我们如今所知的"硅谷现象"。

首先，与肖克利半导体实验室不同，仙童半导体专注于具有直接盈利潜力的产品，并很快获得大型企业与军方客户的青睐。1959 年，仙童半导体联合创始人琼·霍尼发明了一种制造晶体管的新方法。这种称为平面工艺的方法使用摄影与化学技术，可以在单个硅晶片上沉积多个晶体管。时任仙童半导体研究主管的诺伊斯将平面工艺加以扩展，以便这些晶体管能连接成完整的电路。正是这些硅晶片赋予"硅谷"之名；它们最终转换为"集成电路"或"芯片"，从而巩固了这一地区作为微型革命发源地的地位（在个人计算机与因特网的后续发展中，硅谷同样起到核心作用）。利用平面工艺制造的集成电路可以取代电子器件的整个子系统，将它们封装在一块经久耐用且成本相对较低的芯片中，从而实现大批量生产。

"仙童之子"

与仙童半导体的技术创新同样重要的是，公司努力创造出独一无二的"技术社区"，并很快在硅谷成形。催生出仙童半导体的叛逆和创业精神，依然是构成硅谷基本文化的元素之一。仙童半导体的不少工程师都是缺少行业经验的年轻人，他们没有家庭负担，在一个鼓励冒险精神与个人主动性的快节奏行业中加班加点，为一家藐视等级制度与官僚主义的公司埋头苦干。正如仙童半导体孕育自肖克利半导体实验室一样，许多初创企业也源于仙童半导体，这些企业后来又孵化出其他公司。在美国 85 家主要的半导体制造商中，半数出自仙童半导体，其中不乏英特尔、AMD 与美国国家半导体这样的知名企业。而在硅谷的半导体公司中，大部分高层管理人员都曾就职于仙童半导体。1969 年，在加利福尼亚州森尼韦尔举行的一次会议上，与会的 400 名工程师中，据说只有不到 20 人没有仙童半导体的工作经历。公司赢得"仙童大学"的美誉，成为培育整整一代行业企业家的沃土。他们中的许多人迁至公司附近，主要是为了更方便招募其他前仙童半导体员工。1957 年至 1970 年间，美国将近 90% 的半导体公司都位于硅谷。

在所有"仙童之子"中，最著名的或许是英特尔，它是罗伯特·诺伊斯建立的第二家初创企业。由于仙童半导体的官僚主义不断增长，加之大部分利润流向东海岸的母公司，诺伊斯倍感失望，他选择再次离开。这一次，诺伊斯与合伙人戈登·摩尔不再为筹措资金发愁。当时，阿瑟·洛克已在硅谷附近的旧金山成立了自己的风险投资公司。仅仅听取诺伊斯的口头陈述后，洛克就募集了近 300 万美元作为启动资金。诺伊斯与摩尔从仙童半导体将平面工艺制造领域最优秀的专家招致麾下。1968 年夏，英特尔（Intel 即"intergrated"和"electronics"两词的组合，意为"集成电子"）成立。两年之内，公司就从生产计算机行业所需的集成电路存储芯片中获利颇丰。不到 5 年，英特尔市值已达到 6600 万美元，员工超过 2500 人。

在西海岸的企业看来，东海岸的电子与计算机公司行动迟缓、官僚作风严重；与之形成鲜明对比的是，英特尔等新一代硅谷初创企业以快速、灵活与任人唯才而著称。通过裁减中层管理人员并鼓励（和授权）工程师创业，这些企业得以保持组织结构的"扁平化"。公司没有着装要求，也不存在等级制度或职场礼节。在英特尔，每位员工都能接触到所有人，甚至包括诺伊斯与摩尔这样的高层管理人员。员工没有办公室或小隔间，所有人在仅由简单隔板隔开的共享空间中工作。公司鼓励员工的自主性与创造性，并提供提高效率所需的一切条件；相应地，公司希望员工长时间工作（包括晚间与周末），并将工作置于其他所有利益之上。

20 世纪 60 年代，半导体创新的步伐非常迅猛，主要原因有两个。首先是技术层面的原因：平面工艺一旦完善，就能保证晶体管密度实现规律性的显著增长，处理能力也随之提高。60 年代初制造的第一代集成电路成本约为 50 美元，每个芯片平均包含 6 个有源元件。自此之后，芯片的元件数量逐年倍增。及至 1970 年，人们已能制造出包含 1000 个有源元件的大规模集成电路芯片。这些芯片广泛用于计算机存储器，并在 70 年代初摧毁了磁芯存储器行业。1965 年，英特尔联合创始人戈登·摩尔率先谈及迅速增加的半导体芯片密度。摩尔发现，芯片的元件数量"以每年两倍左右的速度增长"，且"这个速度预计将持续至少 10 年"。这一预测称为"摩尔定律"。根据摩尔的计算，"到1975 年，每个集成电路包含的元件数量将达到 6.5 万个"。[22] 事实上，虽然倍增速度稳定在 18 个月左右，但这种现象一直持续到 21 世纪，彼时的集成电路已包含数千万个元件。对基础芯片制造工艺的每一笔投资都会直接转化为最终产品的改进，进而转化为越来越多使用集成电路构建的技术系统。

集成电路迅速发展的第二个原因与早期市场的独特性有关。对新兴的半导体行业而言，美国政府是最重要的客户。在仙童半导体获得的第一批重要合同中，一笔合同是制造"民兵"导弹所用的集成电路；1963 年，公司开始为"阿波罗计划"提供电路。事实上，在 20 世纪 50 年代的半导体市场中，70% 的客户来自美国军方。相较于其他潜在客户，美国国家航空航天局与军方更愿意为晶体管和集成电路技术的可靠性、抗干扰能力与小型化支付额外费用。但更重要的因素或许在于，为确保国家安全不会过度依赖于一家制造商，美国政府强制推行"第二供应商"政策，要求所有军事承包商与竞争对手分享设计成果。另一个最具影响力的"仙童之子"当属 AMD；几十年来，AMD 作为仙童半导体与英特尔产品的第二供应商而蓬勃发展。美国军方提供了稳定的半导体市场，加之第二供应商催生出知识和人才的强制流通，使投资尖端芯片制造技术的风险得以降低。上述两个因素也鼓励了竞争、创新以及对渐进式产品改进的不懈追求。

消费品中的芯片

对集成电路而言，性能上升的同时价格却在迅速下降，这种"倒置经济学"推动英特尔等企业在改进现有产品线与创造新市场方面不断创新——向计算器行业的扩张便是明证。第一代电子计算器在 20 世纪 60 年代中期研发成功，使用现成或定制的芯片，每台计算器的芯片数量多达 100 个。这些计算器极为昂贵，因此旧有的机电技术直到 60 年代末仍然具有竞争力。但随着集成电路的应用，计算器的造价显著降低。

围绕计算器的价格之争，使计算器从以商业用户为主的小规模市场，转变为面向教育和家庭用户的大规模市场。第一代手持式计算器于 1971 年前后面世，售价为 100 美元；而到 1975 年，价格已降至 5 美元以下。价格下跌导致众多美国计算器公司倒闭，让位于日本和远东的企业——尽管这些企业仍然依赖美国设计的芯片。类似地，随着技术成为商品，加之全球生产转移到日本以及位列"亚洲四小龙"的中国台湾和韩国，数字手表市场也历经迭起兴衰。但与此同时，随着硅谷大量生产的现成电子产品得到日益广泛的应用，新的产业也在形成。

在高密度集成电路的新用户中，最重要的或许当属电子游戏行业。尽管存在部分为电子计算机开发的早期业余游戏（通常是为无聊的研究生提供娱乐），但商业电子游戏行业与电子计算机行业相互独立且平行发展。虽然部分早期的市场参与者（如米罗华公司）出自传统的电子企业，不过影响力最大的雅达利公司和娱乐业有关。1972 年，29 岁的企业家诺兰·布什内尔创建雅达利，公司的处女作是一款名为《乓》（为避免因使用"乒乓球"一词而侵犯商标权）的电子乒乓球游戏。雅达利最初向游戏厅提供《乓》，就像其他娱乐厂商提供弹球机和自动点唱机一样。《乓》的成功催生出美国与日本的竞争者，电子游戏也成为娱乐业的重要分支。

就在其他企业受到芯片价格暴跌的打击之时，布什内尔看准机会，带领雅达利从小规模生产街机转向大规模生产家用游戏——与计算器的转变如出一辙。公司开发了家庭版《乓》，可以连接到普通电视机上。这款游戏赶在 1974 年圣诞节期间上市，售价为 350 美元。雅达利随后推出一系列家用游戏；到 1976 年，尽管一款典型游戏的价格已降至 50 美元，但公司的年销售额达到 4000 万美元。彼时，电子游戏已成为众多企业参与其中的主要行业之一。电子游戏系统的价值很大程度上在于软件（游戏本身）而非日益商品化的硬件，因此虽然基础技术的成本大幅降低，但它对游戏厂商造成的损害，比起对计算器和数字手表制造商造成的损害要小得多。如果说有什么不同的话，那就是游戏软件的开发成本不断上升，导致游戏行业围绕少数几家主要厂商进一步整合。实际上，布什内尔在 1976 年决定将雅达利出售给时代华纳公司，因为后者有充足的资金来发展游戏业务。

尽管电子游戏行业在 20 世纪 80 年代初经历了短暂的崩溃，但电子游戏最终成为全世界最大的娱乐产业之一，甚至比肩电视和电影行业。70 年代末，电子游戏的普及有助于定义消费类电子产品市场，它从多个角度塑造了个人计算机的发展历程。两种技术密切相关：许多微型计算机（当时的叫法）主要用来玩游戏，而不少电子游戏厂商（包括雅达利）也生产微型计算机。两种行业都是之前 10 年在硅谷生根发芽的半导体公司的直接产物，而非脱胎于 IBM 或 DEC 这样的老牌电子计算机公司。只是在 20 世纪 80 年代初，两个行业（半导体与电子计算机）才交汇在一起，并催生出个人计算机。

我们将在下一章看到，外界往往将个人计算机的发展描述为"怪才的成就"[23]——年轻的业余技术爱好者以他们的执着追求和技术才智，完成了所谓专家认为的不可能之事。大卫战胜歌利亚的神话故事①虽有可取之处，但了解个人计算机诞生的众多发展脉络仍然至关重要。到 20 世纪 70 年代初，无论是易于使用的计算机语言（如 BASIC）得到广泛应用，还是小型计算机使人们对更为个性化的交互式计算机体验产生了新的期望，抑或硅谷半导体制造商推出的新产品如潮水般涌来，以及风险投资者提供的融资机会——这些发展汇集了制造第一种真正面向大众市场的电子计算机所需的几乎全部要素。这种技术在何时何地出现，以及为什么会如此迅速得到应用，都绝非巧合。

---

① 指后来成为以色列国王的大卫与非利士巨人歌利亚之间的战斗，载于《撒母耳记》第 17 章。大卫战胜歌利亚的故事体现了以弱胜强的思想。——译者注

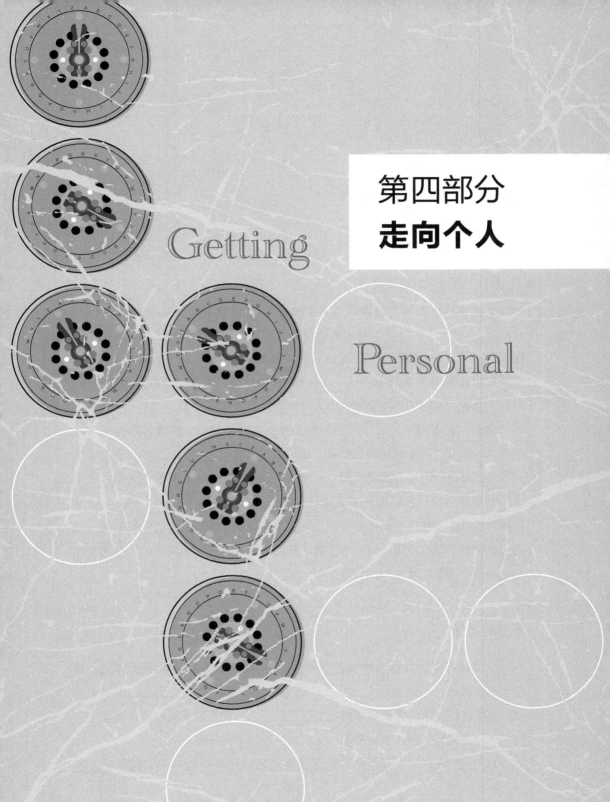

Getting

Personal

第 10 章
个人计算机登场

  截至本书出版时，尚没有历史学家为个人计算机完整作传。个人计算机或许是 20 世纪下半叶对人类生活改变最大的消费现象，其应用和形式至今仍在不断发展，令人惊讶不已。我们不妨以出现时间更早的家用无线电为例——直到这项技术诞生大约 50 年后，历史学家才开始撰写真正令人信服的记述。因此，期望在短时间内完全理解个人计算机，可能并不现实。

  当然，记者对个人计算机发展的公开报道并不鲜见。尽管某些报道尚可一读，但大部分历史记述相当糟糕。最严重的扭曲或许在于，这些报道仅关注少数人，将他们刻画成高瞻远瞩、实现未来的梦想家，苹果计算机公司的史蒂夫·乔布斯与微软公司的比尔·盖茨就是这类人的代表。相比之下，IBM 与老牌计算机企业往往被描述为行动迟缓、愚不可及、理应消亡的守旧势力。而当历史学家书写这段历史时，事实远比新闻报道复杂得多。真正的历史是文化力量和商业利益相互作用的结果。

无线电时代

  个人计算机是文化力量和商业利益相互作用的产物——如果这种观点看起来不够清晰，不妨将个人计算机的发展与无线电在 20 世纪最初几十年中的发展进行比较，因为人们对那段历史已了然于心。两种技术的社会建构有诸多相似之处，理解一种技术有助于加深对另一种技术的理解。

  19 世纪 90 年代，如今所称的无线电还是应用前景尚不明朗的科学新事物。经过一代人之后，今天人们所知的无线电广播才崭露头角。这项新技术首先应用于电报，莫尔斯信号在两地之间传输，实现了无须电线就能传递电报。1901 年 12 月，古列尔莫·马可尼利用莫尔斯电码，将字母"S"从英国康沃尔郡波尔杜跨越大西洋传送到加拿大纽芬兰省圣约翰斯，无线电报就此以一种非常公开和引人注目的方式出现在世人面前。报纸广泛宣传马可尼的成就，他的公司开始受到电报公司与私人投资者的关注。

接下来的几年中，无线电报逐步完善并纳入全球电报系统；人们还发明了语音传输和海事电报，后者尤其吸引了众多媒体的注意。1910 年，当"酸浴杀手"霍利·克里平医生从英国逃往加拿大时，一条发自"蒙特罗斯"号客轮的电文导致了克里平的落网[1]。两年后，电报在"泰坦尼克"号灾难救援中发挥了重要作用。为此，新法案规定所有载客量超过 50 人的船只都必须携带固定的人工操作无线电台。媒体对这些事件的关注，有助于强化点对点信息传输技术的主导模式。

当电报公司与政府着手将无线电报制度化时，这项技术也开始引起成年人与少年爱好者的注意。他们被无线电报的魅力所吸引，折服于"倾听"带来的兴奋。但技术本身才是吸引业余爱好者的主要原因：搭建无线"电台"并与志同道合者分享热情的纯粹乐趣。到 1917 年，美国已有 13 581 名持有执照的业余操作员，而无执照接收台的数量估计达到 15 万部。

第一次世界大战结束后，无线电广播的设想在一些地方自发产生。但外界常常认为，戴维·萨尔诺夫（后来担任美国无线电公司总裁）在纽约的马可尼公司工作期间，提出了最明确的"无线电音乐盒"设想。广播需要听众，业余无线电爱好者就是第一批听众。如果没有业余操作员与听众的存在，那么无线电广播可能永远不会发展壮大。

在最初几家广播电台成立后，广播公司与听众之间形成了一种良性循环：听众多说明节目好，而好节目能吸引更多听众。1921 年至 1922 年，美国出现

---

[1] 旅居英国伦敦的美国医生霍利·克里平与情妇毒杀妻子并将尸体肢解。两人乔装成父子，乘坐"蒙特罗斯"号逃往加拿大，但被船长认出并通过无线电报向英国警方举报，克里平最终被判有罪并处以绞刑。这一案件后来成为不少小说和电影的灵感来源。——译者注

了 564 家广播电台。这股潮流推动了对家用无线电接收设备的需求，收音机行业由此诞生。其中的佼佼者当属戴维·萨尔诺夫领导的美国无线电公司。从 1921 年开始，公司在 4 年中售出价值 8000 万美元的收音机。西屋电气和通用电气这样的老牌企业也开始生产收音机，与美国无线电研究公司、德福雷斯特、斯特龙伯格－卡尔森、天顶电子等许多初创公司展开激烈竞争。到 20 世纪 20 年代中期，美国无线电广播行业的格局落定，它对来自电影、电视、卫星广播与有线电视的冲击具有很强的抵抗力。

美国无线电广播的简史呈现出三个要点。首先，无线电源于一种新的使能技术，人们开始并未意识到它的长期重要性。起初作为点对点通信技术进行推广的无线电，后来被改造成服务于大众消费者的广播娱乐媒体，与这项技术的初衷已大相径庭。其次，无线电业余爱好者在这种转变中扮演了至关重要的角色。他们在收音机行业尚未诞生时就组装了第一批接收设备，广播行业的发展由此步入快车道。这些爱好者是无线电发展史背后的无名英雄。最后，无线电广播行业一经建立，很快就被少数几家大公司垄断。在这些收音机制造商与广播公司中，部分由个人企业家创立，部分脱胎于成熟的电气工程行业。在最初 10 年中，这些公司并无二致。

读者稍后将看到，个人计算机也遵循类似的发展道路。微处理器是一种使能技术，耗时数年才出现在大众消费者所期待的产品中。计算机业余爱好者在这一转变中厥功甚伟，却没有得到充分重视，尤其是作为第一批软件公司的消费者——他们扮演了类似于广播员的角色。个人计算机催生出一个重要产业，参与者既有初创企业，也不乏 IBM 等老牌计算机公司。

微处理器

1969 年至 1971 年，半导体企业英特尔研制出微处理器，它是个人计算机的使能技术之一。（与计算机史上后来出现的许多发展成果一样，微处理器由多家机构独立研发，但英特尔在其中无疑占有最重要的地位。）正如第 9 章所述，罗伯特·诺伊斯与戈登·摩尔于 1968 年创立英特尔，两人曾在仙童半导体公司担任副总裁，均为最初的"肖克利八人帮"成员。如今，英特尔的年收入超过 500 亿美元，诺伊斯与摩尔已成为美国电子行业的传奇人物。然而，微处理器概念并非由两人提出，而是出自英特尔一位 30 岁出头的工程师特德·霍夫。

成立之初，英特尔专门从事半导体存储器与定制设计芯片的制造。公司的定制芯片组通常用于计算器、电子游戏、电子测试设备以及控制设备。1969 年，日本计算器制造商比吉康公司与英特尔接洽，希望英特尔为一款新型的科学计算器开发芯片组。这种计算器主要针对高端市场，可以计算三角函数与其他高级数学函数。特德·霍夫和他的同事受命承担芯片组的设计任务。

霍夫认为，与其为这种计算器设计专门的逻辑芯片，不如开发一种可以根据特定计算器功能编程的通用芯片。这样的芯片本身已具备计算机的雏形，但英特尔内部在一段时间后才认识到它的重要性。

公司将新的计算器芯片命名为"英特尔 4004"，于 1971 年交付比吉康。遗憾的是，比吉康很快发现自己成为 20 世纪 70 年代初计算器价格战的受害者，并进入破产流程。但在宣布破产前，比吉康与英特尔协商调低 4004 的价格，英特尔则获得了在市场上自行销售新型芯片的权利。1971 年 11 月，英特尔在《电子新闻》上刊登了一则广告："集成电子产品的新时代来临……芯片上的微型可编程计算机。"[1] 公司第一款微处理器的售价约为 1000 美元。

"芯片计算机"不过是一种宣传口号。因为在实际应用中，英特尔 4004 还需要搭配其他几种存储器和控制器芯片。然而，这个有力的比喻对于之后两年重塑微电子行业颇有帮助。在此期间，英特尔采用可以处理 8 位信息的 8008 取代 4004；4004 是一种功耗相对较低的设备，一次只能处理 4 位信息。英特尔 8080 于 1974 年 4 月面世，它奠定了多种个人计算机设计的基础。当时，其他半导体制造商也开始生产各自的微处理器，如摩托罗拉 6800、齐格洛 Z80 以及 MOS 科技公司推出的 MOS 6502。由于竞争激烈，微处理器的价格很快降至 100 美元左右。

但直到 3 年后，真正的个人计算机才以"苹果二号"的形式出现在世人面前。个人计算机漫长的孕育过程，与外界普遍认为它几乎诞生于一夜之间的看法相去甚远。无线电报到无线电广播的过渡与之类似，1921 年的报纸曾将其视为"不知从何而来"的"风尚"。[2] 实际上，这种过渡历时多年，业余爱好者在其中功不可没。

计算机爱好者与"计算机解放"运动

计算机爱好者通常是年轻的男性技术爱好者，大部分人都具备一定的专业技能。即便没有直接与计算机打交道，他们一般也是从事电子行业的技术员或工程师。典型的爱好者很早就开始摆弄电子设备，通过流行电子杂志的邮购广告购买零部件。许多人都是活跃的业余无线电爱好者；即便是非业余无线电爱好者，也在很大程度上受到"火腿"文化[①]的熏陶，这种文化从无线电诞生之初就一脉相承。第二次世界大战结束后，业余无线电爱好者与电子爱好者根据《大众电子》和《无线电电子学》等杂志刊登的广告，开始组装电视机和高保真音响设备。20 世纪 70 年代，业余爱好者将计算机视为电子产品的下一波潮流。

他们对计算机的热情，通常源于工作或求学期间亲自操作小型计算机的经历。满腔热忱的爱好者渴望在家中使用计算机消遣，以探寻其内在的复杂性并尝试计算机游戏，或将计算机连接到其他电子产品。然而，小型计算机的成本（一套完整的设备往往耗资 2 万美元）远远超出普通业余爱好者的承受能力。如果不是热衷此道，很难理解为什么有人希望拥有自己的计算机：这完全是一种无法解释的技术热情，就像 60 年前在广播电台尚未出现时人们希望制造收音机一样令人费解。

业余爱好者只能以自己熟悉的技术为基础来勾画心中的计算机，理解这一点尤为重要。这并非我们如今所知的个人计算机。在 20 世纪 70 年代初的业余爱好者心中，计算技术意味着一台连接到电传打字机的小型计算机，它配有

---

① "火腿"最初是一个贬义词，用于指代"报务技术较差的操作员"，但业余无线电爱好者后来使用这个词作为自称，目前已无贬义。一般来说，"火腿族"指通过业余无线电考试的爱好者，而"香肠族"指尚未通过考试或非法使用无线电的爱好者。——译者注

纸带读入机和打孔器，用于程序和数据的输入与输出。虽然电传打字机不难从政府剩余物资商店买到，但小型计算机中成本最高的中央处理器对业余爱好者而言仍然太过昂贵。而微处理器的诱人之处在于，其芯片数量比传统计算机少得多，中央处理器的价格因而也低得多。

业余计算机文化广为流传，在硅谷和 128 号公路一带尤其兴盛，但计算机爱好者遍布全美。他们热衷于摆弄计算机硬件，软件和应用程序则退居其次。

计算机爱好者在技术上认识有限，好在他们受到了"计算机解放"运动倡导者的影响。将计算机解放描述为一场运动可能言过其实，但使计算机技术走入千家万户无疑是人们的普遍愿望。美国加利福尼亚州的计算机解放运动尤为突出，这或许可以解释个人计算机为何诞生于此，而非 128 号公路一带。

计算机解放运动发端于 20 世纪 70 年代初，当时正是越南战争后期，不满情绪弥漫在身处"后披头士"时代的 30 岁以下人群中。大学辍学者、校园骚乱、公社生活、嬉皮文化等另类生活方式体现出强烈的反体制文化现象。一般来说，计算机解放运动希望从既得利益集团手中夺取通信技术的控制权。更早一代的解放者可能希望争夺媒体阵地，但由于印刷技术与发行渠道实际上是自由开放的，因此年轻开明的群体也很容易通过《滚石》等流行杂志以及大量地下刊物进行交流。另一方面，计算机技术显然无法免费获得，它处于政府机构或私营企业的严密掌控之中。虽然计算机公用设施备受追捧，但其价格高达每小时 10 至 20 美元，令普通用户难以承受。

计算机解放运动的倡导者通常反对 IBM 打孔卡及其所象征的一切，他们很少来自学生主导的新左派。相反，大部分将计算机视为解放工具的人在政治上属于不可知论者，他们更注重建立另类社区，倾向于接受新技术作为能更好实现个人自由与人类幸福的手段——一位学者将这些人称为"新公社主义者"。[3]从美国斯坦福大学生物系毕业后，斯图尔特·布兰德投身于出版行业，通过创办《全球概览》成为新公社主义者的主要代言人。布兰德深受控制论先驱诺伯特·维纳、电子媒体理论家马歇尔·麦克卢汉以及建筑师和设计师巴克敏斯特·富勒的影响，他在 1966 年敦促美国国家航空航天局公布地球的卫星照片。

两年后，这张照片登上《全球概览》创刊号的封面。布兰德创办的《全球概览》在 1968 年至 1971 年间定期出版，致力于发现并推广公社生活所需的重要产品或工具，并以此帮助"将个人转变为能力卓著、创造性强的个体"。[4] 作为唯一赢得美国国家图书奖的"概览"，《全球概览》鼓舞了包括苹果计算机公司联合创始人史蒂夫·乔布斯在内的许多个人计算机先驱。乔布斯后来回忆道："《全球概览》……是我们这代人的《圣经》。……它堪称纸质版的谷歌，却比谷歌早问世 35 年：它是理想主义的产物，充满了灵巧的工具和伟大的理念。"[5]

布兰德与《全球概览》提供了灵感，而口才最好的计算机解放思想代言人当属特德·纳尔逊，他是好莱坞女星塞莱斯特·霍尔姆之子。20 世纪 60 年代中期，实现财务自由的纳尔逊率先提出超文本的概念，这是他关于计算机的激进设想之一。借助超文本的帮助，用户即便未经培训，也能在计算机存储的信息海洋中畅游。但在这种设想成为现实之前，必须"解放"计算机，让普通人可以负担使用计算机的成本。纳尔逊致力于推动计算机解放运动，70 年代经常在计算机爱好者聚会上发表演讲。他于 1974 年自费出版《计算机解放 / 梦想机器》一书，进一步阐述了自己的理念。纳尔逊毫不妥协，不愿通过传统渠道出版他的作品，虽然这可能会增加他在反体制方面的吸引力，但也在纳尔逊自己与学术和商业机构之间制造出一道鸿沟。他的受众主要是加利福尼亚州当地技术社区的年轻男性。

1974 年，无论计算机解放运动还是计算机爱好者设想的个人计算机，都与 3 年后出现的个人计算机几无相似之处：个人计算机是自成一体的设备，与打字机颇为类似，配有键盘和屏幕、基于内部微处理器的计算引擎以及用于长期存储数据的磁盘。而在 1974 年，计算机解放运动倡导的个人计算机是一种终端，能以极低成本连接到存储海量信息的大型计算机公用设施；计算机爱好者眼中的个人计算机则是传统的小型计算机。将这样两种性质截然不同的个人计算机联系在一起的，是第一种业余计算机"牵牛星 8800"的面世。

"牵牛星 8800"

1975 年 1 月，首款基于微处理器的计算机登上《大众电子》杂志的封面。外界常常将这台名为"牵牛星 8800"（又称"牛郎星 8800"）的计算机称作第一种个人计算机，但之所以这样称呼，只是因其价格较低，并未超出个人用户的承受能力。除此之外，从各个方面衡量，"牵牛星 8800"仍然属于传统的小型计算机。实际上，《大众电子》的封面简介如此写道："独家发布！'牵牛星8800'：有史以来功能最强的小型计算机项目，不到 400 美元即可拥有。"[6]

"牵牛星 8800"沿袭了电子爱好者偏好的营销模式：价格低廉（397 美元），以邮购形式销售散件，爱好者必须自行组装。他们组装的"牵牛星8800"常常无法运行，这倒颇为符合传统；即便可以运行，这台计算机能发挥的作用也极其有限。一个装有中央处理器的仪器箱就是"牵牛星 8800"的全部：开关和指示灯位于前面板，没有配备显示器和键盘，内存容量也很小。此外，"牵牛星 8800"不能与电传打字机等设备相连，因而难以成为实用的计算机系统。

为"牵牛星 8800"编写程序的唯一方法是拨动前面板的手动开关，以纯二进制代码的形式输入程序。程序在加载后运行，但仅有前面板指示灯的变化模式能表明程序正在执行。因此，只有忠实的计算机爱好者才有能力为"牵牛星 8800"编写程序。程序输入需要花费几分钟时间，过程极其乏味。但由于内存容量仅有 256 字节，编写复杂的程序并不现实。

"牵牛星 8800"出自美国新墨西哥州阿尔伯克基一家小型电子元件供应商之手。微型仪器和遥测系统公司（MITS）由电子爱好者埃德·罗伯茨创立，最初为航模飞机生产无线电设备。20 世纪 70 年代初，罗伯茨开始销售制造电子计算器所用的成套设备，不过 1974 年爆发的计算器价格战导致市场枯竭。虽然考虑进军通用计算机市场已有一段时间，但仅当计算器市场萎缩的趋势越来越明显时，罗伯茨才决定放手一搏。

"牵牛星 8800"是一款前所未有的产品，各方面都难称"理性"。它只能吸引最忠实的电子爱好者，但即便是这些用户也无法保证一定会购买。尽管存在诸多不足，"牵牛星8800"仍然是之后两年中个人计算机行业发展壮大的主要推动力。"牵牛星8800"的局限性为小创业者提供了开发"扩展"板的机会，他们可以为基本机型增加更多的内存、传统的电传打字机以及盒式录音机（用于永久性数据存储）。几乎所有初创企业都由三两个人发展而来，他们大多是希望将消遣转化为利润的计算机爱好者。部分创业者还为"牵牛星8800"开发了软件。

最重要的早期软件创业者当属微软公司联合创始人比尔·盖茨。尽管盖茨最终积累了巨额财富，但他只是20世纪70年代软件怪才的典型代表。这个词使人想起脸色苍白、不擅社交的年轻男性——他们白天睡觉，晚上编程，不关心更广阔的世界，对取得学历并成就事业的必要性置若罔闻。这种刻板形象虽略显夸大，却体现出一个基本事实（这也并非一种新现象）：熬夜工作的程序员从20世纪50年代起就已存在。实际上，为第一代个人计算机编写程序，与为50年代的大型机编写程序有诸多共通之处：不仅没有先进的软件工具可用，还必须以二进制代码的形式将程序手动输入计算机，从而充分利用稀缺内存的每一个字节。

1955年，盖茨出生于美国西雅图一个中上阶层家庭，他在1969年首次接触到计算机。利用中学租用的商业分时系统使用时间，盖茨掌握了如何利用BASIC编写程序。盖茨与比他年长两岁的好友保罗·艾伦都对程序设计兴趣浓厚，两人从小就表现出很强的创业天赋：早在个人计算机革命之前，年仅16岁的盖茨就与艾伦成立了一家名为"交通数据"的小公司，致力于使用计算机分析交通数据。艾伦继续在华盛顿州立大学攻读计算机科学，而盖茨受律师父亲的影响，决定进入哈佛大学，为今后从事法律工作做准备。但在1973年秋入学后，盖茨很快发现自己对专业兴趣不大，他在晚上继续编写程序。

1975年面世的"牵牛星8800"改变了盖茨与艾伦的人生。听到这款计算机上市的消息后，两人在第一时间就意识到隐藏在背后的软件商机。他们向MITS创始人埃德·罗伯茨提出，应该为这款新计算机研制一套BASIC编程系统。BASIC不仅易于开发，也是大多数计算机爱好者使用的语言，为商业分时系统与小型计算机所青睐，因此将成为个人计算机市场的理想工具。罗伯茨对此兴趣浓厚，尤其是因为 BASIC 需要更多内存才能运行（"牵牛星 8800"通常难以提供），所以他希望能以高利润率大量销售内存。

　　盖茨与艾伦创立了名为"微 - 软"（Micro-Soft，中间的连字符后来弃而不用）的公司。经过 6 周紧张的程序设计，他们在 1975 年 2 月向 MITS 交付了 BASIC 编程系统。艾伦当时已经毕业，并成为 MITS 的软件总监——对一家仍然位于商业区的小公司来说，这个头衔略显夸张。盖茨继续在哈佛大学逗留了几个月，但更多是出于惯性而非职业需要；及至学年结束，微型计算机蓬勃发展的方向已很明确，盖茨正式从哈佛大学退学。接下来的两年中，数以百计的小公司进入微型计算机软件市场，而微软并非最突出的一家。

　　"牵牛星 8800"以及不久后出现的扩展板和软件，以一种自无线电全盛时期以来从未有过的方式改变了业余电子产品。例如，"家酿计算机俱乐部"于 1975 年春在靠近硅谷的门洛帕克成立。除充当交流计算机组件与编程技巧的"交换商店"外，俱乐部还成为计算机爱好者与计算机解放文化相互融合的场所。

　　1975 年第一季度，MITS 收到的"牵牛星 8800"订单额超过 100 万美元，公司还组织了第一次"全球"会议。埃德·罗伯茨、牵牛星 BASIC 的开发者盖茨和艾伦、计算机解放运动的旗手特德·纳尔逊均在会上发言。在这次会议上，盖茨对使用盗版软件的业余爱好者大加鞭挞。他的立场引人注目：盖茨主张，业余爱好者之间友好共享自由软件的文化必须让位于诞生不久的软件产品行业。盖茨遭遇了巨大的敌意，他的发言毕竟和计算机解放运动的宗旨背道而驰。但制造商和消费者最终接受了盖茨的立场；之后的两年里，这一立场在个人计算机从乌托邦式的理想转变为经济制品的过程中厥功甚伟。

　　1975 年至 1977 年是一段重要的快速发展期，微型计算机从业余爱好者的玩物转变为消费品。新发刊的计算机杂志大量涌现，是对这种狂热最持久的记录。《字节》和《大众计算》沿袭了电子爱好者杂志的传统，其他杂志——比如名称古怪的《多布氏杂志：计算机健美操与口腔正畸》——则对计算机解放文化做出更强烈的回应。这些杂志是通过邮购方式购买计算机的重要媒介，与业余爱好者的传统一脉相承。然而，字节商店、计算机园地等计算机专卖店很快取代了邮购，它们最初的氛围与电子爱好者商店颇为类似，充斥着落满灰尘、从政府部门淘汰下来的硬件和电子设备。计算机园地在两年内转变为一家全国性连锁企业，紧缩套装软件①和计算机装在颜色各异的盒子里。

　　大型机从实验室仪器转变为商用机器历时10年，而个人计算机在短短两年中就完成了这种转变。发展之所以如此迅猛，是因为组装个人计算机所需的键盘、屏幕、磁盘驱动器、打印机等大部分子系统都已存在，只需将各个组件整合在一起即可。数百家公司在两年内涌现出来，它们不仅位于西海岸，而且遍布美国各地。大部分公司是规模很小的初创企业，由一些计算机爱好者或年轻的计算机专业人员创立，提供完整的计算机、扩展板、外围设备或软件。在1975年初首次亮相几个月后，"牵牛星8800"的光芒就被应用计算机技术、以姆赛、北极星、克罗门克、矢量图形等公司生产的数十款新机型所掩盖。

苹果计算机公司崛起

　　大部分新计算机公司衰落的速度与崛起的速度几乎相仿，能撑过20世纪80年代中期的企业寥寥无几。苹果计算机公司是少有的例外，它不仅跻身《财富》世界500强，也在全球范围内取得了长期成功。然而，苹果最初的发展轨迹正是早期爱好者初创企业的典型代表。

　　苹果公司由两位年轻的计算机爱好者斯蒂芬·沃兹尼亚克与史蒂夫·乔布斯共同创立。沃兹尼亚克在美国加利福尼亚州丘珀蒂诺长大，这座城市位于蓬勃发展的西海岸电子产业腹地。与生于斯、长于斯的许多孩子一样，沃兹尼亚克的生活被电子产品所包围，他在刚刚具备抽象思维能力时就开始接触电子产品。他是一位才华横溢、动手能力很强的工程师，对追求更高的学术造诣并无兴趣。小学六年级时，沃兹尼亚克已考取业余无线电操作执照；20世纪60年代中期，他在集成电路刚一面世时就开始学习数字电子学技术。他曾因设计

---

① 紧缩套装软件指通过零售店销售的成品软件，区别于专为企业开发的软件。——译者注

简单的加法电路而赢得一项校际科学奖，因此在当地小有名气。沃兹尼亚克对小型计算机了然于心，但对学术研究并无兴趣。他的学业时断时续，没有取得像样的学历。

和许多电子爱好者一样，沃兹尼亚克也梦想拥有自己的小型计算机。1971 年，他和一位朋友甚至利用当地公司废弃的零部件组装了一台简陋的机器。大约在这个时候，沃兹尼亚克与比他年轻 5 岁的史蒂夫·乔布斯合作，共同制造"蓝盒子"。这是一种模仿拨号音的小玩意，可以免费拨打电话。虽然制造与销售蓝盒子并不违法，但使用蓝盒子是非法行为，因为它利用了电话公司计费系统的漏洞。不过，许多业余爱好者只是将蓝盒子视作没有受害者的犯罪行为——在西海岸计算机爱好者的道德观中，蓝盒子与盗版软件并无太大区别。这本身就揭示出一个事实：随着个人计算机从业余爱好转向产业，文化态度会发生多么大的转变。

尽管没有取得正规学历，沃兹尼亚克在工程方面的才华仍然得到了认可，他在 1973 年进入惠普公司的计算器部门工作。如果不是因为 20 世纪后期加利福尼亚州电子行业推崇唯才是举，沃兹尼亚克的职业生涯或许将止步于低级技术员或修理工。

斯蒂芬·沃兹尼亚克是一位典型（但天赋异禀）的业余爱好者，史蒂夫·乔布斯则弥合了计算机爱好者与计算机解放运动之间的文化鸿沟。苹果公司最终成为计算机行业的全球参与者，很大程度上归功于乔布斯对个人计算机的宣传以及驾驭沃兹尼亚克工程才华的水平，他也愿意寻求创立企业所需的组织能力。

乔布斯生于 1955 年，由蓝领养父母抚养成人。尽管并非出身于专业的电子工程师家庭，乔布斯仍然对身边的电子产品产生了浓厚兴趣。他也是一位能干的工程师，但远逊于沃兹尼亚克。乔布斯的故事流传甚广，他表现出惊人（甚或傲慢）的自信。在乔布斯年轻时，这些故事彰显了他的魅力；而当乔布斯成为企业巨头的掌门人后，他的行为却被指摘为专制与不成熟。一个相当知名的故事是，因为某个学校项目需要电子元件，13 岁的乔布斯致电千万富豪、惠普公司联合创始人威廉·休利特。休利特被乔布斯的胆识打动，他不仅提供了所需的元件，还为乔布斯提供了一份惠普的兼职工作。

乔布斯不太合群，对学术研究兴味索然，20世纪70年代初中断大学学业，后来在雅达利公司找到一份收入不菲的游戏设计师工作。他崇拜披头士乐队，也曾花一年时间在印度练习"超越冥想"①，并成为素食主义者。乔布斯与沃兹尼亚克形成鲜明对比：沃兹尼亚克是典型的电子爱好者，拥有相应的社交技巧；乔布斯则散发出内在智慧的气质，他穿着露趾凉鞋，有一头平直长发，留着胡志明式的胡须。

1975年初，乔布斯与沃兹尼亚克加入家酿计算机俱乐部，两人的人生由此改变。沃兹尼亚克因为熟悉计算器行业而对微处理器有所了解，但他尚未意识到可以利用微处理器制造通用计算机，此前也没有听说过"牵牛星8800"。然而，沃兹尼亚克实际上已经组装过一台计算机，当时的大部分俱乐部会员对此感到惊讶，他发现自己成为众人瞩目的焦点。沃兹尼亚克很快掌握了新的微处理器技术，并在几周内以MOS 6502芯片为基础组装了一台计算机。乔布斯与沃兹尼亚克将这台计算机称为"苹果"，其原因已不可考，但或许是为了向披头士乐队的唱片公司致敬②。

虽然乔布斯从不关心俱乐部计算机爱好者那些"吹毛求疵的技术争论"[7]，但他确实认识到这些爱好者代表的潜在市场，因此说服沃兹尼亚克投身于苹果计算机的开发，而营销最初是通过字节商店进行的。这是一台极为简陋的机器，与一块裸露的电路板并无二致，没有机箱、键盘、屏幕甚至电源。苹果计算机最终售出大约200台，全部由乔布斯与沃兹尼亚克在乔布斯父母家的车库里手工组装而成。

1976年，苹果只是数十家计算机公司中的一员，它们都在争夺计算机爱好者市场。但乔布斯比大多数人更早意识到，如果包装得当，那么微型计算机

---

① 超越冥想是一种简单有效的冥想方法，又称超验冥想或先验冥想。练习时闭眼静坐，每天两次，每次20分钟。——译者注

② 披头士乐队于1968年在英国伦敦成立苹果公司（Apple Corps），公司标志为一只青苹果。作为披头士乐队的追随者，乔布斯在1976年成立苹果计算机公司（Apple Computer Inc.）时有向披头士乐队致敬之意。从1978年到2006年，两家"苹果公司"就商标专利权一事陷入冗长的法律纠纷。——译者注

有望成为市场前景更广阔的消费品。要想取得成功，微型计算机必须是自成一体的设备，它装在塑料机箱内，可以像其他家用电器一样插入标准家用插座；它需要键盘来输入数据，还应配有观察计算结果的屏幕以及某种能长期保存数据和程序的存储介质。最重要的是，这种计算机需要软件来吸引爱好者之外的其他用户——起初是 BASIC，但最终需要更为多样化的软件。简而言之，这些规范勾勒出乔布斯希望沃兹尼亚克开发的"苹果二号"。

尽管乔布斯还只是一位初出茅庐的企业家，但他很清楚，苹果公司要想取得成功，就需要获得资金、专业管理、公共关系以及分销渠道。当时，很少有人能像乔布斯那样认识到这一点。在个人计算机尚不为业余爱好者之外的用户所知时，满足这些条件并非易事，而乔布斯的使命就是尽一切努力得到它们。1976 年，在沃兹尼亚克设计"苹果二号"时，乔布斯经由前雇主、雅达利创始人诺兰·布什内尔的介绍，争取到迈克·马尔库拉的风险投资。时年34 岁的马尔库拉曾在英特尔担任高层管理人员，凭借股票期权致富。利用马尔库拉的关系，乔布斯从半导体行业将年轻但经验丰富的迈克·斯科特招致麾下，这位职业经理人同意出任公司总裁。斯科特负责运营管理，乔布斯得以专心推广并决定苹果的战略方向。在说服知名公关公司里吉斯·麦克纳接纳苹果作为客户后，乔布斯的整个计划尘埃落定。

1976 年至 1977 年初，就在"苹果二号"不断完善之时，苹果计算机公司仍然是一家只有十几名员工的小企业，位于加利福尼亚州丘珀蒂诺的办公室仅有 2000 平方英尺。

软件：彰显个人计算机的价值

1977 年出现了三种截然不同的个人计算机模式，以三家主要的制造商为代表，它们是苹果计算机公司、康懋达商业机器公司与坦迪公司。[8] 每家公司根据现有的文化与企业前景打造出自己的个人计算机。

如果要为个人计算机进入公众意识寻找一个时间节点，那么非 1977 年 4月举办的西海岸计算机博览会莫属。在这次博览会上，面向大众消费者的"苹果二号"与康懋达 PET 首次亮相。两种计算机一经推出即大受欢迎，并一度争夺市场主导地位。初看之下，康懋达 PET 与"苹果二号"极为类似，因为它同样是自成一体的设备，配有键盘、屏幕以及用于程序存储的盒式磁带，还预装了供用户编写程序的 BASIC。

康懋达商业机器公司以制造电子计算器起家，但公司研制的康懋达 PET 与其称为计算机，不如说是大号计算器。例如，PET 配备的是计算器的小型键盘，而非标准计算机终端所用的键盘。此外，与计算器一样，PET 是一种封闭的系统，无法外接打印机或软盘等插件。尽管如此，其有限的规格与较低的价格仍然深受教育市场的青睐，因为这种计算机适用于基础计算机研究以及 BASIC 程序设计。康懋达 PET 最终售出数十万台。

相比之下，"苹果二号"的售价高达 1298 美元（这个价格尚不包括屏幕），虽然比康懋达 PET 贵得多，但它是一种真正的计算机系统，可以增加额外的电路板与外围设备。因此，"苹果二号"对计算机爱好者更具吸引力，因为它支持用户定制计算机并运行制造商无法想象的新颖应用，从而实现用户与计算机之间的交互。

第三大计算机制造商坦迪公司于 1977 年 8 月进入市场，宣布推出售价为 399 美元的 TRS-80 计算机。TRS-80 由坦迪的子公司美国无线电器材公司生产，面向零售商的现有客户，他们主要是电子爱好者与电子游戏买家。TRS-80 之所以便宜，是因为用户可以使用电视作为屏幕，使用盒式录音机作为程序存储。这种连接对于坦迪的老客户并非难事——虽然在办公室里进行这样的操作不太合适。

因此，到 1977 年秋，尽管个人计算机已被界定为一种人工制品，但完整的消费者群体尚未成形。对康懋达而言，个人计算机代表现有计算器生产线的自然演进；对坦迪而言，个人计算机是现有电子爱好者与电子游戏业务的延伸；对苹果而言，个人计算机最初面向计算机爱好者。

乔布斯的雄心壮志不只限于业余爱好者市场，他设想个人计算机也可用作家用电器——这或许和乔布斯曾担任家用电子游戏设计师有关。公司将"苹果二号"描述为"家用 / 个人计算机"，这种模棱两可的态度由此可见一斑。

在里吉斯·麦克纳为"苹果二号"发布所设计的广告中，一位家庭主妇忙于厨房杂务，她的丈夫则坐在餐桌旁，俯身查看"苹果二号"，似乎正在处理家庭信息。广告词写道：

伴您工作、娱乐和成长的家用计算机……您可以利用它组织、索引并存储家庭财务、所得税、食谱、生物节律的相关数据，也可以查询支票账户余额，甚至还能控制家居环境。[9]

这些针对个人计算机家庭应用的预测，使人回想起20世纪60年代对计算机公用设施的预测，二者都对消费者有所误导。此外，广告并未指出这些家庭应用纯属噱头，因为当时尚无为"生物节律"、记账或其他应用开发的软件。

个人计算机的用户群由最终为个人计算机开发的软件界定。彼时，成为个人计算机软件创业者并非难事：只需一台开发软件所用的计算机以及一位天资聪颖、掌握编程知识的大一计算机科学新生即可，而不少业余爱好者在青少年时期就已具备这种能力。由于开展个人计算机软件业务的门槛极低，数以千计的公司应运而生，但存活下来的寥寥无几。

及至1976年，市场上仅剩下为数不多的几家个人计算机软件公司，它们主要提供"系统"软件。最受欢迎的产品包括微软公司的BASIC编程语言以及数字研究公司的CP/M操作系统，二者安装在许多不同品牌的计算机中。软件通常与机器捆绑销售，计算机的售价中包含软件公司收取的版税。在1977年，个人计算机软件还是一门很小的生意：微软只有5名员工，年销售额仅为50万美元。

然而，随着"苹果二号"、康懋达PET、坦迪TRS-80等面向消费者的计算机问世，"应用"软件市场开始兴起。应用软件使计算机能够执行有用的任务，而用户无须直接对机器编程。游戏、教育、商业成为应用软件的三大市场。[10]

起初，游戏软件是最大的市场，这反映出当时的消费者多为电子爱好者：

1979年，当客户步入计算机商店时，映入眼帘的是货架上、墙壁上以及玻璃柜中展示的软件。大多数软件都是游戏，其中相当一部分是《太空》《太空 II》《星际迷航》等外太空游戏。不少游戏以苹果计算机为平台，包括保珈玛公司推出的模拟游戏《苹果入侵者》。缪斯、天狼星、布罗德邦德、在线系统等公司从游戏中获利巨大。[11]

在讨论个人计算机软件行业时，计算机游戏往往没有得到足够的重视，但它在行业发展初期发挥了重要作用。计算机游戏开发造就出一批对人机交互感觉非常敏锐的年轻程序员。最成功的游戏无须借助操作手册并能提供即时反馈，最成功的商业软件同样具备简单易用的特点。绝大多数游戏软件公司已销声匿迹，虽然少数企业成为行业主要参与者，但娱乐软件的市场规模始终无法与商业应用相提并论。

教育软件构成了第二类软件市场。各级学校率先大规模采购个人计算机：学习数学需要软件，理科教学也需要模拟程序，商业游戏、语言学习以及音乐同样需要相应的程序。大部分早期软件由教师和学生利用业余时间开发，质量不敢恭维。虽然科研基金资助了一些重要程序的开发，但受制于教育机构的慈善性质，这些软件要么是免费提供的，要么不以营利为目的。因此，教育软件市场发展的随意性很大。

1978 年至 1980 年间，商业应用软件包市场逐步发展起来。依靠电子表格、文字处理器、数据库这三种通用的应用程序，个人计算机成为有效的商用机器。

第一款获得广泛认可的应用程序是 VisiCalc 电子表格，由 26 岁的哈佛工商管理硕士学生丹尼尔·布里克林开发。他设想将个人计算机用作财务分析工具，以取代传统的大型计算机或分时终端。布里克林征询了不少人的建议（包括他的哈佛教授导师），但结果多少令人沮丧。因为与传统的计算机相比，他的想法似乎并无明显优势。但布里克林没有气馁，他在 1977 年至 1978 年间与程序员好友鲍勃·弗兰克斯顿合作，利用业余时间为"苹果二号"计算机开发了一款程序。为推广自己的作品，布里克林找到他在攻读工商管理硕士时的一位同事，后者当时正在经营一家名为"个人软件"的公司，专门销售游戏软件。他们决定将这款程序命名为 VisiCalc，意即可视计算器。

布里克林开发的程序使用大约 25 KB 内存，这是当时个人计算机所能支持的最大存储容量，但以大型机的标准衡量则微不足道。然而，人们起初并未意识到个人计算机具备的某些显著优点：个人计算机是独立且自成一体的系统，几乎能立即显示出财务模型的变化，传统计算机则需要几秒钟时间。这种快速响应赋予管理人员极大的灵活性来探索财务模型，询问所谓的"假设分析"问题。VisiCalc 堪称一款为管理层开发的计算机游戏。

VisiCalc 于 1979 年 12 月发布，推出后口碑甚佳。它不仅是财务工具的突破，也让用户第一次体会到在自己桌上拥有计算机的心理自由，无须被迫接受计算机中心提供的那种平庸且不容讨价还价的服务。此外，"苹果二号"与VisiCalc 的售价为 3000 美元（包括软件），在部门预算乃至个人预算的承受范围之内。

VisiCalc 的成功已成为个人计算机革命的伟大壮举之一，外界常常将它视为推动行业变革的唯一功臣。但总体而言，VisiCalc 的作用有所夸大。根据苹果自己的估计，在 1980 年 9 月之前销售的 13 万台计算机中，仅有 2.5 万台依靠 VisiCalc 的帮助而售出。尽管 VisiCalc 很重要，但即便没有这款软件，文字处理器或数据库应用程序也会在 20 世纪 80 年代初将个人计算机带入企业。

直到 1980 年前后，利用个人计算机进行文字处理才开始发展。原因之一是第一代个人计算机仅能在屏幕上显示 40 个大写字母，且高质量的打印机价格不菲。这个问题在使用电子表格时无关紧要，但导致个人计算机在文字处理方面的吸引力远不及电动打字机或专用的文字处理系统。不过到 1980 年，新上市的计算机已能在屏幕上显示 80 个大小写字母。新型计算机可以在屏幕上显示与打印页面布局完全相同的文本，也就是"所见即所得"。此前，只有售价高达数千美元的顶级文字处理器才具备这种功能。主要由日本制造商生产的廉价打印机可以提供质量不错的输出效果，对于文字处理市场同样贡献良多。

企业家西摩·鲁宾斯坦在 1978 年创立 MicroPro，这是第一家开发文字处理软件并取得成功的公司。时年 44 岁的鲁宾斯坦曾担任大型机软件开发工程师，但他对业余无线电和电子产品兴趣浓厚，也是最早的微型计算机用户之一。鲁宾斯坦很早就认识到个人计算机作为文字处理器的潜力，并于 1978 年开发出名为 WordMaster 的程序。WordMaster 在 1979 年中期被"文字之星"取代，这种完全支持"所见即所得"的系统迅速获得三分之二的市场份额。"文字之星"的售价为 450 美元，月销量达到数百套。之后的 5 年中，MicroPro 售出近百万套文字处理软件，成为一家年收入达到 1 亿美元的企业。

1980 年，市场上出现了数十种电子表格与文字处理软件，加之第一批数据库产品面世，个人计算机作为办公设备的潜力愈发清晰可见。这时候，IBM 等传统的商用机器制造商开始对个人计算机产生兴趣。

IBM 个人计算机与 PC 平台

在个人计算机革命中，IBM 并非沉睡不醒的巨人。公司设有经验丰富的市场研究机构，试图对市场趋势做出预测；1980 年，当个人计算机被明确界定为商用机器后，IBM 的反应速度快得惊人。威廉·C. 洛建议公司开展个人计算机业务，这位资深经理在美国佛罗里达州博卡拉顿的 IBM "入门级系统"部门担任负责人。1980 年 7 月，洛在纽约州阿蒙克向 IBM 的高级管理层陈述了自己的观点，并提出一项激进的计划：IBM 不仅应进军个人计算机市场，而且最好摒弃传统的开发流程，以适应蓬勃发展、充满活力的个人计算机行业。

近一个世纪以来，IBM 始终奉行官僚式的开发流程，新产品投放市场的时间往往长达 3 年。造成这种迟缓的部分原因在于公司百年来遵循的垂直整合实践：自行制造产品使用的所有组件（半导体、开关、塑料机箱等），以实现利润最大化。而洛认为，IBM 应该采纳业内其他公司的做法，将所有尚未投产的组件（包括软件）外包出去。他还提出另一项打破传统的建议，即 IBM 应利用常规的零售渠道而非直销团队来销售个人计算机。

令人惊讶的是，以僵化守旧形象示人的 IBM 最高管理层批准了洛提出的所有建议。公司在洛的陈述结束两周内授权他继续开发原型机，且必须在 12 个月内做好投放市场的准备。IBM 内部将个人计算机开发项目称为"象棋计划"。由于进入个人计算机市场相对较晚，公司具备若干明显的优势，尤其是可以利用第二代微处理器（一次能处理 16 位而非 8 位数据），IBM 个人计算机因而比市场上的其他计算机快得多。IBM 选择使用英特尔 8088 芯片，这个决定为英特尔之后的蓬勃发展奠定了基础。

　　尽管 IBM 是全球最大的软件开发企业，矛盾的是，公司却没有能力为个人计算机开发软件。其官僚式的软件开发流程缓慢而有条不紊，适合编写大型程序；而个人计算机需要"求快不求稳"①的软件，但 IBM 缺乏开发这类软件所需的关键技能。

　　IBM 最初与数字研究公司创始人加里·基尔代尔（曾开发 CP/M 操作系统）接洽，希望他为新的计算机开发操作软件。这是个人计算机史上最令人心酸的故事之一，由于种种原因，基尔代尔错失良机。一种说法是，他拒绝签署 IBM 的保密协议；另一种说法是，他驾驶飞机兜风，留下身着深色西装的 IBM 代表在地面等待。不管怎样，机会与数字研究公司擦肩而过，落入微软之手。接下来的 10 年中，得益于为 IBM 个人计算机提供操作系统的收入，微软成为 20 世纪后期商业成功的典范，盖茨也在 31 岁时跻身亿万富豪之列。因此，尽管盖茨自信满满、商业头脑出众，但他几乎将一切都归功于自己在正确的时间做正确的事情。

　　1980 年 7 月，IBM 团队抵达比尔·盖茨与保罗·艾伦的微软总部。这家当时规模很小的公司仅有 38 名员工，租用的办公场所位于西雅图市中心。据说盖茨与艾伦非常渴望赢得 IBM 的合同，两人甚至换上西装并打了领带。盖茨略显书卷气，25 岁的他看起来只有 15 岁，但他出身名门，态度认真，对适应 IBM 的文化表现出积极的渴望。在 IBM 看来，与盖茨合作的风险比其他任何个人计算机软件公司都要低，因为几乎所有软件公司都摆出一副藐视"蓝色巨人"的姿态。外界传言，IBM 总裁约翰·奥佩尔听说与微软的合作时曾问道："他是玛丽·盖茨之子吗?"[12] 是的——奥佩尔与盖茨的母亲都在美国联合劝募会②担任董事。

　　与 IBM 达成操作系统的开发协议时，微软既没有实际的产品，也没有在

---

①　原文为 quick-and-dirty，指简单易行、但可能存在缺陷的临时性措施，程序员经常使用这个词描述某种不成熟的解决方案。——译者注

②　美国联合劝募会于 1887 年成立，致力于统筹慈善劝募，并将募集到的捐款分配给会员服务机构。联合劝募会是美国最有影响力的慈善机构之一。——译者注

IBM 要求的期限内完成开发所需的资源。不过，盖茨以 3 万美元的价格从当地一家名为"西雅图计算机产品"的软件公司购得一款合适的软件，并加以改进。最终，名为 MS-DOS 的操作系统与几乎所有 IBM 个人计算机和兼容机捆绑销售，每售出一份拷贝，微软可以获得 10 到 50 美元的版税收入。

1980 年秋，内部代号为"橡子"的个人计算机原型机制造完成，IBM 最高管理层最终批准投产。威廉·C. 洛的任务基本完成，他晋升到更高层，个人计算机项目交由副手唐·埃斯特利奇全权负责。时年 42 岁的埃斯特利奇为人谦逊，作为 IBM 个人计算机的公司发言人，他后来成为除公司总裁外最知名的 IBM 员工。但埃斯特利奇从未像盖茨、乔布斯等少壮派一样受到媒体的关注。

埃斯特利奇领导的开发团队现已增至百余人，并安排工厂使用大量外包组件组装计算机。IBM 与其他公司敲定了批量供应子系统的合同：英特尔和坦登分别提供 8088 微处理器和软盘驱动器，电源由天顶电子公司生产，打印机则来自日本爱普生公司。软件合同也已敲定。除微软的操作系统与 BASIC 外，IBM 还计划开发 VisiCalc 电子表格、文字处理器以及一整套商业程序。此外，计算机附赠一款名为《冒险者》的游戏程序——这表明即便在最后关头，IBM 仍未完全搞清个人计算机究竟是家用设备还是商用机器，抑或两者兼而有之。

在 IBM，并非所有人都乐于看到个人计算机（无论家用还是商用）投产。据报道，一位内部人士表示：

我们为什么要关心个人计算机？它与办公自动化毫无关系，使用"真正"计算机的大公司也不需要这种产品。此外，个人计算机可能不会带来什么变化，只会令 IBM 徒增尴尬。因为在我看来，我们从来就不属于个人计算机行业。[13]

IBM 克服了公司内部的这些阻力，开始积极布局市场营销。个人计算机的经济性决定了无法经由 IBM 的直销团队销售，因为这种方式利润率过低。IBM 与位于美国芝加哥的西尔斯公司接洽，商定通过西尔斯的商务中心销售计算机，并与计算机园地签订了在其门店销售计算机的合同。为服务传统的商业客户，IBM 同样在常规的营业部销售个人计算机以及电动打字机和文字处理器等办公设备。

1981 年初，在"象棋计划"启动仅仅 6 个月后，IBM 指定西海岸的广告代理商洽特－戴公司策划一次广告宣传活动。市场调查表明，个人计算机仍然处于普通商业设备与家用设备之间的灰色地带，因此广告宣传活动既针对商业用户，也面向家庭用户。这种机器被巧妙地命名为"IBM 个人计算机"，暗示 IBM 的设备与个人计算机是同义词。对商业用户而言，印有 IBM 徽标的计算机足以在企业内部立足。但对家庭用户来说，尽管市场调查显示公众认为个人计算机还算不错，但他们同样心怀畏惧——IBM 则被贴上"冷漠无情"的标签。[14] 恰特－戴的宣传活动试图消除这种恐惧：广告塑造了一个酷似查理·卓别林的人物形象，暗指卓别林的成名之作《摩登时代》。这部电影以未来的一家自动化工厂为背景，描述了这位"小人物"在陷入充满敌意的技术世界后，如何面对并最终战而胜之的故事。查理·卓别林的形象缓和了公众的畏惧心理，也赋予 IBM "人性化的面孔"。[15]

1981 年 8 月 12 日，IBM 个人计算机在纽约召开的新闻发布会上亮相。媒体对此兴趣浓厚，计算机与商业媒体的头条新闻如潮水般涌来。接下来的几周里，IBM 个人计算机取得了巨大成功，超出公司内外几乎所有人的预期。虽然不少商业用户对是否要购买苹果、康懋达或坦迪的计算机摇摆不定，但 IBM 徽标的存在使他们相信这项技术是真实存在的。换言之，公众因 IBM 而接受个人计算机。这款售价为 2880 美元的计算机配有各种组件，需求量竟然大到产能无法跟上，零售商只好将客户姓名置于等候名单上作为安抚。在发布几天后，IBM 就决定将产量提高 4 倍。

IBM 个人计算机在 1982 年至 1983 年间成为行业标准。大部分流行的软件包经过修改以便在 IBM 个人计算机上运行，软件的存在又使这种计算机更加普及。其他制造商受到鼓励，开始生产运行相同软件的"克隆"计算机，为日益占据主导地位的"PC 平台"注入动力。IBM 使用的英特尔 8088 微处理器与几乎所有其他子系统都在公开市场上唾手可得，制造"克隆"计算机因而易如反掌。在早期的"克隆"制造商中，最成功的当属总部位于美国休斯敦的康柏计算机公司。1982 年，康柏推出自己的第一款计算机，第一年的销售额即达到 1.1 亿美元。IBM 兼容个人计算机（又称 IBM PC）很快广为人知，软件行业为其开发了数千种程序。由于其影响力迅速扩大，《时代》杂志的编辑在 1983 年 1 月提名 PC 而非某个人作为杂志的年度人物。

与此同时，另一位企业家迈克尔·戴尔将生产工艺与销售创新纳入 PC 标准。

戴尔计算机公司与工艺创新

惠普和苹果曾上演"两个男人一间车库"的创世神话，这类事实和虚构并存的故事与新闻界和公众对于孤独英雄独自完成杰出作品的期望十分契合。威廉·休利特的旧车库位于加利福尼亚州帕洛阿尔托，如今已成为惠普的私人博物馆。在这间经常被誉为"硅谷发源地"的车库里，休利特与戴维·帕卡德组装了惠普的第一款产品（一种用于测试音响设备的音频振荡器）。惠普成立近 40 年后，在加利福尼亚州丘珀蒂诺乔布斯父母家的车库中，史蒂夫·乔布斯与斯蒂芬·沃兹尼亚克组装完成第一台苹果计算机，这个事实只是进一步增加了"两个男人一间车库"的神秘感。部分管理学专家很快注意到，成功的企业家在开始创业前，通常会选择进入公司工作，并在公司内部积累知识与技能。这样的例子在计算机行业不胜枚举：威廉·诺里斯离开斯佩里－兰德，领导控制数据公司；西摩·克雷从控制数据公司离职，创建克雷研究公司；在共同创立英特尔之前，罗伯特·诺伊斯和戈登·摩尔曾先后从肖克利半导体实验室与仙童半导体辞职。尽管如此，"两个男人一间车库"的文化魅力依然强大。

随着个人计算机行业的发展，大学宿舍取代车库，成为信息技术创业活动的标志性场所。新生比尔·盖茨从哈佛大学退学，与他人共同创立微软；新生肖恩·范宁从美国东北大学退学，与他人共同创立在线音乐服务 Napster；新生马克·扎克伯格从哈佛大学退学，创立 Facebook。（第 12 章将探讨 Facebook。）

另一位新生迈克尔·戴尔从其他青少年中脱颖而出——因为他在美国得克萨斯大学的宿舍不仅是早期规划与原型设计的场所，产品组装最初也在这里进行。从 1983 年起，戴尔开始革新采购、销售与交付流程；及至 1999 年，戴尔计算机公司已成为全球最大的个人计算机企业。戴尔之所以能取得成功，标准 PC 平台的出现、组件与软件供应商的成熟网络固然功不可没，其他条件同样不可或缺。

对个人计算机厂商而言，竞争在很大程度上取决于价格，最终与能否及时根据客户需求定制处理器、存储器和软件有关——迈克尔·戴尔迅速领悟到所有要素并付诸行动。他在得克萨斯州休斯敦就读中学时发现，虽然 IBM 的计算机售价接近 3000 美元，但核心部件只要大约 700 美元就能买到。戴尔很快开始购买计算机部件以升级自己的 IBM PC，并将这些部件出售给朋友。1983 年，18 岁的戴尔入读得克萨斯大学奥斯汀分校，他开始在宿舍里升级个人计算机与附加组件，然后销售给当地企业。圣诞节假期过后，戴尔提前返回奥斯汀，留出时间组建自己的企业——PC 有限公司。通过报纸上的小广告以及口口相传，升级后的个人计算机月销售额很快达到 5 万至 8 万美元。戴尔首先将公司迁至一套两居室公寓，1984 年 5 月，他在北奥斯汀租下面积为 1000 平方英尺的办公室。戴尔意识到，如果公司具备制造整台个人计算机的能力——而不仅仅是从库存过剩、愿意打折出售的零售商那里购买简装版计算机并加装零部件——就能获得更大的利润。1985 年初，戴尔聘请工程师杰伊·贝尔，以新面世的英特尔 80286 微处理器（称为 286）为基础研制出公司的第一款个人计算机。

康柏等竞争对手借助计算机园地与其他零售商销售个人计算机，PC 有限公司则通过邮购直接销售。消除中间环节后，PC 有限公司总能提供质优价廉的产品。戴尔从一开始就将目标锁定在企业市场。他之所以能取得成功，关键在于允许客户自行选择磁盘驱动器、内存以及其他特性规格。这种大规模的个人计算机制造模式称为大规模定制，进一步使 PC 有限公司从竞争对手中脱颖而出。1988 年，公司更名为戴尔计算机公司，以借助其著名创始人的知名度。

到 1986 年，戴尔因打造全球最快的个人计算机而获得广泛的免费宣传。随着时间的推移，籍由所奉行的大规模定制策略，公司得以在商业、政府、个人消费者市场以多种不同的价位销售计算机。每种细分市场都配有专职销售人员，负责为客户定制产品。实际上，公司与客户的关系因直销得以巩固，从而将回头客掌握在手中。不妨回想摩尔定律：在一个因芯片容量快速增长而导致 3 到 5 年内就要强制淘汰和产品换代的行业中，这种策略堪称完美。

根据摩尔定律可知，新出厂计算机的价值将逐月下降。戴尔计算机公司从这个结论中进一步受益：戴尔的成品在几周内就能送达客户，而依赖零售渠道的竞争对手平均需要 4 个月时间。直销与大规模定制实践也使戴尔能基于准时制订购零部件，从而实现库存最小化或无库存。汽车行业的丰田公司也采用类似的技术，但戴尔是计算机行业中率先运用这类精益生产法的企业。

戴尔通过工艺创新将竞争对手抛在身后，但美国、欧洲与日本的主要竞争对手都已取得高销量；随着个人计算机成为标准化商品，价格也面临下行压力。20 世纪 80 年代初，意大利的奥利维蒂公司以及日本的东芝和日立公司均转向 PC 平台；80 年代后期出现了一次全球性的行业洗牌与整合，在很大程度上归因于日益占据主导地位的个人计算机标准。戴尔采用的直销模型同样有效仿者，其中最突出的当属捷威计算机公司。利用其诞生地艾奥瓦州的传统，捷威将销售的个人计算机装在印有黑色奶牛花斑的白色包装盒内。80 年代末，个人计算机行业的主导标准与市场领导地位的集中程度，与 30 年代的无线电行业颇为类似：这个曾经拥有无数参与者的开放行业，最终演变为由少数几家主导企业控制的庞大产业。迄今为止，从个人计算机的大规模增长中获益最大的公司当属英特尔与微软。IBM、戴尔、康柏、奥利维蒂、日立、东芝、捷威以及其他"克隆"厂商生产的几乎所有个人计算机都安装了微软的操作系统，超过 80% 的个人计算机配有英特尔的微处理器与微软的应用软件。

几乎所有拒绝遵循 IBM 标准的企业都在短时间内烟消云散，或被迫做出姗姗来迟的让步。唯一的重要例外是苹果计算机公司，创始人史蒂夫·乔布斯发现了与 IBM 标准竞争的另一种方式：不是制造价格更低的硬件，而是开发质量更好的软件。

从 SAGE 到因特网

上图 20 世纪 60 年代初部署的 SAGE 防空系统，由大约 30 个战略分布在北美各地的"指挥引导中心"组成，能提供完整的雷达覆盖范围，以防御针对美国的空中攻击。控制台供普通的空军人员使用，使用屏幕与光笔取代打孔卡或先前系统中笨重的电传打字机，以建立人机交互技术（由巴贝奇研究所与明尼苏达大学提供）

左图 SAGE 操作系统使用的程序卡，包括 100 多万行代码。系统开发公司负责研发 SAGE 使用的软件，这个项目成为孕育美国软件业的摇篮（由 MITRE 公司提供）

"旋风计划"负责人杰伊·W. 福里斯特与磁芯存储板原型。SAGE 计划使用的 AN/FSQ-7 大型机以"旋风"计算机为原型开发（由麻省理工学院博物馆提供）

J.C.R. 利克里德是训练有素的心理学家，他担任 SAGE 计划的顾问，负责为人机交互提供咨询。利克里德在 20 世纪六七十年代制定了许多研究计划，最终催生出简单易用的个人计算机与因特网。利克里德还是一位出色的政治操盘手，他激励了一代计算机科学家，并为他们争取到政府资助，以支持人机交互与网络计算方面的研究（由麻省理工学院博物馆提供）

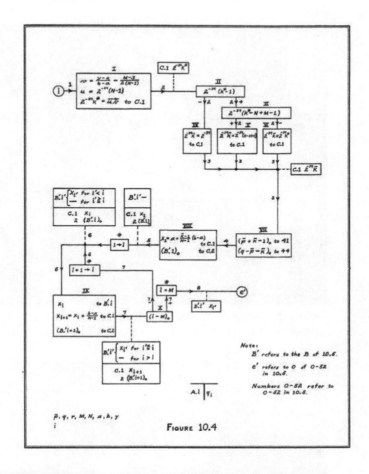

FIGURE 10.4

上图 在普林斯顿高等研究院工作期间，赫尔曼·戈德斯坦与约翰·冯·诺伊曼引入"流程图"，作为管理程序复杂性以及与他人沟通的手段〔赫尔曼·H. 戈德斯坦与约翰·冯·诺伊曼，《电子计算仪器问题的规划与编码》，第二部分，第二卷（1948），第 28 页。由普林斯顿高等研究院提供〕

左图 FORTRAN、COBOL、BASIC 等编程语言不仅提高了程序员的工作效率，而且使非专业人士也能够编写程序。1957 年发布的 FORTRAN 由 IBM 的约翰·巴克斯设计，几十年来一直是使用最广泛的科学编程语言（由 IBM 提供）

20 世纪 50 年代中期，格雷丝·默里·霍珀（黑板前站立者）在 Univac 公司讲授程序设计课。COBOL 是最流行的商业编程语言，霍珀是这门语言的主要倡导者（由巴贝奇研究所与明尼苏达大学提供）

1964 年前后，BASIC 编程语言的发明者约翰·凯梅尼（左）与托马斯·库尔茨（中）为学生解答计算机程序的相关问题。BASIC 最初为学生设计，但后来跻身主流语言之列，并成为最受欢迎的个人计算机编程语言（由达特茅斯学院图书馆提供）

20 世纪 60 年代中期，分时改变了人们使用计算机的方式：提供简单易用的软件，使用户以较低的成本访问功能强大的计算机。如图所示，达特茅斯学院开发的分时系统使该校大部分学生接触到使用 BASIC 编程语言的计算机（由达特茅斯学院图书馆提供）

20 世纪 60 年代中期，拜微电子技术的发展所赐，人们开始制造性能堪与传统大型机媲美的廉价小型计算机。如图所示，PDP-8 是第一种小型计算机，销量达到数万台（由计算机历史博物馆提供）

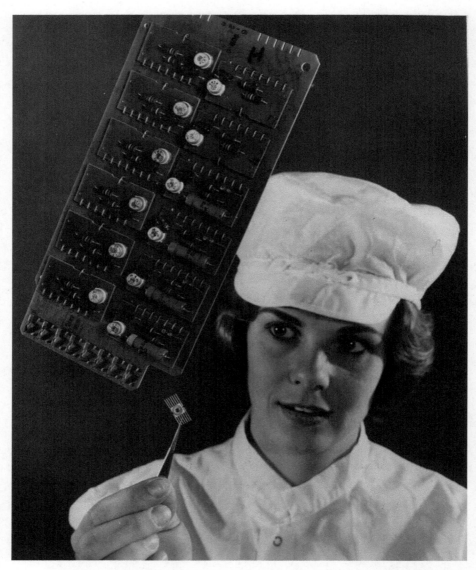

第一代计算机采用电子管制造。到 20 世纪 50 年代末，这种技术已被体积更小、速度更快、价格更低、产生热量更少的分立式晶体管所取代。60 年代中期，分立式晶体管让位于集成电路。集成电路将多个晶体管与其他元件纳入一个硅"片"中，因而更小、更快也更便宜。及至 1990 年，人们已能制造出包含 100 多万个晶体管的芯片。电子行业从 70 年代开始采用新的数字电子技术与集成电路，催生出电子游戏、计算器、数字手表等一系列创新产品（由巴贝奇研究所与明尼苏达大学提供）

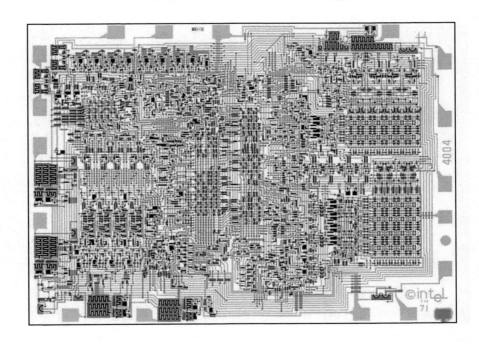

上图 1971 年发布的英特尔 4004 微处理器是第一种 "芯片上的计算机"。起初，外界预测微处理器将用于汽车、办公设备、耐用消费品等简单的控制应用；后来，在全尺寸计算机中使用微处理器的设想逐渐出现。直到 1977 年，第一代个人计算机才投放市场（由英特尔公司提供）

左图 1975 年 1 月面世的 "牵牛星 8800" 是第一种基于微处理器的计算机。它面向电子产品爱好者，售价为 397 美元。请注意，《大众电子》杂志将 "牵牛星 8800" 称为小型计算机，因为 "个人计算机" 一词当时尚未出现（由罗伯特·弗尔克提供）

芯片的出现催生出电子游戏。1978 年，大获成功的街机游戏《太空侵略者》面世。两年后，雅达利公司推出家用版《太空侵略者》，成为最受欢迎的电子游戏类型之一（由斯坦福大学图书馆提供）

20 世纪 80 年代初，法国政府开始向电话用户免费发放数百万部 Minitel 终端，以此为基础构建全国性的信息网络。除目录查询外，Minitel还提供聊天室、娱乐、邮购等服务。Minitel 最终败于因特网，并在 2012 年停止服务（由法国电信提供）

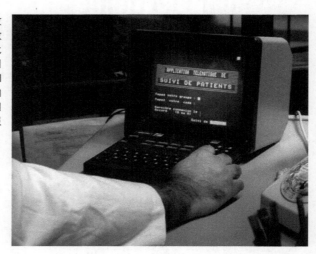

1977 年面世的"苹果二号"为个人计算机的典范：它不仅装有中央处理器，还配备了键盘和屏幕，以及用于程序和数据存储的软盘驱动器。无论是作为消费产品还是商用机器，"苹果二号"都取得了成功（由巴贝奇研究所与明尼苏达大学提供）

1981 年面世的 IBM PC 迅速成为行业标准，企业个人计算机因此完全为公众所接受。5 年内，半数新上市的个人计算机都是对 IBM PC 的"克隆"，由康柏、捷威、戴尔、奥利维蒂、东芝等主要制造商生产（由巴贝奇研究所与明尼苏达大学提供）

苹果计算机公司没有复制 IBM PC，而是决定制造麦金塔计算机，这种低成本的计算机具有简单易用的图形用户界面。麦金塔计算机于 1984 年投放市场，其用户友好性在几年内无人能及（由巴贝奇研究所与明尼苏达大学提供）

1981 年春发布的"奥斯本一号"是首批便携式个人计算机之一。虽然这种计算机可以放在飞机座位下，但由于太过笨重，人们有时称它为"可携带的"而非"便携式"（由计算机历史博物馆提供）

1963 年，道格拉斯·恩格尔巴特在斯坦福研究院成立人因研究中心。个人计算机出现之前，计算机在办公环境中的应用受到恩格尔巴特的影响。这张摄于 1968 年前后的照片展示了恩格尔巴特最著名的发明——点击式鼠标。鼠标随后在台式计算机中普及开来（由斯坦福国际研究院提供）

纵观计算机史，比尔·盖茨比任何人都更能引起公众的兴趣与争议。他是微软公司的联合创始人，微软开发了安装在数亿台个人计算机中的 MS-DOS 与 Windows 操作系统。外界将盖茨描绘成典型的计算机怪才和冷酷无情的洛克菲勒式商人，他堪称"乘坐信息经济过山车的企业家"的缩影（由微软公司提供）

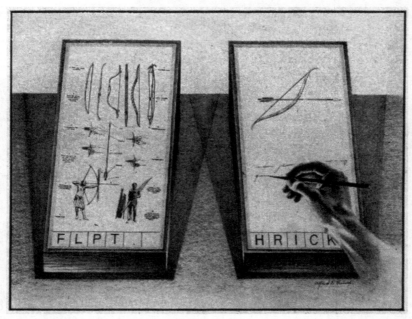

1945 年，万尼瓦尔·布什提出"麦麦克斯"系统的概念，以帮助应对战后的信息爆炸。布什的概念对超文本以及最终催生出万维网的其他创新产生了重要影响。上图展示了能存储大量信息的缩微胶卷机构，下图展示了屏幕的特写（由时代公司提供）

第 11 章
魅力渐长

大部分新技术最初都不完善，它们难以掌握，只有热衷此道的先行者方能驾驭。20 世纪 20 年代初，无线电使用的电子电路相当简陋，会出现啸叫和漂移，需要多人才能操作；为无线电供电的蓄电池必须送到当地的汽车修理厂充电，而娱乐活动通常仅限于当地舞厅的广播。但经过几年的发展，超外差电路①改变了收音机的稳定性，使得调谐更加方便，收音机变得如普通电器一般易于使用；戏剧、音乐、新闻、体育等广播节目的质量也堪与电影院上映的影片媲美。"收听广播"很快成为一种平常的体验。

20 世纪 80 年代，个人计算机重现了类似的一幕：只要对其稍有了解，普通人就能使用（并愿意使用）计算机。图形用户界面使计算机更容易操作，软件和服务则使计算机物有所值。软件行业的新分支创造出数以千计的应用程序，而相当于书本容量的信息通过 CD-ROM 光盘直达用户案头。当用户之间可以通过计算机网络相互"聊天"或交换电子邮件时，个人计算机彻底完成了向信息机器的蜕变。

个人计算机软件产业日趋成熟

1995 年 8 月 24 日，微软发布 Windows 95，它是公司当时最重要的软件产品。前期宣传的规模无与伦比。在产品发布前几周，全球股市的科技股大

---

① 超外差电路将接收到的电台信号转换为固定频率的中频信号，再进行放大和检波，从而提高了收音机的灵敏度。——译者注

幅走高；到 8 月下半月，微软的宣传攻势达到顶峰。根据新闻报道的估计，Windows 95 的发布成本高达 2 亿美元，其中仅购买《让我开始》的使用权就耗资 800 万美元，微软将滚石乐队的这首单曲作为电视广告的背景音乐。公司在各大城市租用剧场并安装视频屏幕，以便翘首以待的公众能聆听董事长比尔·盖茨的演讲。

前一章曾经提到过，1980 年的微软还是一家只有 38 名员工、年销售额仅为 800 万美元的小公司。而 10 年后的 1990 年，公司已拥有 5600 名员工，年销售额达到 18 亿美元。微软崛起的事实表明，在 20 世纪 80 年代个人计算机的发展中，软件比硬件更重要。

个人计算机软件产业的发展历经两个阶段。第一阶段可称为"淘金时代"，从 1975 年前后持续到 1982 年。在这一时期，开展软件业务的门槛极低，进入市场的新公司多达数千家，几乎所有公司都是资本不足、只有三两个人的初创企业。第二阶段始于 1983 年前后，紧随以 IBM PC 兼容机为主的个人计算机市场实现标准化之后。这一阶段属于盘整期，许多早期公司出局，新的市场参与者需要大量风险投资，仅有少数几家（美国）企业在全球范围内大放异彩。

个人计算机软件产业增长迅速，但最引人注目之处在于它和当时的软件产品行业几乎完全脱节。而在 1975 年，软件产品行业的年销售额达到十几亿美元，多家主要的国际供应商参与其中。两个行业之所以泾渭分明，技术与文化两方面的原因兼而有之。从技术角度讲，当时的软件公司拥有功能强大的软件工具和一整套方法，虽然适合开发可靠的大型程序，但不适合为内存很小的第一代个人计算机编写程序。实际上，这些工具和方法可能适得其反。新行业的参与者不需要先进的软件工程知识，但应具备与 20 世纪 50 年代第一批软件承包商同样的素质，这就是创造力以及优秀大学毕业生所掌握的技术知识。当时的软件公司根本无法从小处着眼或行事：它们的间接成本过高，难以开发出具有价格竞争力的个人计算机软件产品。

文化方面的因素同样不可忽视。传统的软件包公司聘用身着深色西装、拥有 IBM 背景的销售人员推销程序，个人计算机软件公司则通过邮购与零售渠道销售产品。如果有人系着领带参加个人计算机软件行业的聚会，就会被"剪掉领带，扔进泳池"。[1]

尽管进入行业的企业数量众多，但仅有 VisiCalc（电子表格）、"文字之星"（文字处理器）、dBase（数据库）等少数产品迅速成为市场的佼佼者。到 1983 年底，这三种产品已在各自的市场中居于主导地位，累计销量分别达到 80 万、70 万和 15 万套。

作为一种新产品，个人计算机软件必须找到适合自身的营销方式。在寻求类比时，行业专家往往将个人计算机软件业务与流行音乐或图书出版相提并论。例如，成功的关键因素在于营销。广告成本一般占零售成本的 35%。促销方式包括杂志广告、免费演示磁盘、销售点材料、展览等，而营销成本通常比程序的实际开发费用高出一倍。正如一位行业专家所言，开展软件业务的障碍"第一是营销，第二是营销，第三仍然是营销"。[2] 相比之下，制造成本（只是复制磁盘与印刷用户手册）在全部成本中所占的比重是最小的。

与流行音乐或图书出版进行类比颇为恰当。所有软件开发商都在寻找捉摸不定的"热销品"，以便将营销与研发成本分摊到尽可能高的销量中。

"淘金时代"在 1983 年前后结束。据估计，15 家企业占有三分之二的市场份额，而开展个人计算机软件业务需要克服三大障碍。第一个障碍在于技术，这归因于显著提高的个人计算机性能。新一代 IBM PC 兼容机开始主宰市场，它们已能运行较小大型机使用的软件，需要类似的技术资源进行开发。1979 年，两三个人就能开发主要的软件包，现在则需要十个人甚至更多。（例如，最初的 VisiCalc 包含大约一万条指令，而成熟的 Lotus 1-2-3 电子表格约有 40 万行代码。）专业知识是进入市场的第二个障碍。就开发界面美观的个人计算机软件而言，所需的知识掌握在现有公司手中，而这些知识无法从书本或计算机科学课程中获得。第三个障碍是分销渠道，它也许是最大的障碍。1983 年，典型的计算机专卖店能容纳 200 种产品，但据称有 3.5 万种产品希望在其中占据一席之地，仅 IBM PC 兼容机可以运行的文字处理软件就达 300 种。克服这一障碍需要投放大量广告，大笔注资因而必不可少。

人们或许认为这些壁垒有助于保护维西、MicroPro、安信达等现有的公司，但事实并非如此。及至 1990 年，这些企业以及 20 世纪 80 年代初大部分知名的软件公司都已在竞争中落败，它们要么被收购，要么彻底破产。

这种转变的原因很复杂，而最主要的原因在于一款"热销"产品的重要性。它的推出或许会在几年内改变公司的财务状况，但其消亡也可能使企业陷入螺旋式衰退的境地。在这些戏剧性的命运转折中，VisiCalc 开发商维西公司的经历或许最令人心酸。1983 年，处于鼎盛时期的维西年收入高达 4000 万美元；但到 1985 年，作为独立实体的维西已不复存在。随着竞争对手推出 Lotus 1-2-3，维西彻底出局。

如果希望开发热销软件，要么获得大笔风险投资，要么依靠现有成功产品带来的稳定收入。1982 年，时年 32 岁的企业家米奇·卡普尔创立莲花公司。公司的发展历程表明，要想在计算机软件领域成功创业，就必须解决资金方面的问题。[3] 卡普尔是一位魅力出众的自由软件开发者，曾在 1979 年为维西公司开发过几款成功的软件。拿到维西支付的销售版税后，卡普尔决定以 170 万美元的价格一次性将全部软件的所有权出售给对方。利用这笔资金以及后来获得的风险投资（总共 300 万美元），卡普尔开发出名为"Lotus 1-2-3"的电子表格，以期与最畅销的 VisiCalc 正面竞争。只有采用更先进的技术，Lotus 1-2-3 才可能在市场上击败 VisiCalc，其开发费用预计达到 100 万美元。据报道，莲花公司在首次发布这款新型电子表格产品时又投入了 250 万美元。Lotus 1-2-3 的零售价为 495 美元，据称约有 40% 的收入用于广告宣传。凭借强大的宣传攻势，Lotus 1-2-3 在最初 18 个月内就售出 85 万套，立即在市场上遥遥领先。

微软公司的故事则表明，如果可以从一款已取得成功的产品中获得收入，就无须寻求风险投资。到 1990 年，微软已成为个人计算机软件行业杰出的领跑者，公司创始人威廉·亨利·盖茨三世（比尔·盖茨）的传记和简介层出不穷。不过在 1981 年，就在 MicroPro、维西等公司即将成为大企业之时，微软还只是一家为微型计算机开发编程语言和实用工具的小公司，其市场主要限于计算机制造商与技术爱好者。但前一章曾经提到过，盖茨在 1980 年 8 月与 IBM 签订合同，为 IBM 新推出的个人计算机开发 MS-DOS 操作系统。

随着 IBM 兼容计算机的销量增长，几乎所有计算机都安装了微软开发的 MS-DOS 操作系统。数十万（最终数百万）台售出的计算机使微软赚得盆满钵盈。及至 1983 年底，MS-DOS 的销量达到 50 万套，净利润超过 1000 万美元。微软在软件行业的地位独一无二：MS-DOS 成为硬件与应用软件之间不可或缺的环节，所有用户都要购买。

受惠于 MS-DOS 带来的收入，微软得以在不必依靠外部资金的情况下实现计算机应用程序的多样化。但与某些错误认识不同，微软的失败产品远较成功产品为多。如果没有 MS-DOS 的收入作为支撑，那么公司永远不会发展到如今的规模。例如，微软的第一款应用程序是名为 Multiplan 的电子表格，计划采用和 Lotus 1-2-3 类似的方式与 VisiCalc 竞争。Multiplan 甚至在 1982 年 12 月斩获年度软件奖，但其影响力远逊于 Lotus 1-2-3。倘若无法像微软一样获得稳定收入，任何企业都将举步维艰。1982 年中期，微软还启动了文字处理软件 Word 的开发工作。这款产品于 1983 年 11 月发布，知名度和 Lotus 1-2-3 不相上下。微软耗资 35 万美元，通过《个人计算机世界》杂志发放了大约 45 万张演示软件功能的磁盘。即便如此，Word 最初仍然难称成功，对行业龙头"文字之星"的影响微乎其微。微软仍然只是一家依靠 MS-DOS 操作系统作为摇钱树的中型企业。

图形用户界面

如果希望个人计算机为更多消费者所接受并提高市场占有率，就必须设法提高计算机的"用户友好性"。20 世纪 80 年代，10% 的用户因使用麦金塔计算机而获得了良好的用户体验，其余 90% 的用户后来借助微软 Windows 实现了这一目标。两种系统均以图形用户界面的概念为基础。

在麦金塔计算机面世之前，个人计算机通过磁盘操作系统（DOS）与用户通信。对 IBM PC 兼容机而言，最流行的操作系统当属微软开发的 MS-DOS。与个人计算机发展早期的许多其他技术一样，DOS 脱胎于大型机和小型计算机技术，这就是效率极高却令人生畏的 Unix 操作系统。与大型机和小型计算机使用的操作系统相比，早期具有 DOS 风格的操作系统并无太大改进，不熟悉计算机的用户往往难以理解。普通用户发现，使用 MS-DOS 来安排工作既困难又恼人。

用户通过"命令行界面"实现与操作系统的交互。在命令行界面中，用户必须明确键入每条计算机指令并保证其正确无误。例如，如果希望将名为 SMITH 的文件从 LETTERS 目录移动到 ARCHIVE 目录，则需要键入以下命令：

```
COPY A:\LETTERS\SMITH.DOC B:\ARCHIVE\SMITH.DOC
DEL A:\LETTERS\SMITH.DOC
```

哪怕有一个字母不正确，用户也要重新键入整条命令。所有神秘符号的用法都记录在一本厚厚的手册中。诚然，不少技术人员欣赏 MS-DOS 的复杂之处，但对公司职员、秘书、在家工作的作家等普通用户而言，这些命令怪异难懂——就像必须理解化油器才能驾驶汽车一样。

图形用户界面简称 GUI（发音为"/guːi/"），它致力于提供自然且直观的计算机使用方式，避免用户受到上述问题的困扰。用户不必借助操作手册，只需几分钟（而不是几天）就能掌握计算机的用法，且所有应用程序的图形用户界面均保持风格统一。图形用户界面有时也称为 WIMP 接口，它是"窗口"（Windows）、"图标"（Icons）、"鼠标"（Mouse）、"下拉菜单"（Pull-down menus）这 4 种关键组件的首字母缩写。这种新型界面的重要思想在于使用普通用户也能理解、与技术计算关系不大的"桌面隐喻"[①]。屏幕展示了一个理想化的桌面，文件夹、文档与办公工具（如记事本和计算器）置于其上。桌面上的所有对象均采用"图标"表示——例如，打字文稿的小图片表示一份文档，而文件夹图片表示一组文档，诸如此类。查看文档时，只需将鼠标指针移至屏幕上的相应图标并点击，屏幕上就会出现一个"窗口"以浏览文档。如果选中并打开多个文档，各个窗口将重叠起来，就像真正书桌上的文档彼此重叠一样。

---

① "桌面隐喻"是图形用户界面的主要特征之一，它以现实生活中人们熟悉的事物为参照，帮助用户理解陌生的概念和操作，从而更容易与计算机进行交互。例如，Windows 和 macOS 两大操作系统的"桌面"均影射现实生活中的桌面。而菜单可以被视作桌面隐喻的延伸：通过计算机菜单进行选择与在餐厅使用菜单点菜有异曲同工之妙。——译者注

用户友好性技术早在个人计算机出现之前就已存在，但这项技术从未得到充分利用。20 世纪 60 年代，美国高级研究计划局下属的信息处理技术处资助了两个实验室，与现代计算机界面有关的几乎所有设想都诞生于此：它们是美国斯坦福研究院的小型人因研究团队，以及位于美国犹他大学、由戴维·埃文斯和伊万·萨瑟兰领导的一个规模更大的图形学研究小组。

斯坦福研究院人因研究中心成立于 1963 年，由后来被誉为人机交互先驱的道格拉斯·恩格尔巴特领导。自 20 世纪 50 年代中期以来，恩格尔巴特一直在努力筹措资金，以开发一种类似于个人信息存储与检索设备的计算机系统。这种系统实际上用电子文档取代纸质文档，并通过先进的计算机技术实现文档的归档、搜索与传播。1962 年，高级研究计划局在 J.C.R. 利克里德的领导下启动计算机研究项目，而恩格尔巴特的项目与利克里德提出的"人机共生"理念完全一致。利用高级研究计划局提供的资助，恩格尔巴特在斯坦福研究院组建了一支才华横溢的团队，十几位计算机科学家与心理学家开始进行他们称之为"电子办公室"的研究工作。这种系统将文字和图片以前所未有的方式整合在一起，但如今通常使用计算机就能完成。

现代图形用户界面的不少具体特性都归功于恩格尔巴特团队的工作——虽然迄今为止恩格尔巴特最著名的发明是鼠标。在尝试多种点击设备后，恩格尔巴特后来回忆道："就我们的工作环境而论，鼠标以其快速准确的屏幕选择始终领先于其他设备。几个月以来，我们将其他设备连接到工作站，以便用户可以使用自己选择的设备。但在所有人都选择鼠标后，我们放弃了其他设备。"[4] 这一切发生在 1965 年。"谁都没有想过'鼠标'这个名字会走向世界，也没有人想过它需要多久才能走向世界。"[5]

1968 年 12 月，恩格尔巴特团队在旧金山举行的全美计算机会议①上演示

---

① 严格来说，1968 年 12 月举行的全美计算机会议应称为"秋季联合计算机会议"。联合计算机会议是 1951 年至 1987 年间在美国举行的一系列计算机会议。1951 年至 1961 年间，该会议分为西海岸联合计算机会议与东海岸联合计算机会议；1962 年，二者分别更名为"秋季联合计算机会议"与"春季联合计算机会议"；1973 年，两个会议合并为全美计算机会议。

——译者注

了电子办公室的样机。投影仪将计算机屏幕放大到 20 英尺宽，以便整个大礼堂的观众都能看清。这是一次极具震撼力的演示；尽管系统因过于昂贵而不太实用，但"它给许多人留下了深刻印象"[6]，这些与会者后来在施乐公司开发出第一种商业图形用户界面。

在图形用户界面的早期发展中，犹他大学计算机科学实验室是第二个关键参与者。在戴维·埃文斯与伊万·萨瑟兰的领导下，实验室在计算机图形学领域做出许多根本性的创新。犹他大学的环境造就了一位名叫艾伦·凯的研究生，他所从事的一项理论研究在 1969 年催生出一篇极具影响力的计算机科学博士论文。凯的研究集中在他当时称为"反应式引擎"的设备上，这种后来被凯称为 Dynabook 的设备能满足用户的个人信息需求。Dynabook 是一种笔记本大小的个人信息系统，旨在取代普通的平面媒体。借助计算机技术的帮助，Dynabook 不仅可以存储大量信息，还能访问数据库并集成复杂的信息查找工具。当然，凯在攻读博士时设计的系统与乌托邦式的 Dynabook 相去甚远。尽管如此，在 20 世纪 60 年代末，恩格尔巴特的电子办公室与凯提出的 Dynabook 概念是催生出现代图形用户界面的"两条主线"。[7]

20 世纪 60 年代，这些设想之所以未能付诸实施，是因为缺少小巧紧凑、经济划算的技术。60 年代中期，一台配套齐全的小型计算机占地数平方码①，价格高达 10 万美元，单个用户根本无力负担如此庞大的设备。但到 70 年代初，计算机价格迅速下降，这些设想的商业化不再是空中楼阁。美国首屈一指的复印机制造商施乐公司率先将设想付诸实施。

20 世纪 60 年代末，施乐的战略规划人员对来自日本复印机制造商的竞争感到忧虑，他们认为公司有必要实现多元化发展，摆脱对复印机业务的高度依赖。为确保今后立于不败之地，施乐于 1969 年在硅谷成立帕洛阿尔托研究中心，着手开发"未来办公室"所需的技术。在 70 年代投入到该研究中心的 1 亿美元中，约有一半用于计算机科学研究。施乐聘请曾担任高级研究计划局信息处理技术处主管的罗伯特·泰勒领导研究工作。泰勒是利克里德"人机共

---

① 1 平方码等于 9 平方英尺，约合 0.836 平方米。——译者注

生"理念的忠实信徒,他在帕洛阿尔托研究中心负责开发"信息体系结构",为 80 年代的办公产品奠定了基础。[8]

这项工作的具体目标是构建一个由"阿尔托"台式计算机组成的网络。阿尔托项目始于 1973 年,当时网罗了一批能力很强的研究人员——犹他大学的艾伦·凯以及加利福尼亚大学伯克利分校的巴特勒·兰普森和查尔斯·希莫尼,还有拉里·特斯勒等其他一些如今知名的行业人士都在其中。帕洛阿尔托研究中心的许多学者之前都曾得到过信息处理技术处的资助,但该机构在 20 世纪 70 年代将注意力转向任务关键型军事研究项目,其他项目因此很难获得资助。在开发阿尔托计算机的过程中,施乐帕洛阿尔托研究中心研制出图形用户界面,它成为"80 年代的首选风格,就像分时是 70 年代的首选风格一样"。[9]

阿尔托计算机按台式计算机的要求设计,配有专门制造的显示器,可以显示宽 8.5 英寸、长 11 英寸的"纸张"。与普通终端不同,这种显示器显示的文档看起来如同包含图形图像的排版页面,与凯对 Dynabook 的设想完全一致。阿尔托计算机还配有恩格尔巴特设计的鼠标,以及我们现在熟悉的桌面环境(包括图标、文件夹与文档)。简而言之,该系统符合人们如今对麦金塔计算机或装有 Windows 的 IBM PC 兼容机的所有期望。但这一切都发生在 1975 年,当时个人计算机尚未出现,"人们很难相信一台完整的计算机"可以"满足一个用户的需求"。[10]

施乐决定推出阿尔托计算机的商用版本,并将其命名为"施乐之星"——更确切的名称是 8010 型工作站。1981 年 5 月,这款新计算机在美国芝加哥举行的全美计算机会议上亮相,成为当年最轰动的产品发布。凭借抢眼的图形用户界面和强大的办公软件,"施乐之星"无疑令与会者感受到未来的脉搏。然而从商业角度衡量,"施乐之星"却成为 10 年来令人失望的产品之一。施乐在技术上无可指摘,但营销方面却满盘皆输。根本问题在于"施乐之星"造价过高:如果仅为"施乐之星"价格五分之一的普通个人计算机可以完成同样的工作(虽然不太尽如人意),那么显然很难说服消费者为一台功能强大的工作站支付一年的薪资。尽管未能在商业上取得成功,但"施乐之星"描绘的前景改变了 20 世纪 80 年代人们使用计算机的方式。

史蒂夫·乔布斯与麦金塔计算机

1979 年 12 月，史蒂夫·乔布斯应邀访问施乐帕洛阿尔托研究中心。就在乔布斯到访时，由阿尔托计算机样机组成的网络刚刚开始展示施乐公司提出的"未来办公室"概念，乔布斯对所见所闻深感敬畏。负责演示阿尔托计算机的拉里·特斯勒还记得乔布斯的追问："施乐为什么不进行营销？……你们可以将所有竞争对手赶尽杀绝！"[11] 当然，这正是施乐希望当时处于研发阶段的"施乐之星"实现的目标。

回到苹果公司位于美国库比蒂诺的总部后，乔布斯说服他的同事，苹果的下一款计算机必须与他在施乐帕洛阿尔托研究中心看到的机器如出一辙。1980 年 5 月，乔布斯从施乐挖来特斯勒负责新计算机的技术开发，苹果将这款计算机称为"莉萨"。

"莉萨"的研制工作历时 3 年，于 1983 年 5 月面世。和两年前的"施乐之星"一样，"莉萨"同样受到欣喜若狂的赞誉。然而，一套完整"莉萨"系统的售价高达 16 995 美元，远远超出个人计算机用户的预算，甚至令企业商业机器市场难以承受。两年前，即便在办公直销领域拥有主要优势，施乐尚且未能避免"施乐之星"因过于昂贵而失败的命运；而苹果公司毫无直销经验，因此不出所料，"莉萨"在商业上一败涂地。

"莉萨"的失败令苹果陷于危险之中；公司最成功的计算机是日薄西山、影响力远逊于 IBM PC 兼容机的"苹果二号"；而新产品"莉萨"的价格又令个人计算机市场无法承受。将苹果公司从绝境中拯救出来的是麦金塔计算机。

麦金塔项目始于 1979 年中期，项目发起人为时任苹果公司高级系统经理的杰夫·拉斯金。[12] 20 世纪 70 年代初，拉斯金曾在施乐帕洛阿尔托研究中心工作过一段时间，他将麦金塔计算机描述为"信息设备"：一种简单易用的计算机，插上电源即可使用。在拉斯金的设想中，这种计算机是自成一体的设备，配有内置屏幕，占用不大的空间，可以像电话一样安放在用户的书桌上而不惹眼。麦金塔计算机以拉斯金最喜欢的加州苹果命名^①——遗憾的是，这是项目被乔布斯接管前，拉斯金能为这款计算机做出的为数不多的个人贡献之一。1982 年夏，拉斯金从苹果公司离职。

麦金塔计算机的开发过程笼罩着强烈的神话色彩。乔布斯将麦金塔设计团队的 8 名年轻工程师关在一栋独立的大楼里，楼顶还半开玩笑地升起一面海盗旗。对于如何激励并领导这支设计团队，乔布斯拥有异乎寻常的敏锐洞察力。后来担任苹果公司首席执行官的约翰·斯卡利回忆道："乔布斯的'海盗'是一支精挑细选的团队，聚集了公司内外最优秀的独行侠。完全可以这么说，他们的使命就是震撼人心并颠覆标准。在'过程即奖励'的禅宗口号^②指引下，'海盗'们四处搜罗公司的创意、部件与设计方案。"[13]

麦金塔项目可以从"莉萨"项目获得所有关键的软件技术。"莉萨"的性能因使用专门的硬件而异常出色，但其售价同样不菲。而麦金塔计算机的不少设计工作都致力于以更低的成本获得堪与"莉萨"比肩的性能。

麦金塔计算机的机箱独一无二，令人着迷，这种计算机后来成为 20 世纪末无处不在的工业标志之一。随着产品投放市场的日期临近，最初的 8 人设计团队扩充至 47 人。根据乔布斯的要求，所有 47 位工程师都在压制原始麦金塔机箱的模具中签下了自己的名字。（如今，那些最早生产的老旧麦金塔计算机颇受收藏家的追捧。）

1983 年初，距离麦金塔计算机发布还有不到一年时间，乔布斯说服斯卡利出任苹果公司首席执行官。这项任命在评论人士看来难以理解，因为 40 岁的斯卡利在 20 世纪 70 年代后期策划了百事可乐与可口可乐的博弈^③，声望享

---

① 旭苹果（McIntosh）是一种原产自加拿大的红苹果，是北美最受欢迎的苹果品种之一。拉斯金原本计划将新产品命名为 McIntosh，但由于和音响设备制造商麦景图（McIntosh Laboratory）的名称冲突，因此在"McIntosh"中增加一个字母 a 后称为"麦金塔"（Macintosh）。——译者注
② 乔布斯是一名虔诚的禅宗教徒，曾追随日本禅师乙川弘文学习禅法，并终生坚持打坐禅修。苹果公司设计的产品简洁优雅，深得禅意之美。——译者注
③ 即一系列名为"百事挑战"的营销活动，最初采用盲品测试的形式进行：百事公司在购物中心与其他公共场所放置两个没有品牌的杯子，分别装有百事可乐与可口可乐。公司鼓励消费者品尝两种可乐，然后选择口感最好的一种。测试结果表明，大多数消费者认为百事可乐更好喝。——译者注

誉全美。乔布斯之所以这样做，是因为他认为计算机是一种消费类设备，需要面向消费者营销。

苹果公司制作了轰动一时的电视广告，并于 1984 年 1 月 22 日在"超级碗"（美国职业橄榄球大联盟年度冠军赛）期间播出。这是 20 世纪 80 年代最令人难忘的广告宣传活动之一：

苹果计算机公司即将向世界推出麦金塔计算机，这则广告意在激起人们对这一重大事件的期待。广告展示了一屋子骨瘦如柴、表情木讷的工人，他们剃光头，身穿监狱中囚犯所着的睡衣。工人们注视着巨大的屏幕，老大哥正在吟诵计算机时代的伟大成就。这是一幕惨淡灰暗的场景。突然，一位皮肤黝黑、白衫红裤的靓丽年轻女子冲进房间，将一把大锤掷向屏幕。屏幕顿时一片漆黑，一条信息随即出现："1 月 24 日，苹果计算机公司将发布麦金塔计算机。届时您会了解，为何 1984 年不同于《一九八四》①。"[14]

这则广告仅在"超级碗"期间播出一次，但接下来的几周里，它在几十档新闻与谈话节目中反复播放。宣传攻势最终耗资 1500 万美元，麦金塔计算机面世的消息由此广为人知。新计算机的广告占据了报纸的整个版面，针对高收入读者的时尚杂志则附赠 20 页的插页。

尽管麦金塔计算机的售价为 2500 美元（仅为"莉萨"的 15%），不过其销量在最初的狂热过后令人失望。苹果公司对这款计算机寄予厚望，期待它能成为一种消费类电器，但终究事与愿违。斯卡利意识到自己被乔布斯误导，他对消费类电器的设想考虑不周：

用户并不会像一些人建议的那样，为了玩游戏、结平支票簿或整理美食食谱而花费 2000 美元购买计算机。对普通消费者而言，计算机难以真正派上用场，家用市场也无法理解计算机产品之间的重大差异。在普通人看来，计算机大同小异，十分神秘：它们过于昂贵，令人畏惧不已。一旦爱好者的市场饱和，这个行业就不可能继续保持惊人的增长速度。[15]

苹果公司对个人计算机消费市场的预期为时尚早，但它并非唯一一家失

---

① 《一九八四》是英国作家乔治·奥威尔创作的反乌托邦小说，苹果公司的"1984"广告受到这部小说的启发。——译者注

算的企业。1983 年 10 月，IBM 推出一款价格低廉的新产品 PCjr，以期占领圣诞节期间的家用市场。这款计算机在商业上遭遇滑铁卢，第二年就销声匿迹。如果无法在家用市场站稳脚跟，那么苹果公司唯一的选择就是重新将麦金塔计算机作为商用机器推向市场。

遗憾的是，麦金塔计算机同样未能在商业市场占据一席之地。美国企业界青睐 IBM PC 兼容机，这与上一代偏爱 IBM 大型机的原因基本相同。而在不那么保守的出版业和传媒业，麦金塔计算机的表现要好得多，其强大的"桌面出版"功能使它成为这些行业的首选机型。麦金塔计算机在教育市场同样广受欢迎，因为它易于使用，对儿童与普通学生用户尤其具有吸引力。

1981 年，微软与苹果签订合同，负责开发操作软件的若干次要模块，开始暗中参与麦金塔项目。尽管微软曾成功为 IBM 兼容计算机开发了 MS-DOS 操作系统，但面对莲花和 MicroPro 等强有力的竞争对手，公司在编写电子表格、文字处理器等应用程序方面几乎颗粒无收。在参与麦金塔项目的过程中，微软开发了一系列技术复杂的应用程序，基本没有涉足竞争更为激烈的 IBM 兼容计算机市场。不久之后，同样的应用程序经过转换也能在 IBM PC 兼容机上运行。到 1987 年，微软一半的收入来自为麦金塔计算机开发的软件。

更重要的是，参与麦金塔项目使微软掌握了图形用户界面技术的第一手资料。在此基础上，微软为 IBM PC 兼容机开发了新的 Windows 操作系统。

微软 Windows

1984 年 1 月面世的麦金塔计算机令其他个人计算机相形失色。显然，个人计算机领域的下一个热门事件是将图形用户界面移植到 IBM PC 兼容机。

实际上，在 1981 年"施乐之星"面世后，微软、数字研究、IBM 等公司就已着手研制采用图形用户界面的个人计算机操作系统。[16] 开发新系统回报巨大，这一点已为微软的 MS-DOS 所证明。掌握新的操作系统将使企业获得稳定的收入来源，从而支撑今后的增长。

开发采用图形用户界面的个人计算机操作系统在技术上要求很高，原因有两个。首先，个人计算机在设计时从未将图形用户界面纳入考虑范围，性能方面存在严重短板。其次，在对待现有的 MS-DOS 操作系统时面临一个战略性选择：要么用新系统完全取代 MS-DOS，要么将新系统置于原系统之上，在用户的应用程序与硬件之间再增加一层软件。如果选择第一种方案，那么用户将无法使用现有的数千种软件应用程序；如果选择第二种方案，则很难避免效率低下的问题。

在开发图形用户界面操作系统的企业中，最有动力的或许是加里·基尔代尔创建的数字研究公司，8 位微型计算机使用的 CP/M 操作系统最早即出自基尔代尔之手。据估计，CP/M 的最终销量达到 2 亿套。第 10 章曾经提到过，基尔代尔的数字研究公司没能获得为 IBM PC 开发操作系统的合同，盖茨的微软公司则抓住了这个机会。尽管数字研究公司确曾开发过名为 CP/M 86 的个人计算机操作系统，但它的交付时间太晚且价格过高；按基尔代尔自己的说法，CP/M 86 "基本已胎死腹中"。[17] 要想重新成为首屈一指的操作系统供应商，开发新操作系统是数字研究公司最后的机会。

1984 年春，数字研究公司发布 GEM 操作系统（"图形环境管理器"的简称）。遗憾的是，用户很快发现这种系统实际上仅做了一些装点门面的改进；虽然看起来与麦金塔类似，但它缺乏完整操作系统应具备的功能。当时已基本淘汰的 8 位机使用数字研究公司的 CP/M 操作系统，该系统的销量不断下滑，GEM 的销量也无法挽回这种颓势。1985 年中期，受困于日益严重的财务问题，基尔代尔辞任数字研究公司首席执行官，他所创立的企业逐渐淡出人们的视线。而对 IBM 来说，TopView 的表现也没有好到哪里去：这款 1984 年发布的产品因速度过慢"被客户讽为'头重脚轻'（TopHeavy），成为 IBM 个人计算机业务历史上最惨重的失败之一"。[18]

微软 Windows 是最后亮相的新款个人计算机操作系统。1981 年，盖茨造访苹果公司并拜会史蒂夫·乔布斯，见到了处于开发阶段的麦金塔计算机样机。不久之后，微软在当年 9 月启动图形用户界面项目。项目最初称为"界面管理器"，后来重新命名为 Windows，这种巧妙的营销策略意在"选择一个能包罗万象的名字"。[19] 当时预计开发这套系统需要 6 人年，但事实证明开发时间被严重低估。在微软首次宣布新操作系统两年半之后，历经重重挫折的第一版 Windows 于 1985 年 11 月发布。据估计，程序包含 11 万条指令，耗时 80 人年才完成开发。

微软 Windows 几乎照搬麦金塔计算机的用户界面——部分原因在于麦金塔的设计已很难继续改进，也因为外界认为，如果麦金塔与 Windows 环境拥有类似的用户界面，那么两种系统的用户将因此受益。1985 年 11 月 22 日，就在 Windows 发布后不久，微软与苹果签署了关于复制麦金塔计算机视觉特征的授权协议。

Windows 的售价为 99 美元。尽管价格颇具竞争力，不过最初销售表现疲软，因为系统"慢得令人难以忍受"[20]，即便安装在当时最先进的个人计算机（配有全新的英特尔 286 微处理器）上也是如此。虽然最终售出 100 万套，但大部分人发现 Windows 不过是个噱头，绝大多数用户依然继续使用日薄西山的 MS-DOS 操作系统。因此从技术上说，1986 年的 PC GUI 似乎无法支持当时的 IBM 兼容计算机。直到新一代微处理器（英特尔 386 和 486）在 20 世纪 80 年代末上市，图形用户界面的实用价值才真正体现出来。仅有微软与 IBM 两家公司具备足够的财力坚持使用图形用户界面操作系统。1987 年 4 月，IBM 与微软宣布，双方计划共同为下一代计算机开发新的操作系统 OS/2，其最终目标是取代 MS-DOS。

与此同时，微软仍然受益于 MS-DOS 带来的收入，并凭借 Excel 和 Word 终于开始在应用程序市场取得成功。盖茨认为，尽管有 OS/2 项目的存在，但通过发布新版 Windows 以利用其自身不断改进的软件技术以及速度更快的个人计算机，依然能使公司在短期内获益。1987 年底，微软推出 Windows 2.0。新版 Windows 较早期版本做出重大修改，不仅用户界面与麦金塔计算机如出一辙（Windows 1.0 就是如此），所有功能也完全相同。通过复制麦金塔的外观和用户体验，IBM PC 兼容机与麦金塔计算机似乎越来越难以区分，而苹果独有的营销优势也将因此不复存在。

在微软发布 Windows 2.0 三个月后，苹果于 1988 年 3 月 17 日提起诉讼，指控 Windows 2.0 侵犯了"苹果公司为保护麦金塔用户界面而注册的视听版权"。[21]（微软在 1985 年与苹果签订的协议仅涉及 Windows 1.0，微软并没有寻求为 Windows 2.0 续约。）这起诉讼对个人计算机行业的未来至关重要。如果诉讼得到维持，那么不仅绝大多数不使用麦金塔计算机的用户会受到严重影响，也会让开发者认为所有用户界面必须各不相同。一旦苹果胜诉，如同一家汽车制造商可以对汽车仪表盘布局申请版权保护，而其他制造商必须确保自家品牌采用新颖独特的仪表盘布局一样。这显然有违公众利益。

这起持续 3 年的诉讼最终遭到驳回。在诉讼缓慢进行的同时，微软跻身20 世纪增长最快的企业之列，盖茨也成为全球最年轻的白手起家的亿万富豪。及至 1989 年初，Windows 已售出大约 200 万套，销量远远超过 IBM 在 1988年初发布的 OS/2 操作系统（微软对该系统已没有任何兴趣）。哪种系统在技术上更出色尚无定论，重要之处在于微软的市场营销做得更为出色。

20 世纪 80 年代末，包括微软在内的软件行业增长迅速，很大程度上归因于产品日益复杂化。应用程序包通常每 18 个月左右更新一次，如果用户希望更好地利用快速改进的硬件，就要购买更复杂的软件包，从而为软件厂商带来额外的收入。Windows 也不例外。与苹果的诉讼并未影响微软在 90 年代中期发布新版 Windows。彼时，系统已包括 40 万行代码，几乎 4 倍于 1985 年发布的第一版，全部开发费用估计达到 1 亿美元。

1990 年 5 月 22 日，Windows 3.0 在世界各地发布：

纽约城市中心剧院成为这场多媒体盛宴的中心舞台，约有 6000 人到场。在北美其他 7 座城市进行的庆典通过卫星连接到纽约的舞台进行直播，伦敦、阿姆斯特丹、斯德哥尔摩、巴黎、马德里、米兰、悉尼、新加坡、墨西哥城等全球 12 座主要城市也举行了庆祝活动。发布会采用视频、幻灯片、激光、"环绕立体声"等形式，同时比尔·盖茨发表了演讲。盖茨宣称，Windows 3.0 是软件史上的"重要里程碑"，它"让'个人'重新回归数百万台安装 MS-DOS的计算机中"。[22]

微软投入 1000 万美元为 Windows 造势宣传。用盖茨自己的话说，这是"有史以来最奢侈、最广泛、最昂贵的软件发布活动"。[23]

直到 20 世纪 90 年代中期 Windows 95 发布后，微软才开始拥有个人计算机"平台"。自此之后，微软的行业地位堪比鼎盛时期的 IBM。

CD-ROM 与百科全书

除软件外，个人计算机用户还希望获得包括百科全书、词典等参考书以及多媒体娱乐在内的各种信息。到 20 世纪 90 年代末，这些信息通常可从因特网获取。然而，尽管消费类网络与在线可视图文业务在 80 年代中期就已存在（本章稍后将进行论述），但这些网络的速度和容量极为有限，难以提供大量信息。调制解调器是主要的瓶颈，这种设备通过电话线将家用计算机与网络连接在一起。传输一篇文章（如本书的某一章）需要 30 分钟，而添加几张图片将使传输时间翻倍。在低成本的高速通信手段出现之前，大量信息通过只读光盘储存器（CD-ROM）传送至家用计算机。在这个过程中，CD-ROM 发挥了历史性作用。

CD-ROM 由索尼公司与飞利浦公司在 20 世纪 80 年代初共同研发，于 1984 年初首次上市。CD-ROM 以音频 CD 技术为基础，能存储超过 500 兆字节的数据，是软盘容量的数百倍。面世之初，CD-ROM 驱动器价格不菲，最初几年的售价高达 1000 美元甚至更多；但它们巨大的存储容量有可能为基于计算机的内容创造出全新的市场，而刚刚起步的计算机网络在未来 15 年内都无法满足这一市场需求。

只要 CD-ROM 驱动器的价格维持在 1000 美元上下，其应用就仅限于企业和图书馆，主要用来保存商业信息与高价值出版物。而在消费领域，个人计算机软件行业的两位领军者加里·基尔代尔与比尔·盖茨在建立 CD-ROM 媒体市场方面厥功至伟。两人都想到利用 CD-ROM 百科全书占领 CD-ROM 家用市场。基尔代尔解释道："百科全书的价格通常在 1000 美元左右，这一点尽人皆知。如果装有百科全书的计算机与印刷版百科全书的价格相差无几，那么消费者就能说服自己购买计算机。"[24]

为开展新的 CD-ROM 出版业务，基尔代尔在运营数字研究公司的同时成立了一家独立的公司。他拿到《格罗利尔百科全书》的版权，这是一部备受推崇的初级百科全书，在第一次世界大战结束后不久出版。CD-ROM版《格罗利尔百科全书》于1985年面世，远远早于其他同类产品。这部百科全书的售价为几百美元，尽管物有所值，却略显乏味。虽然在学校很畅销，但是未能吸引消费者购买CD-ROM设备。

　　微软耗时多年才将百科全书推向市场。早在1985年，盖茨就曾尝试获得《不列颠百科全书》的版权，这部百科全书的内容和品牌均堪称同类产品之翘楚。然而，推出CD-ROM版可能会对利润丰厚的印刷版销量产生不利影响，不列颠百科全书公司对此态度谨慎——何况公司已将知名度较低的《康普顿百科全书》电子化。微软之后尝试联系《世界百科全书》，但后者同样在筹划自己的CD-ROM项目。

　　微软逐渐在美国百科全书行业崭露头角，最终于1989年获得《芬克－瓦格纳尔新百科全书》的版权。这部百科全书虽然魅力有限，却有利可图：它在超市中以每卷3美元的价格销售，很容易引发冲动消费。外界经常嘲讽微软购买《芬克－瓦格纳尔新百科全书》版权的决定是为了迎合教育水平不高的工薪阶层，这种批评多少带有学术上的势利色彩。实际上，这是一部权威性不足的初级百科全书。但微软着手将这一不堪造就的材料打造成"英卡塔"，在相当单薄的内容中加入视频和声音剪辑以及其他多媒体元素。"英卡塔"百科全书于1993年初上市，售价为395美元，不过销量平平。

　　实际上，CD-ROM版百科全书并未成为引发CD-ROM革命的杀手级应用。CD-ROM驱动器固守自身的发展节奏，其售价在大约7年时间里缓慢而持续地下降，到1992年已降至200美元左右，与打印机或硬盘驱动器的价格相仿。随着CD-ROM驱动器降价，CD-ROM媒体终于有望进入大众市场。1992年，娱乐软件发行商布罗德邦德推出售价为20美元的《我和奶奶的独处时光》，这款风靡全球的绘本或许是当时最知名的CD-ROM产品。数以百计的厂商随后推出了数千种产品。大约在同一时间，电子游戏厂商开始发行具有多媒体效果的CD-ROM游戏。不久前售价还是数百美元的CD-ROM版百科全书全面降价。1993年圣诞季期间，"英卡塔"的价格降至99美元，其他竞争对手也纷纷效仿。

低成本 CD-ROM 版百科全书的问世，对传统精装百科全书市场的打击是致命的。《福布斯》杂志写道：

一项计算机新技术需要多久可以摧毁一家拥有 200 年历史、销售额达到 6.5 亿美元、品牌知名度享誉全球的出版公司？时间之短令人咋舌。再没有比不列颠百科全书公司被 CD-ROM 技术拖垮更清楚、更悲哀的例子了。[25]

所有权易主之后，CD-ROM 版《不列颠百科全书》最终于 1996 年上市，售价不到 100 美元。《纽约时报》报道称，这部百科全书的印刷版在 2012 年"寿终正寝"——"承认数字时代的现实"。[26]

可视图文的兴衰

因特网看似是在 20 世纪 90 年代初凭空出现的，但美国、欧洲与日本到 80 年代已为企业和消费者建立起充满活力的信息网络。在美国，这种网络主要由私营企业开发；而在其他国家，政府资助起到更为重要的作用。这些享受补贴的网络使用称为可视图文的主导技术。

可视图文源自美国无线电公司在 20 世纪 60 年代中期开发的图文电视技术，这项技术能将文本数据单向传输至经过特别改装的电视。英国广播公司是首批采用图文电视的用户之一，而英国邮政从 70 年代初开始率先研发交互式可视图文系统。这种系统利用电话网实现双向通信，最初称为"视图数据"，但很快被命名为 Prestel。1976 年，Prestel 进行初步测试，英国邮政在可视图文系统领域居于领先地位。但截至 1985 年，Prestel 仅获得 6.2 万名用户，与 200 万名用户的最初目标相去甚远。其他国家也开发了各自的可视图文系统，包括德国的 Bildschirmtext、日本的 CAPTAIN 以及加拿大的 Telidon。外界对这些系统期望甚高，结果却令人失望。国际标准与可视图文全球网络的发展不仅囿于政治和民族自豪感，也受制于各个国家制定的显示标准。

然而，法国是个重要例外：Minitel 系统由于政治、技术与文化方面的因素以及法国政府早期的关键决策而得以蓬勃发展。无论是 1973 年阿拉伯石油输出国组织的石油禁运、美国在计算机行业的主导地位、法国糟糕的电信基础设施（1970 年，仅有 8% 的法国家庭拥有电话），抑或人们越来越认识到服务经济对发达国家未来的重要性，都在 20 世纪 70 年代中前期令法国感受到危机。1974 年，电信总局（法国政府的电信管理部门）提出在 7 年内新增 1400 万条电话线，以期在日益以服务为导向的经济环境中更好地促进国家发展。到 1981 年，已有 74% 的法国家庭安装了电话；及至 1989 年，这个数字上升到 95%，大致相当或高于其他主要欧洲国家和美国的水平。

无论是英国电信的 Prestel 还是其他可视图文系统，都缺乏推动公众普遍需求的有力手段。诚然，Prestel 可以提供天气信息和交通时刻表这样的服务，却少有在线购物、银行、娱乐、聊天室等面向消费者的服务。20 世纪 80 年代初之前，Minitel 增长缓慢。然而，最终扩大的电话服务和基础设施为法国政府创造出难得的机会，部分抵消了快速上涨的电话簿印刷和发行成本，Minitel 的发展由此步入快车道。1983 年至 1991 年间，法国政府免费发放 500 多万部 Minitel 设备，还开发了在线电话号码簿。Minitel 终端配有 9 英寸单色屏幕和小键盘，制造成本约为 500 法郎（不到 100 美元）。大量免费发放这些基本终端（用以取代白页目录 ①）形成了经济学家所称的"网络效应"：Minitel 用户越多，对服务提供商的需求越大；服务提供商越多，吸引的用户越多。而新服务的出现又加速催生出对高档 Minitel 设备（配有更大屏幕与彩色监视器）的需求，用户可以从法国电信购买或租用这些设备。

法国电信与法国政府对 Minitel 提供的服务持宽容态度，是该系统能在经济上取得成功的另一个原因。在 Minitel 的早期发展中，"粉红信使"或色情聊天服务的激增便是明证。[27]1987 年，"呼叫"这类服务的时间"每月总计达到 200 万个小时，接近当时（Minitel）用户通话总量的一半"。[28]这与 20 世纪 90 年代出现的因特网现象颇为类似，当时"阁楼"与"花花公子"跻身"十大"最流行的网站之列：90 年代后期，这些网站（以及"PornCity"）的日均访问量达到数百万次。[29]与因特网一样，随着 Minitel 提供的服务和内容越来越多——从新闻、体育、旅游、天气到商业——色情内容所占的比例和访问量

---

① 白页是提供个人电话号码的名册，通常以白色纸张印刷，区别于提供商业电话号码的黄页。

——译者注

随之下降。到 1992 年，Minitel 已有超过 20 112 种服务，发放的终端数量接近 630 万部。除用作家用设备外，Minitel 终端也出现在邮局和其他公共场所。凭借其易用性，Minitel 系统赢得了众多非专业用户的青睐。例如，截至本书写作时，法国西北部布列塔尼地区仍有 2500 位奶农依靠 Minitel "在奶牛发情时致电授精员，或要求当局运走动物尸体"；[30] 他们还通过 Minitel 跟踪市场价格，或转发乳制品的化学测试结果。

Minitel 最终于 2012 年中期停止服务。它是一项非同寻常的发展成果，20 多年来为几乎所有法国民众提供了后来与因特网相关的设施。但在进入 21 世纪之前，Minitel 的存在不可避免地阻碍了因特网在法国的大规模普及，不过法国很快迎头赶上。

美国的消费类网络

在消费类网络的早期发展中，美国政府和可视图文系统均未起到重要作用。整个 20 世纪 80 年代，消费类网络的领军者当属 CompuServe。公司成立于 1969 年，提供第 9 章讨论的那种老式分时服务。遗憾的是，当 CompuServe 出现时，计算机公用设施的热潮正逐渐消退。在经历两年的严重亏损后，CompuServe 才通过向保险业销售分时服务开始扭亏为盈。

与电力公用设施类似，以业务为导向的分时服务同样受到需求剧烈波动的影响。在朝九晚五的工作时段内，服务达到满负荷状态；而在非工作时段的夜晚和周末，系统资源却严重闲置。1978 年，CompuServe 创始人兼首席执行官杰夫·威尔金斯从诞生不久的个人计算机中觅得商机，计划将这些闲置资源出售给计算机爱好者。威尔金斯与中西部计算机俱乐部协会（向会员派发访问软件）合作推出名为 MicroNet 的服务，允许用户在非高峰时段以每小时几美元的价格访问系统。事实证明，MicroNet 大受欢迎，因此威尔金斯决定将服务推广到整个美国。然而，首要问题在于如何让全美的消费者获得访问软件。为此，威尔金斯与坦迪公司签订协议，通过坦迪的 8000 家美国无线电器材公司门店销售 39.95 美元的 "入门套件"，套件包括用户手册、访问软件以及价值 25 美元的免费使用时间。

CompuServe 的企业客户主要希望使用财务分析程序和保险服务，而家用计算机用户对"内容"以及与其他用户沟通兴趣更大。1980 年，《哥伦布快讯》率先与 CompuServe 签约；最终，《纽约时报》等主流报纸也相继签约。CompuServe 不仅提供计算机游戏与电子邮件服务，也支持用户通过论坛实时交流，这项服务后来发展为网络聊天室。到 1984 年夏，CompuServe 服务已拓展到 300 座城市，用户数量达到 13 万人。在位于美国俄亥俄州哥伦布的公司总部，26 台大型计算机和 600 名员工为这些用户提供服务。CompuServe 服务的基本月费为每小时 12 美元（夜晚和周末为 6 美元），用户不仅可以预订机票、阅读报纸、查看股票投资组合、浏览数据库或百科全书，也可以发布消息来参与公告板讨论。CompuServe 还提供大型计算机分时服务，这也是公司成立时的最初目标。

CompuServe 是最成功的早期消费类网络，用户数量多年来超过其他所有服务的用户总和。随着个人计算机进入办公场所，CompuServe 也开始进军商业市场，提供主要访问传统数据库的"高层管理人员服务"，如标准普尔的企业信息服务与洛克希德的 DIALOG 信息数据库。CompuServe 与信息提供商共享这些服务，用户为这些服务支付额外的费用。

20 世纪 80 年代中期，尽管只有 5% 左右的计算机用户使用在线服务，但外界普遍认为这类服务潜力巨大，CompuServe 也开始受到一些主要竞争对手的挑战。最重要的两个对手是 The Source 与神童通信：The Source 由读者文摘协会与控制数据公司创建，而神童通信是西尔斯与 IBM 合作的成果。无论 The Source 抑或神童通信背后的企业，其中一方将网络作为现有业务的扩展，另一方则提供计算技术。因此，读者文摘协会认为消费类网络属于新的出版形式（但这一设想直到读者文摘协会出售 The Source 后不久才变为现实），西尔斯则将网络视为其著名邮购目录的延伸。两家企业都拥有出色的分销渠道，有能力使用户获得访问软件。但成功可遇而不可求，事实证明，与 CompuServe 竞争难如登天。CompuServe 于 1989 年收购 The Source，而西尔斯和 IBM 在 1996 年出售神童通信之前已蒙受巨大损失。

　　CompuServe 的相对成功得益于网络效应。如果两个网络的用户之间无法相互通信，转投最大的网络才是明智之举。及至 1990 年，CompuServe 的用户数量已达 60 万人，提供数以千计的服务：从家庭银行到酒店预订，从罗杰·埃伯特的影评到《高尔夫球杂志》，不一而足。1987 年，CompuServe 将业务扩展到日本（提供称为 NiftyServe 的服务），并于 20 世纪 90 年代初进军欧洲市场。

　　但在 20 世纪 80 年代中期，面对来自美国在线的挑战，CompuServe 确实表现得脆弱不堪。为麦金塔计算机开发服务之前，美国在线业绩平平。正如麦金塔计算机凭借图形用户界面成功创造出新的细分市场一样，美国在线开发的服务也得益于独特的友好界面。1991 年，公司推出适用于 IBM PC 兼容机的服务，提供"简单易用、所有用户都能掌握安装方法的点击式界面"。[31] 与消费类网络一样，主要障碍仍然在于如何使消费者获得访问软件并诱导他们尝试服务。美国在线计上心来，决定随计算机杂志赠送包含访问软件的软盘，供用户免费试用。利用软盘（之后改为 CD-ROM）对美国进行"地毯式轰炸"令美国在线名声大噪。[32] 通过免费试用，美国在线鼓励成千上万的消费者使用其服务。由于服务简单易用，许多人因此成为付费客户。诚然，更多人没有留下，创造出称为"用户流失"的现象——据说有多少用户加入，就有多少用户离开。尽管如此，到 1995 年底，美国在线宣称已拥有 450 万名用户（其中包括不少欧洲用户，但令人惊讶的是，美国在线并不认为有必要减少公司名称中蕴含的帝国主义色彩）。

　　从 20 世纪 90 年代中期开始，因特网成为计算机领域最重要的发展方向。之所以如此，仅仅是因为在过去 10 年里，个人计算机已从不太友好的技术系统逐渐转变为信息设备。拜软件公司提供的应用程序所赐，通用个人计算机成为能满足特定用户需求的专用设备——这些用户可能是使用电子表格的业务分析师，抑或使用文字处理程序的文档编辑人员，甚至游戏玩家。尽管许多应用程序简化了计算机的使用（比如将文字处理程序设计为人们熟悉的打字机），但正是图形用户界面才使计算机被更多人接受。如今，无论软件多么复杂，用户只要点击就能使用，无须键入复杂的命令，也基本不必了解计算机的内部工作原理。

　　20 世纪 80 年代中期，虽然使用计算机变得更容易，但这种设备仍然孤立于外界。计算机是打字机或电子计算器在当代的替代品，甚或游戏厅中流行的新事物，不过它依然无法取代图书馆或电话。为真正发挥作用，个人计算机不仅需要获取相当于普通图书馆容量的信息，也要具备和其他计算机相互通信的能力。CD-ROM 技术、消费类网络以及可视图文系统在这一转变中互为补充。CD-ROM 技术能储存大量信息，但信息是静态的，且很快就会过时；消费类网络与可视图文系统可以提供大量信息，但受制于调制解调器这一瓶颈，用户仅能获取其中一小部分信息。因特网与高速宽带连接崛起于 21 世纪初，最终以可接受的速度为用户提供所需的信息。

第 12 章
因特网

20 世纪 90 年代初,因特网①成为外界关注的焦点,它是连接世界各地数百万台计算机的系统。1990 年秋,仅有 31.3 万台计算机接入因特网;5 年后,这一数字接近 1000 万。到 2000 年底,与因特网相连的计算机已超过 1 亿台。虽然计算机技术是因特网的核心所在,其重要性却体现在经济层面与社会层面:籍由因特网,计算机用户得以相互交流、获取信息来源并开展业务。

I. 从世界脑到万维网

因特网的诞生是三种愿望的合力所致,其中两种愿望出现在 20 世纪 60 年代,另一种愿望的历史更为久远。首先,人们对于高效、容错的联网技术有相当现实的需求,这种技术适用于军事通信,永远不会中断。其次,人们希望将全世界的计算机网络统一到单个系统中。如果电话用户只能在特定运营商的网络内通话,电话就不可能成为人与人沟通的主要手段;同理,如果世界上孤立的计算机网络彼此相连,它们就能发挥更大作用。而最浪漫的理想或许可以追溯到古老的亚历山大图书馆:让全世界的知识储备随时可用。

---

① Internet(首字母大写)的标准名称为"因特网",指目前全球最大、由阿帕网发展而来的计算机网络。internet(首字母小写)的标准名称为"互联网",指由若干计算机网络相互连接而构成的网络。换言之,因特网并不等同于互联网;互联网包含因特网,因特网只是互联网中最大的网络。但公众对"因特网"和"互联网"的区分不甚严格,有时会将两个词混用。——译者注

从百科全书到麦麦克斯

　　将全世界的知识储备起来供普通人使用，是人类由来已久的梦想。18 世纪，正是这个想法促使法国哲学家德尼·狄德罗编纂了第一部大百科全书。这部多卷本《百科全书》是启蒙时代的核心工程之一，它力图赋予人民知识和权力，以期实现彻底的革命性变革。从某种程度上说，《百科全书》属于政治行为；与之类似，因特网也不乏政治因素。1768 年，第一部英语百科全书《不列颠百科全书》问世，它直接以《百科全书》为蓝本。当然，无论《百科全书》还是《不列颠百科全书》都无法做到包罗万象，但二者包含的知识已足够丰富。至少同样重要的是，两部百科全书使知识的海洋有章可循，让公众了解应该掌握哪些知识。

　　19 世纪见证了人类知识生产的爆炸性增长。世纪之初，个人掌握人类在艺术与科学领域的全部知识尚有可能。以彼得·马克·罗热为例（人们如今只记得他编撰过同义词词典），他以行医为业，但兼具业余科学家的身份，还是英国皇家学会会士、教育家以及伦敦大学的创始人之一。再如查尔斯·巴贝奇，除以差分机和分析机闻名于世外，他也是一位重要的经济学家，还曾撰写过数学和统计学、地质学和自然史乃至神学和政治学方面的著作。

　　然而到 20 世纪，世界知识的大量增长创造出一个专业化时代。同时精通艺术和科学已十分罕见，深入了解某个非常专业的学术领域难如登天。据说到 1900 年，没有一位数学家熟知数学的各个分支。

　　在两次世界大战之间的岁月里，许多杰出的思想家开始思考，是否有可能通过系统地组织世界知识来遏制这种专业化趋势，至少使人们能再次了解应该掌握的知识。这场运动最杰出的参与者当属英国社会主义者、小说家与科普作家 H. G. 威尔斯，他因撰写《世界大战》和《时间机器》两部小说而为美国公众所熟知。威尔斯在有生之年目睹了世界知识储备的成倍增长。他坚信，狭隘的专业化——即便受过教育的人也只能掌握很少一部分知识——正导致世界陷入野蛮状态，饱学之士被"希特勒这样的人撇在一边"。[1]20 世纪 30 年代，威尔斯撰文并发表演讲，宣传他的"世界百科全书"项目，期望在 20 世纪完成狄德罗在 18 世纪所做的工作。由于项目耗资巨大，威尔斯未能打动出版商。为筹措资金，他于 1937 年秋前往美国开始巡回演讲。

威尔斯的足迹遍及 5 座城市，他在最后一站纽约的演讲还通过电台播出。在这场名为"现代世界的脑组织"的演讲中，威尔斯解释道，自己的"世界百科全书"并非普通意义上的百科全书：

> "世界百科全书"不再是现代人想象中那种一次性印刷和出版的著作，它是精神交流的中心，是接收、分类、总结、消化、澄清并比较知识和思想的仓库……如今，这部百科全书的组织工作不必拘泥于一处。它可能具有网络的形式，这种网络将构成真正世界脑的实质性开端。[2]

威尔斯从未解释过他的世界脑"网络"如何实现，只是假设可以利用缩微胶卷保存全部数据。但如果组织不当，世界上的所有信息将毫无用处。因此，威尔斯设想"大批工人将一直致力于完善这一人类知识索引，并使其保持在最新状态"。[3]

到访美国期间，威尔斯应邀作为贵宾与美国时任总统罗斯福共进午餐。[4]他不失时机地试图引起午宴主人对"世界脑"项目的兴趣，但不出所料，罗斯福有更紧迫的问题需要处理。威尔斯带着失望离开。"世界脑"的时间所剩无多，随着第二次世界大战的爆发，威尔斯被迫放弃这一项目，从此一蹶不振。他活到战争结束并于次年去世，享年 80 岁。

威尔斯的梦想并未随着他的去世而破灭。战争结束后，这一设想重新浮出水面，万尼瓦尔·布什为其注入了新的活力。兼具科学家与发明家身份的布什曾开发模拟计算机，他升任美国时任总统的首席科学顾问，还担任过科学研究与开发办公室的负责人。战争期间，布什领导了美国的大部分科研工作。

实际上，早在第二次世界大战爆发前几年，布什就已率先提出信息存储机器的设想。这是一种类似于书桌的设备，可以在"几立方英尺的空间内"装下大学图书馆的内容。[5]战争开始后，布什被迫将这些想法束之高阁；但在战争即将结束之际，他开始将注意力转向科学家在战后的工作。在布什看来，一个突出的问题是如何应对信息爆炸。1945 年 7 月，他在《大西洋月刊》撰文，以《诚如所思》为题阐述了自己的观点。几周之后，这篇颇受欢迎的文章被《生活》杂志转载，引起了更多读者的注意。《诚如所思》确立了信息科学家几十年来一直追求的梦想。

正如威尔斯所预测的那样，战争期间，缩微胶卷技术的进步已基本能解决信息存储问题。布什指出，利用这种技术可以将《不列颠百科全书》保存在火柴盒大小的空间中，且"案头就能放下一座拥有百万卷藏书的图书馆"。[6]因此，问题并非如何控制信息爆炸，而是如何利用它。一种布什称之为"麦麦克斯"的个人信息设备跃然纸上：

人们可以利用麦麦克斯存储自己所有的图书、记录与通信数据，这种机械化设备能以极高的速度和极大的灵活性查阅信息。它是人类记忆的延伸。

麦麦克斯如同一张书桌，或许可以远距离操作，但主要用作工作设备。最上方设有倾斜的半透明屏幕，资料可以投射在屏幕上以方便阅读。麦麦克斯还配有键盘以及一系列按钮和操纵杆。除此之外，它与普通书桌并无二致。[7]

用户可以通过麦麦克斯系统浏览信息：

如果用户希望调阅某本图书，只需按下键盘上的相应代码，书的扉页就会立即呈现在用户面前，并投射到某个阅读位置。由于用户对常用的代码已烂熟于心，因此几乎不需要查阅代码本；但如果确有必要，轻击某个按键即可。此外，用户也可以使用操纵杆。将某个操纵杆扳向右边就能浏览面前的图书，每一页以用户能一眼扫过的速度依次显示出来。如果将操作杆再向右扳动一点，一次可翻阅 10 页；再多扳一些，一次可翻阅 100 页。向左扳动操纵杆将以相反的方向进行相同的控制。

按下某个特殊的按钮将立即返回索引首页。用户因此可以调阅书库中的任何图书，比从书架上取书方便得多。由于投影位置不止一个，在调阅其他图书的同时可以保留当前图书。用户还能添加旁注与评论……就像在真实书页上做笔记那样。[8]

布什并不十分清楚如何做到这一点，但他确信计算机领域的新技术有助于麦麦克斯系统的实现。1945 年，很少有人能意识到计算机的应用有朝一日将不限于快速运算，布什就是其中之一。

在《诚如所思》发表后的 20 年中，人们曾多次尝试利用缩微胶卷阅读器和简单的电子控制装置来构建麦麦克斯系统。但这项技术过于粗糙和昂贵，难以取得太大进展。1967 年，布什在《科学的贫乏》一书中重新审视麦麦克斯的构想，他的个人信息设备之梦"尚未实现，但已不太遥远"。[9]

就在布什写下这些文字时，利用计算机技术构建麦麦克斯型信息系统所涉及的理论问题原则上已基本解决。例如，早在 1962 年，美国高级研究计划局信息处理技术处负责人 J. C. R. 利克里德就开始从事他称之为"未来图书馆"项目的研究工作，并将同名著作"献给布什博士——无论这本书多么不值得一读"。[10]20 世纪 60 年代中期，特德·纳尔逊提出超文本一词，而道格拉斯·恩格尔巴特在美国斯坦福研究院致力于实现类似的想法。纳尔逊与恩格尔巴特都声称受到了布什的直接影响。第二次世界大战期间，恩格尔巴特是一名在菲律宾服役的低级电子设备技师，他后来回忆道："我从《生活》杂志上读到那篇介绍（布什）麦麦克斯系统的文章；有人在考虑类似的事情，这令我兴奋不已……我真希望自己能见到布什，但当我开始从事研究工作时他已身处疗养院，我们终未谋面。"[11]

尽管设计麦麦克斯型设备的理论问题很快得到解决，但开发切实可用的技术——计算机网络——却用了很长时间。

阿帕网

1960 年，利克里德在论文《人机共生》中率先提出构建地理分布的计算机网络的具体设想：

今后 10 年或 15 年中，设想一种"思维中心"似乎很合理，它将今天图书馆的功能与信息存储和检索方面的预期进展结合在一起……这幅图景很容易扩展为由这些思维中心构成的网络，思维中心之间通过宽带通信线路彼此相连，利用租用线路服务通达个人用户。在这样的系统中，计算机速度得以平衡，大容量存储器和复杂程序的成本将分摊到各个用户。[12]

1963 年，在首批由高级研究计划局资助的分时计算机系统投入运行后，利克里德启动了他私下称为"星际计算机网络"的项目，以"阿帕网"这一名称为世人所知。

构建阿帕网的动机据称是为了降低成本。通过将高级研究计划局的所有计算机系统连接在一起，每台计算机的用户就能使用网络中的任何计算机设施。因此，专用设施可供所有用户使用，并将计算负载分散到众多位于不同地区的站点。例如，由于美国东海岸的计算机用户比西海岸的用户提前几个小时开始工作，因此他们可以在早晨使用闲置的西海岸设施；而当东海岸入夜后，西海岸的用户又能使用闲置的东海岸设施。在电网中，大量发电厂协调工作以实现负载均衡，阿帕网的运作方式与之类似。

1964 年 7 月，利克里德结束了信息处理技术处主管的两年任期，他在任命继任者方面拥有很大的话语权。这位继任者应该与利克里德理念相同，并将其发扬光大。接棒利克里德的是毕业于麻省理工学院、后来前往犹他大学任教的图形学专家伊万·萨瑟兰。两年后，萨瑟兰将信息处理技术处主管一职移交给罗伯特·泰勒。同为麻省理工学院校友的泰勒后来成为施乐帕洛阿尔托研究中心计算机科学项目的负责人。

1963 年至 1966 年间，为探索新兴的计算机联网技术，高级研究计划局资助了许多小型研究项目。但高级研究计划局并非唯一的赞助者，美、英、法等国的其他机构（尤其是英国国家物理实验室）同样对计算机联网兴趣浓厚。到 1966 年，有关计算机联网的设想已可付诸实施，信息处理技术处主管罗伯特·泰勒决定开发一种简单的试验性网络。他邀请网络界的后起之秀拉里·罗伯茨领导该项目。

1963 年，拉里·罗伯茨获得麻省理工学院博士学位。在 1964 年 11 月举行的一次会议上，他与利克里德首次就联网问题展开探讨。罗伯茨后来表示，"利克里德的热情感染了我"。[13] 当泰勒邀请他领导信息处理技术处的联网项目时，罗伯茨正在麻省理工学院林肯实验室从事一项由信息处理技术处资助的联网研究课题。起初，罗伯茨不愿因为这一重要的政府任务而放弃他在林肯实验室的科研工作，但泰勒直接找到罗伯茨的上司并提醒他，实验室一半以上的资助来自高级研究计划局。1966 年，罗伯茨接手阿帕网项目。在开始构建实际的网络之前，他必须解决 3 个主要的技术问题。第一个问题是如何连接所有分时系统。棘手之处在于，如果要求所有计算机系统彼此相连，那么通信线路的数量将呈几何数级增长。当时高级研究计划局共有 17 台计算机，仅将这些计算机联网就需要 136（即 $17 \times 6 \div 2$）条通信线路。第二个问题在于，如何经济地利用连接计算机的昂贵高速通信线路。商业分时计算机的使用经验已经表明，电话线的通信容量仅有不到 2% 得到有效利用，因为用户将大部分时间花在思考上，而线路在此期间处于闲置状态。这一弊端在使用本地电话线时无关大碍，但对于高速长距离线路来说很不划算。罗伯茨面临的第三个问题是如何将不同制造商生产的所有计算机系统连接在一起，这些系统使用耗时多年开发的各种操作软件。彼时，公众对软件危机已有足够了解，因而希望避免重写整个操作系统。

罗伯茨当时并不知道，有人已经解决了前两个问题。1961 年，兰德公司的保罗·巴兰率先阐述了"存储转发分组交换"的设想；1965 年，英国国家物理实验室的唐纳德·戴维斯也独立提出这一概念。[14] 戴维斯首创分组交换一词，他注意到分组交换概念与旧式的电报技术颇为类似。

通过在主要城市设置多个交换中心，工程师们解决了在电报网中避免所有城市相互连接的问题。因此，如果电报从纽约发往旧金山，那么电文在到达旧金山之前可能会经过芝加哥和洛杉矶的中间交换中心。19 世纪末，在电报诞生之初，每个交换中心使用莫尔斯音响电报机接收电报；第一位电报员将电文抄写出来，再由第二位电报员发往下一个交换中心。所有交换中心重复上述过程，直至电报穿越全国到达最终目的地。将电报记录在案的优点是它可以充当存储系统：如果业务量增加或下一个交换中心因过于繁忙而无法接收电文，可以将电文保存下来，等线路空闲时再发送出去。这就是所谓的"存储转发"原理。这些人工交换中心在 20 世纪 30 年代实现机械化，利用"撕断纸带"的方式处理电报：收到的电文自动记录在穿孔纸带上，再由机器进行转发。20 世纪 60 年代，磁盘存储取代纸带成为存储介质，电报处理实现计算机化。

存储转发分组交换是对古老电报技术的简单改进。有别于使所有计算机彼此相连，人们采用存储转发技术在网络中路由消息；计算机之间通过一条"基干"通信线路相连，需要时再增加其他连接。分组交换技术有助于减少高速通信线路的使用成本。由于数据以分组的形式在网络中传输，因而能避免单个用户独占线路。分组与短电报颇为类似，每个分组都包含目标地址。系统将较长的消息分解为一系列分组，再逐一发送到网络中。通过快速连续地传输分组，一条通信线路可以同时承载多条人机交互消息。充当交换中心的计算机（在阿帕网中称为结点）只需接收分组，并将它们传递给通往目标计算机的路由上的下一个结点，而目标计算机负责将各个分组重组为原始消息。实际上，分组交换使许多用户可以同时共享通信线路。分组交换之于电信技术，如同分时之于计算技术。

1967 年 10 月，在前往美国田纳西州加特林堡参加计算机网络研究人员的国际会议之前，罗伯茨对这一切尚不知晓。在这次会议上，罗伯茨从唐纳德·戴维斯的一位英国同事那里了解到分组交换的概念。他后来称其为上帝的启示："我茅塞顿开，掌握了如何路由分组。"[15]

最后，罗伯茨还要解决不同计算机处理网络流量时出现的严重软件问题。幸运的是，当罗伯茨遇到这个问题时，第一批小型计算机已开始投放市场。他在乘坐出租车时计上心来，想到利用接口信息处理机作为解决方案。有别于修改每个计算机中心的现有软件，罗伯茨决定为每个结点配备一台接口信息处理机，这种独立的廉价小型计算机用于处理所有数据通信流量。只需对每种计算机系统（称为主机）的软件进行相对简单的修改，就能在该系统与接口信息处理机之间收集并传递信息。因此，只要考虑网络中所有接口信息处理机使用的软件系统即可。

罗伯茨在 1966 年接手阿帕网项目时，信息处理技术处对此不甚重视；此时，项目构想已经具体化。1968 年夏，罗伯茨接替泰勒担任信息处理技术处主管，开始全力推进阿帕网项目。一项耗资 250 万美元的试点方案率先启动，将位于加利福尼亚大学洛杉矶分校、加利福尼亚大学圣巴巴拉分校、犹他大学、斯坦福研究院的 4 个计算机中心连接在一起。接口信息处理机使用的软件由博尔特·贝拉尼克 – 纽曼公司（BBN）开发；而在大学校园里，一群背景各异的研究生和计算机中心程序员致力于将自己的主机连接到接口信息处理机。众多研究生参与到阿帕网的开发中，他们在攻读计算机科学研究生的同时为项目兼职工作，在网络社区中创造出一种放浪形骸的独特文化。这种文化就像 20 世纪 70 年代盛行于个人计算机行业的计算机爱好者文化一样强大。但与个人计算机行业有所不同，这种文化更为持久，也导致了早期因特网的松散和无序状态。

及至 1970 年，由 4 个结点组成的网络已全面投入使用并可靠运行。高级研究计划局资助的其他计算机中心很快接入该网络，到 1971 年春，共有 23 台主机联网。尽管阿帕网在技术上取得的成就令人印象深刻，但它对世界各地成千上万台普通的大型机来说意义不大。罗伯茨意识到，要想将联网的理念推广到高级研究计划局之外，仅仅成为项目经理是不够的，他还要扮演"布道者"的角色。罗伯茨在学术会议上向技术界宣传阿帕网，但发现听众对此早有认同。为此，他决定在 1972 年秋于美国华盛顿举行的首届国际计算机通信大会上组织一次公开演示，向世人展示阿帕网。

出席这次会议的代表超过 1000 人。阿帕网示范区配有 40 部终端，人们可以直接使用十几台计算机中的任何一台，麻省理工学院"MAC 计划"与加利福尼亚大学计算机中心的计算机也包括在内。主办方甚至还安排了与巴黎方面的计算机进行连线。用户不仅可以执行数据库访问、气象模型运行、交互式图形探索等重要的计算任务，也能利用空中交通模拟器或国际象棋游戏消遣娱乐。持续 3 天的演示给与会者留下了难以磨灭的印象。

这次演示成为阿帕网与整个网络的转折点。技术在一夜之间成为现实，越来越多的研究机构和大学要求接入阿帕网。会议结束 1 年后，网络中的主机数量达到 45 台；4 年后，这一数字升至 111 台。虽然有所进步，但增长速度仍然缓慢。

电子邮件普及

然而，资源共享的经济性、使用远程计算机的能力乃至玩计算机游戏的乐趣，都未能激发人们对联网的兴趣，大部分用户其实从未接触过这些功能。相反，吸引用户的是通过电子邮件相互交流的机会。

电子邮件从来不是阿帕网考虑的重点。实际上，尽管电子邮件并非新概念，但它并没有出现在最初的阿帕网中。20 世纪 60 年代中期，麻省理工学院的"MAC 计划"曾推出过一种电子邮件系统，但由于用户仅能向学院的其他同事发送邮件，这种系统不过是普通校园邮件的替代品。

1971 年 7 月，BBN 的两位程序员为阿帕网开发了试验性邮件系统。BBN 网络团队的一位成员回忆道：

在邮件（程序）的开发过程中，最初没有人认为它将红极一时。虽然大家喜欢邮件，也认为它不错，但都未曾想到它会像如今这样令人着迷不已。[16]

电子邮件很快超过阿帕网中其他所有网络流量，邮件注册用户到 1975 年已过千人。收发电子邮件的需求也成为推动第一批非阿帕网网络发展的主要力量。在这些网络中，1978 年上线的 Usenet 具有非常重要的意义，该网络致力于将没有接入阿帕网的院校连接起来。新闻系统是 Usenet 的意外产物，它就像一个巨型电子公告板，网络用户不仅可以订阅新闻组，志同道合的用户还能藉此相互交流。Usenet 由美国杜克大学与北卡罗来纳大学的两名学生开发，最早用于交流新闻，这个想法迅速流行开来。起初，新闻组交流的大部分内容和计算机有关，但最终扩展到数千种不同的主题。到 1991 年，Usenet 系统已建立起 3.5 万个结点，有数百万名用户订阅新闻网络。

尽管大部分人很快厌倦了使用新闻组，但网络计算与电子邮件已成为现代商业模式中不可或缺的一部分，现有的计算机服务业被迫做出回应。首先，分时企业开始重组为网络提供商。例如，BBN 的 TELCOMP 分时服务在 1975 年重组为 Telnet 网络（由拉里·罗伯茨担任首席执行官）。Telnet 最初在 7 座城市设有结点；及至 1978 年，其业务范围扩展到 176 座美国城市以及其他 14 个国家。1979 年，TELCOMP 的竞争对手泰姆谢尔上线泰姆网。西联和 MCI 等老牌通信公司也提供电子邮件服务，商业媒体则开始讨论"电子邮件大战"。[17] 在公共部门，美国国家科学基金会和美国国家航空航天局等政府机构也致力于网络的研发；而在教育领域，大学联盟开发出 Merit、Edunet、Bitnet 等网络。这些网络都在 20 世纪 80 年代前 5 年投入使用。

电子邮件是推动所有这些网络发展的原动力。电子邮件之所以深受欢迎，是因为它在许多方面优于传统的长途通信，这些优势随着网络数量的增加而进一步巩固：网络中的用户越多，电子邮件的用处越大。仅需几分钟，电子邮件就能穿越整个北美大陆，其速度远远超过很快被戏称为"蜗牛邮件"的邮政服务。除价格比长途电话便宜外，收发邮件的双方无须保持同步，因此更为灵活和自由。电子邮件还消除了时区不同带来的一些问题。不仅电子邮件用户欣赏这种新的商业形式，管理人员也对电子邮件产生的经济效益青睐有加，尤其是在协调团队工作方面——会议数量因使用电子邮件而减少。

然而，作为一种全新的通信手段，电子邮件也带来了一系列令组织心理学家与社会科学家着迷的社会问题。例如，通信速度鼓励未经思考而非深思熟虑的答复，导致交流的次数不减反增。另一方面，简短生硬的"电报式"电子邮件很容易招致外行反感，而通过电话传递同样的信息时，语调和更从容的表达方式有助于缓和态度。不成文的"网络礼仪"逐渐形成，从而在尽量保持电子邮件优点的同时实现了双方更文明的交流。20 世纪 70 年代，部分新出现的计算机网络以阿帕网研制的技术为基础，但并非所有网络都如此，特别是计算机制造商开发的专属系统——IBM 的系统网络体系结构与数字设备公司的 DECnet 便是明证。通过重新制定十分老套的营销策略，计算机制造商希望将客户锁定在专有网络中，仅使用自己提供的硬件和软件。不过这是一种短视且错误的策略，因为联网的真正优势在于网际互连：各个独立的网络彼此相连，几乎所有计算机用户都能相互通信。

幸运的是，信息处理技术处早在 1973 年就意识到这一点——尤其是为了解决电子邮件跨越网络边界的问题。网际互连的简单设想很快具体化为因特网。在这一时期，信息处理技术处致力于开发网络通信所需的"协议"。（网络协议只是形式上的电子交换格式，网络之间利用协议传输数据，它是一种电子化的世界语[①]。）高级研究计划局开发的系统称为 TCP/IP，它是"传输控制协议/互联网协议"的缩写，大部分经验丰富的因特网用户对这个神秘的缩略语耳熟能详。虽然国际通信委员会同时也在制定网际互连标准，但 TCP/IP 很快成为事实上的标准（目前依然如此）。

但经过整整十年的发展，接入网络的计算机才逐渐增多。1980 年，因特网中仅有不到 200 台主机；直到 1984 年，主机数量也不过千台。这些网络多半服务于研究机构以及大学的科学和工程系，主要用户是使用传统分时计算机的技术社区。仅当广大普通的个人计算机用户接入因特网后，它才成为重要的经济和社会现象。

万维网

20 世纪 80 年代末，这一广大的用户群体开始发挥影响力。在因特网发展的同时，个人计算机的触角迅速伸向教育和商业领域，并进入美国家庭。到 80 年代末，美国大部分专业的计算机用户（尽管并非家庭用户）都能访问因特网，接入因特网的计算机数量开始骤增。

在大量用户开始使用因特网后，人们不仅通过电子邮件相互沟通，也开始交流整篇文档——这意味着新的电子出版媒介已经出现。与电子邮件和新闻组一样，这种活动在很大程度上属于未曾预料的无心之举，因而无法阻止任何人在网络上发布任何信息；数百万份没有目录的文档很快在网络上出现，找到有用的内容难如登天。从成吨的垃圾中筛选出有价值的信息十分不易，只有最专注的计算机用户才有耐心尝试。如何组织浩如烟海的信息成为一项主要的研究课题。

为帮助用户在因特网上查找信息，许多工具相继问世。1990 年，加拿大

---

① 世界语是柴门霍夫在 1887 年创立的一种国际辅助语言，谷歌和维基百科目前都提供世界语版本。——译者注

麦吉尔大学开发出最早的检索系统之一"阿奇"。通过梳理因特网，"阿奇"可以创建一个包含所有可供下载文件的目录，希望获取文件的用户因而无须了解文件的实际存储位置。另一种令人印象深刻的系统是广域信息服务，1991 年由美国马萨诸塞州沃尔瑟姆的思维机公司开发。该服务支持用户使用关键字（如天花和疫苗）指定文档，能显示出因特网上所有符合条件的可用文档。最受欢迎的早期检索工具当属美国明尼苏达大学开发的"地鼠"。（这个名字非常贴切，它既是意为"跑腿者"的俚语，也是明尼苏达大学的吉祥物。）"地鼠"系统于 1991 年投入使用，它实际上是一种目录的目录，用户可以藉此深入查询"地鼠"数据库的内容，数百家不同的机构负责维护这些数据库。

这些系统都将文档视为单个实体，与图书馆藏书类似。例如，当系统检索到一份关于天花疫苗的文档时，它可能会告诉用户，疫苗由爱德华·詹纳发明。如果希望了解更多有关詹纳的信息，就需要再次搜索。超文本的发明者——20 世纪 40 年代的万尼瓦尔·布什以及 60 年代的恩格尔巴特和纳尔逊——曾设想开发一种支持用户在文档之间随意切换的系统。只要点击按钮，用户就能从"天花"跳转到"詹纳"，再跳转到"英格兰格洛斯特教堂"（詹纳曾经的住所，现已成为纪念他的博物馆）。实际上，超文本在整个 80 年代都是一项活跃的计算机研究课题，但它之所以对因特网（最终催生出万维网）影响巨大，是因为超文本使用户不必在集中式目录中查找文档：利用储存在文档中的链接，读者就能立即跳转到相关文档。这与万尼瓦尔·布什设想的麦麦克斯系统如出一辙。

万维网由蒂姆·伯纳斯－李发明，其历史可以追溯到 1980 年。早在因特网广为人知前，伯纳斯－李就对超文本产生了兴趣。1955 年，伯纳斯－李生于英国伦敦，父母均为数学家（两人本身就是英国早期计算机程序设计的先驱）。1976 年从牛津大学物理系毕业后，伯纳斯－李在英国担任软件工程师，后来在瑞士日内瓦的欧洲核子研究组织（CERN）谋得一份为期 6 个月的咨询工作。在这家国际核物理研究实验室工作期间，伯纳斯－李的任务是为新型粒子加速器编写软件，但他利用业余时间开发了一种超文本系统，并命名为

"Enquire"。（Enquire 得名于维多利亚时代著名的家居生活指南《有求必应》①，伯纳斯－李的父母恰好拥有这部早已绝版的工具书，他从小就对其爱不释手。）尽管与布什的理念接近，不过伯纳斯－李对他的工作并没有直观了解，但 20 世纪 80 年代流行的超文本思想借鉴了布什的理念。Enquire 并无特别之处，它只是众多试验性超文本系统中的一种。在伯纳斯－李离开 CERN 后，Enquire 实际已乏人问津。

伯纳斯－李回到英国时，个人计算机的发展正处于全盛时期。他找到一份能维持生计（但单调乏味）的工作，那就是为点阵打印机开发软件。1984 年 9 月，伯纳斯－李以永久雇员的身份重返 CERN。在他离开的这段时间里，计算机联网的发展如火如荼。CERN 正致力于将所有计算机连接在一起，伯纳斯－李受命协助开展这项工作。但没过多久，他重拾搁置已久的 Enquire 程序，再次燃起对超文本的兴趣。伯纳斯－李将万维网描述为"超文本与因特网的联姻"。[18] 然而，万维网的发展并非一日之功；相反，随着超文本与因特网技术的扩散和交织，伯纳斯－李耗时 5 年在迷雾中探索前行。直到 1989 年，伯纳斯－李与他的比利时合作伙伴罗伯特·卡里奥才正式向 CERN 递交项目提案，请求提供必要的资源来开发他们所称的"万维网"。

万维网的概念实际上包括服务器端与客户端两方面。服务器将超文本文档（后来称为网页）发送给客户计算机（通常是个人计算机或工作站），再由客户计算机显示在用户屏幕上。到 20 世纪 80 年代末，超文本技术已发展成熟。尽管尚未用于因特网，但这项技术已远远超出学界范畴，开始应用于 CD-ROM 百科全书等消费类产品。及至 1991 年，伯纳斯－李与罗伯特·卡里奥对自己的设想已成竹在胸；当年 12 月，两人向美国得克萨斯州圣安东尼奥举行的超文本大会提交了探讨万维网的论文。虽然论文被拒收，但他们还是设法组织了一次敷衍的演示。两人的项目是当时唯一与因特网有关的项目。伯纳斯－李后来回忆，他在 1993 年再次参加超文本大会时，"所有项目都与网络有关"。[19]

---

① 《有求必应》于 1856 年首次出版，提供各类与家居生活有关的信息，并配有易于查找的索引，堪称一部家居生活类百科全书。该指南的英文名为 *Enquire Within Upon Everything*，万维网的前身 Enquire 即得名于此。——译者注

从 1991 年到 1993 年，万维网的发展步入快车道。这是典型的"先有鸡还是先有蛋"的局面：用户需要万维网"浏览器"在自己的个人计算机和工作站上阅读网页；为体现这个过程的价值，组织需要建立能提供有趣内容和相关信息的万维网服务器。某些创新的万维网浏览器来自大学，通常出自热心的学生之手。CERN 开发的万维网浏览器功能单一，它只适合浏览包含纯文本的超文本文档，无法读取图片、声音与视频剪辑较多的超媒体文档。而新一代浏览器（如芬兰赫尔辛基理工大学的 Erwise 以及美国加利福尼亚大学伯克利分校的 Viola）不仅提供简单易用的点击式界面（人们已开始提出这方面的要求），也具备成熟的超媒体功能。与万维网浏览器相比，万维网服务器需要的软件要复杂得多——尽管普通用户基本看不到这些软件。同样，可行的解决方案主要是大学志愿者努力的成果。许多人通过因特网相互交流，提供错误修复、程序"补丁"与其他改进，极大加快了程序的发展。在此过程中孕育出最知名的服务器程序"Apache"，这个双关语意为"修补的"服务器[1]。因特网促进了协同软件开发（又称开源运动）的蓬勃发展，程度之深前所未知。由于开源软件可自由分发，传统的营利性软件公司找到了全新的软件开发模式。

与此同时，伯纳斯－李设计了一个有效的指标来评估万维网的发展水平，这就是 CERN 原始万维网服务器上的"点击量"。日点击量从 1991 年的 100 次增至 1992 年的 1000 次，再增至 1993 年的 1 万次。到 1994 年，公开可用的万维网服务器已达数百台，万维网的普及程度迅速超过"地鼠"系统——部分原因在于，明尼苏达大学在 1993 年春宣布持有"地鼠"软件的知识产权，"地鼠"的商业化将不可避免。这也许是因特网软件商业化首次浮出水面。自此之后，在推动自由软件发展的开源社区与嗅到商机的企业家之间，将永远存在令人不安的紧张关系。

无论如何，伯纳斯－李在商业利用的问题上做出了正确选择。他说服 CERN 将万维网技术公之于众，供所有人免费使用。1994 年夏天，伯纳斯－

---

[1] 一种说法是，由于 Apache 服务器在一系列补丁的基础上发展而来，因此属于"修补的"（a patchy）服务器，与"Apache"一词谐音。但 Apache 基金会表示，这个名称其实是为了纪念美国原住民部族阿帕奇族。——译者注

李离开 CERN，前往麻省理工学院计算机科学实验室筹建万维网联盟，这个非营利性组织鼓励通过协商制定万维网标准。

II. 万维网及其影响

万维网的飞速发展始于马赛克浏览器。第一代万维网浏览器多半出自大学，明显属于学生们的赶工之作。这些程序难以安装，漏洞百出，看起来就像半成品。然而，由伊利诺伊大学厄巴纳－香槟分校的美国国家超级计算应用中心开发的马赛克浏览器是个例外。

"马赛克"出自 22 岁的计算机科学本科生马克·安德森之手，与人们在商店里买到的紧缩套装软件颇为类似。这种浏览器提供 PC 与麦金塔版本，也可以安装在计算机科学系青睐的 Unix 工作站上。"马赛克"于 1993 年 11 月发布，一经推出下载量即达到数千次（很快增至几十万次）。个人计算机用户可以轻松使用这种浏览器开始上网之旅。当然，他们必须是爱好者，但无须对网络有深入了解。

浏览器大战

1994 年春，安德森受邀与加利福尼亚州的企业家吉姆·克拉克会面。20 世纪 70 年代，克拉克与他人共同创立硅图公司，这是一家非常成功的 Unix 工作站制造商。他在不久前售出公司股份，正在寻找新的创业机会。会晤结束后，克拉克与安德森在 1994 年 4 月 4 日成立马赛克通信公司，致力于为万维网开发浏览器和服务器软件。由于伊利诺伊大学将"马赛克"的名称和软件授权给另一家名为 Spyglass 的公司使用，马赛克通信公司在几个月后更名为网景通信公司。

安德森立即将伊利诺伊大学的一些程序员招致麾下，他们开始编写代码，重操旧业。结果堪称完美。为迅速打开市场，克拉克与安德森决定将浏览器免费赠予非商业用户。一旦在市场上居于主导地位，对产品收费就成为可能。然而，企业使用的服务器软件和服务从一开始就是收费的。网景由此创造出通过因特网销售软件的通用模式。

1994 年 12 月，网景发布 1.0 版浏览器以及配套的服务器软件。当时，"发布"仅仅意味着用户可以从因特网下载这款浏览器，产品下载量达到数百万次。自此之后，万维网的崛起势不可挡：到 1995 年中期，万维网贡献了四分之一的因特网流量，超过其他所有网络活动。

与此同时，在个人计算机软件行业遥遥领先的微软，似乎对因特网的崛起置若罔闻。公司计划于 1995 年 8 月同时发布 Windows 95 操作系统与在线服务 MSN。作为因特网诞生之前的一种专有网络，MSN 已踏上不归路，但事实证明这款产品生不逢时。试图放手一搏的微软从 Spyglass 取得马赛克软件的使用许可，并随 Windows 95 附赠 IE 浏览器，不过效果平平。

面对因特网这一庞然大物，感到无所适从的并非只有微软。正在发生的范式转移① 见证了一种主导技术向另一种主导技术的迅速转变——从封闭的私有网络过渡到开放的因特网世界。消费者同样面临两难选择。他们既可以订阅现有的消费类网络（美国在线、CompuServe、神童通信或 MSN），也可以尝试新兴的因特网服务提供方（ISP）。选择成熟、简单易用、安全、内容丰富的消费类网络，还是踏入万维网的蛮荒之地，决定权在用户手中。ISP 并未提供太多内容，万维网包含的信息则十分丰富，并且还在迅速增长。ISP 更像电话服务，它为用户提供连接，之后如何使用则由用户决定。ISP 客户需要对计算机有所了解以掌握相对复杂的软件，且必须小心避开因特网上那些令人不快的内容（或无拘无束地享受这些内容）。

对现有的消费类网络而言，应对万维网是巨大的技术和文化挑战。微软的 IE 浏览器获准在美国在线的访问软件中使用，这是两全其美之事——用户既可以享受现有服务的优势，又能一窥万维网究竟。CompuServe 的做法大同小异，但它最终于 1998 年被美国在线收归旗下。其他消费类网络未能如美国在线一样实现出色的过渡。1996 年，西尔斯与 IBM 决定出售旗下的神童通

---

① 范式转移指当某个领域出现的新成果打破原有的规则或假设时，需要对基本概念或理论做出根本性改变。因特网的普及就是典型的范式转移。——译者注

信，后者从此销声匿迹。另一方面，微软决心减少 MSN 造成的亏损。1995年 12 月，比尔·盖茨宣布微软将"拥抱并扩展"因特网，公司"愿意舍弃一个孩子（MSN），为另一个更重要的孩子（IE 浏览器）铺平道路"。[20] 自此之后，MSN 不过是一家高端因特网服务提供方，对美国在线不再构成威胁。

20 世纪 80 年代，操作系统是个人计算机行业竞争最激烈的领域；进入 90年代，争夺的焦点已转向万维网浏览器。1995 年的网景似乎势不可当。当年夏天，在成立仅仅 18 个月后，网景的首次公开募股就募得 22 亿美元，马克·安德森因此变得异常富有。到 1995 年底，网景浏览器的下载量已达到 1500 万次，市场占有率超过 70%。但微软并不打算将浏览器市场拱手让与网景。

接下来的两年里，微软和网景为争夺浏览器的霸主地位而短兵相接，两家公司每隔几个月就会升级浏览器。到 1998 年 1 月，据称微软每年投入 1 亿美元，确保 IE 4.0 在技术上与网景并驾齐驱。新的 Windows 98 操作系统附赠IE 浏览器，它选择阻力最小的方式成为个人计算机上最常用的浏览器——但也许并非用户主动所为。微软还为麦金塔计算机提供免费版 IE 浏览器。

免费为消费者提供 IE 浏览器之举将网景的商业计划破坏殆尽。在微软免费提供浏览器的情况下，网景的浏览器销售遭到沉重打击。为争夺浏览器行业的垄断地位，微软付出了巨大（也许过大）的努力。美国司法部指控微软涉嫌搭售、捆绑销售以及某些强制购买行为，于 1998 年 5 月提起反垄断诉讼。如果以爱犬人士口中的犬类年龄为标准衡量，那么这起诉讼与所有反垄断诉讼一样进展缓慢，对一个讲求"因特网时间"的行业来说更是如此①。微软在法庭上傲慢自大，未能赢得消费者或媒体的同情，但这种态度并没有妨碍到它的发展。1995 年，因特网的崛起首次令微软方寸大乱；2000 年，托马斯·彭菲尔德·杰克逊法官做出最终裁决。5 年间，微软的收入几乎翻了两番，从 60 亿美元增至 230 亿美元；员工数量增加一倍，从 1.8 万人增至 3.9 万人。杰克逊法官下令分拆微软——对于涉嫌不法行为的垄断企业，这是一种经典的反垄断补救措施——但这项裁决在上诉时遭到驳回，取而代之的是不那么严厉的补

---

① 中小型犬在出生一年后已基本成熟，大约相当于人类的 15 岁。作者以犬类年龄与人类年龄的对比形容这起诉讼，意指时间之长。——译者注

救措施。

因特网拓荒潮

　　20 世纪 90 年代后半段，因特网与其说是一场信息革命，不如说是一场商业革命。用户可以买到社会提供的所有商品与服务。但在 1990 年，因特网基本为美国政府机构所有，而当权者不允许利用公共资产为私人谋利。因此，因特网私有化成为电子商务发展壮大的必要前提。

　　甚至在私有化提上议事日程之前，就有必要切割因特网的军事职能与非军事职能。自 1969 年诞生以来，阿帕网一直由美国高级研究计划局提供资助。1983 年，在分拆出军用的 MILNET 后，阿帕网成为高级研究计划局的专属研究网络。摆脱军事束缚使网络的发展步入快车道——及至 1985 年，约有 2000 台计算机接入因特网。为建立与整个美国学术界的联系，将网络扩大到高级研究计划局的专属研究范围之外，美国国家科学基金会开发了 NSFNET。其规模和重要性迅速超越阿帕网，最终成为整个因特网的"主干网"，这在某种程度上印证了因特网的发展特点。到 1987 年，已有大约 3 万台计算机（大部分来自美国学术和研究团体）接入因特网。与此同时，Usenet、FidoNet（由业余"公告板"运营者创建）、因时网（由 IBM 提供资助）等公共和私有网络也连接到因特网。由于国家科学基金会没有建立正式的计费机制，探讨访问付费问题并无意义。这个绝佳的例子彰显出偶尔视而不见的重要性：如果官僚集团密切关注财务状况，那么整合全球计算机网络的进程可能已陷入停顿。接入因特网的商业网络越来越多，基础设施的数量也随之增加，这些网络发展出错综复杂的成本分配机制。到 1995 年，因特网的商业部分已远远超过政府所有部分。1995 年 4 月 30 日，旧有的 NSFNET 主干网停止服务，美国政府完全失去因特网基础设施的所有权。

　　因特网的发展之所以如此迅猛，很大程度上归因于随意且分散的结构，任何人都能自由访问。但作为商业实体，因特网无法以完全不受监管的方式运作，否则必然会出现混乱或不法行为。行业先驱为因特网制定了最低限度的温和监管规定，这是因特网最令人印象深刻的特点之一。域名系统便是明证：amazon.com、whitehouse.gov、princeton.edu 等域名很快变得像电话号码一样人所共知。

20 世纪 80 年代，因特网社区采用由美国南加利福尼亚大学信息科学研究所的保罗·莫卡派乔斯研制的域名系统。域名系统能实现数千个（最终数百万个）域名的分散化分配。最先创建的是 6 个顶级域名，每个域名采用 3 个字母的后缀表示：com 代表商业组织，edu 代表教育机构，net 代表网络运营商，mil 代表军事机构，gov 代表政府，org 代表所有其他组织。由此出现了 6 个注册中心，负责分配每个顶级域名中的域名。获得唯一的域名后，组织就可以根据需要添加前缀，在内部进一步划分域名（例如，cs.princeton.edu 中的 "cs" 表示 "计算机科学"），无须再获得外部机构的批准。

除美国以外，其他国家被分配两个字母的后缀。例如，uk 代表英国，ch 代表瑞士，以此类推。每个国家之后可以自行创建二级域名。以英国为例，ac 代表教育（学术）机构，co 代表商业组织，等等。因此，英国剑桥大学计算机实验室的域名为 cl.cam.ac.uk，而 bbc.co.uk 是哪家机构的域名自不待言。仅有美国不使用国家后缀，就这方面而言，美国拥有与英国类似的特权：英国在 1841 年发明邮票，它是唯一邮票上没有印制发行国名称的国家。

关于因特网如何发展的早期预测，似乎是对世界脑（H. G. 威尔斯提出）或麦麦克斯系统（万尼瓦尔·布什提出）的推断。1937 年，威尔斯就世界脑的设想写道："无论学生身处何地，都可以在方便时坐在自己的书房里，利用投影仪查阅任何图书或任何文档的精确复制品。这一天已为时不远。"[21] 在 1996 年（本书第一版付梓时），这似乎是个合理的预测，但可能已经过二三十年的酝酿。尽管没有理由调整时间尺度，因特网取得的进展仍然令人惊讶。此外，因特网的信息资源远不止图书和文档，还包括音频、视频与多媒体，这是威尔斯未曾预料到的。如今，全球大部分印刷品都能在线获取。确乎如此——高校科研人员与工业研究人员前往图书馆的频率日益减少。

作为一种信息资源，因特网的发展非比寻常，电子商务的兴起更是如此。而直到 20 世纪 90 年代中期，人们基本上还没有预测到这一现象。

一些早期的商业成功几乎都是无心之举。例如，和马赛克浏览器诞生于同一时代的雅虎最初只提供简单的列表服务（"杰里①的万维网指南"），由大卫·费罗与杨致远创建，两人都是美国斯坦福大学计算机科学专业的研究生。到 1993 年底，这项服务仅列出 200 个网站，但已将当时全世界大部分网站收入囊中。然而，万维网在 1994 年呈现爆炸性增长，费罗与杨致远对每天上线的新网站进行筛查、排序并编制索引。1994 年底，雅虎的日点击量首次突破 100 万，由大约 10 万名用户贡献。第二年春天，费罗与杨致远获得风险投资；两人将办公场所迁往加利福尼亚州山景城，开始雇用员工上网来维护并扩展索引。这与威尔斯对世界脑的设想极为类似："大批工人……致力于完善这一人类知识索引，并使其保持在最新状态。"[22] 雅虎并非一枝独秀，来科思、Excite 以及其他十几家公司均提出相同的概念，而列表与信息搜索服务成为最早确立的万维网类别之一。如何支付服务费用仍是个尚待解决的问题，订阅、赞助、佣金或广告都在考虑范围之内。与早期的广播一样，广告是显而易见的选择。谷歌是另一家专注于协助用户检索网络信息的企业，它很快证明网络广告是多么有利可图。

当斯坦福大学的另外两位博士生拉里·佩奇与谢尔盖·布林开始从事斯坦福数字图书馆项目的研究（部分由国家科学基金会提供资助）时，雅虎已是一家成熟的企业。佩奇与布林的研究不仅彻底改变了在因特网上查找信息的过程，最终还创造出空前成功的网络广告模式。

佩奇对有关万维网数学特征的论文项目深感兴趣，他得到导师特里·威诺格拉德的大力支持，威诺格拉德是人工智能领域研究自然语言处理的开拓者之一。佩奇与布林合作，利用"网络爬虫"采集反向链接数据（即链接到特定网站的网站），并根据按重要性排名的反向链接开发出"佩奇排名"②算法——提供链接的网站越重要，对链接所指向网站的页面排名影响就越大。两人敏锐地推断，这项技术不仅将为更有用的网络搜索奠定基础（任何现有

---

① "杰里"是杨致远（Jerry Yang）的英文名。——译者注

② "佩奇排名"的英文是 PageRank，以拉里·佩奇的姓氏命名。由于 Page 也有"网页"之意，因此 PageRank 有时也称为"网页排名"。——译者注

工具都难以企及），也无须再组建团队来编制索引。佩奇与布林的"搜索引擎"BackRub 由此诞生，并在 1997 年 9 月 google.stanford.edu 上线前不久更名为谷歌。"谷歌"之名源于一个拼写错误：一位朋友建议将搜索引擎命名为"古戈尔"（googol），这个词表示数字 1 后跟 100 个零；但布林将其错拼为"谷歌"（google），加之"古戈尔"的因特网地址已被注册，"谷歌"这个简单易记的拼写错误因而流传下来。在大部分用户看来，"谷歌"只是个不甚高明的自造词；但佩奇与布林原本计划使用的名称"古戈尔"却体现出搜索工具背后复杂的数学原理，以及它日后将获得的大量数据（就网络索引和搜索而言）。

1998 年，在美国门洛帕克一位朋友的车库中，佩奇与布林创立谷歌。第二年初，两人将这家小公司迁往帕洛阿尔托的办公室。到 21 世纪初，公司已培养出一批忠实的追随者；谷歌此后迅速崛起，成为领先的网络搜索服务。谷歌从硅谷几家主要的风险投资公司获得 2500 万美元的贷款，用于改进技术、增聘员工并大力扩展基础设施（服务器数量不断增加）。2001 年初，投资方要求两位创始人聘请职业经理人埃里克·施密特担任首席执行官。获得"成人监管"[①] 后，谷歌完善了规范的赞助搜索商业模式。谷歌的搜索页面清爽而简洁，仅有搜索框与公司徽标——与之形成鲜明对比的是，雅虎等网站的页面杂乱无章，提供各种附加服务和广告。谷歌的搜索页面设计最初有助于加快访问速度，但其首页很快也因"禅意地运用空白"而受到好评。[23] 谷歌的搜索结果包括非赞助链接与赞助链接两类。企业可以购买与特定关键字搜索相关的赞助链接，当用户点击这些链接时，谷歌就会获得一小笔收入。赞助链接满足了许多用户的需求，他们的点击使谷歌成为全球网络广告收入的领军者，公司也迅速在世界范围内推出了多语言版本。

邮购销售同样是早期网络成功的例证。杰夫·贝索斯的亚马逊公司确立了网络商务的许多早期实践（包括在公司名称中加入 .com[②]）。毕业于美国普林斯顿大学的贝索斯主修电气工程与计算机科学，他曾在金融服务业短暂工作

---

① 随着科技公司发展壮大，创始人往往缺乏足够的经验来运营企业，因此投资方会引入更有经验的职业经理人出任首席执行官，这就是所谓的"成人监管"。——译者注

② 亚马逊公司的全名为 Amazon.com, Inc.。——译者注

过一段时间，后来决定通过网络开展零售业务。经过一番思考，贝索斯认为图书销售最有可能取得成功，因为这个领域的竞争相对不太激烈，且虚拟书店的库存比任何实体书店都要多。1995 年 7 月上线的亚马逊很快跃升为首屈一指的在线书店，并最终成为全球顶级在线零售商。

另一个主要通过掌握新媒体而获得成功的运营平台是拍卖网站 eBay。硅谷企业家皮埃尔·奥米迪亚在 1995 年底开发了一个试验性的免费网站 AuctionWeb，将拍卖的概念引入其中。该网站深受欢迎，奥米迪亚从 1996 年开始获得佣金收入，他后来"辞去日常工作并将网站更名为 eBay"。[24]1998 年初，职业经理人梅格·惠特曼加入 eBay，她曾在玩具制造商孩之宝公司担任高级主管。之后几年中，这个由买家和卖家构成的全球虚拟社区逐渐发展壮大。到 2003 年，eBay 在全世界已拥有 3000 万名用户，销售额达到 200 亿美元，据称有 15 万名企业家以 eBay 交易为生。这充分体现出万维网的变革性力量和不可预知性，之前的人们恐怕很难想象"全球跳蚤市场"的概念。

雅虎、亚马逊、eBay 等商业网络公司增长迅猛，但即便股价飙升，这些企业在发展初期仍然难以盈利。而当因特网热潮消退后，股价暴跌不可避免；2000 年春，许多知名电子商务公司的市值蒸发高达 80%。这一幕似曾相识：20 世纪 60 年代末，软件与计算机服务类股票遭遇了类似的崩盘，多年后才恢复元气。但毫无疑问，复苏终将到来。1969 年的软件崩溃如今已成为遥远的回忆，只有亲身经历过的人才有印象。事实证明，2000 年的互联网泡沫破裂也是如此。谷歌的成功是硅谷重归荣耀的象征性事件。

2004 年，谷歌进行首次公开募股，公司市值超过 230 亿美元。到 2007 年，谷歌提供的搜索服务超过其他所有搜索和列表服务的总和。公司当年实现收入 166 亿美元，净利润为 42 亿美元。[25]谷歌继续在搜索领域居于主导地位，年搜索量达到 1.7 万亿次（约占 2011 年全部搜索量的三分之二）。虽然基于搜索的广告收入仍是其主要收入来源，但谷歌已成功进军电子邮件服务（Gmail）、地图和卫星照片、因特网视频（2006 年收购 YouTube）、云计算、数字化图书等领域。近年来，谷歌也成为开源移动平台的重要参与者，这些移动平台正在改变计算领域。

拥抱移动

个人计算技术出现后不久，计算机的移动性就变得越来越强。1968年，艾伦·凯首次提出便携式计算机的设想；1972年，他在施乐帕洛阿尔托研究中心将自己的设想正式表述为"Dynabook"概念。Dynabook包括众多简单易用的要素，同年开始研制的施乐阿尔托工作站借鉴了这些要素，但这种设备略显笨重，移动不便。10年后的1982年，GRiD系统公司推出GRiD Compass 1101，它堪称第一种膝上计算机[①]。尽管无法兼容现有平台，但这款售价约为8000美元的计算机在对价格不甚敏感的军用和航空市场取得了成功。而在更广阔的商业舞台上，第一批"便携式"计算机在20世纪80年代初就已亮相，但它们与如今的膝上计算机相去甚远。1981年面世的奥斯本一号售价为1800美元，这款计算机没有电池，重量超过23磅[②]，配有5英寸的小屏幕，折叠后就像一个中等大小的硬壳行李箱。10年间，各种型号的商用便携式计算机纷纷上市，包括第一款使用液晶屏幕的便携式计算机TRS-80 100。但为了保证一定程度的移动性，这些便携式计算机在屏幕尺寸、处理能力、存储容量以及兼容性方面做出较大牺牲。到90年代初，籍由微处理器技术和存储芯片容量的进步与液晶屏幕的改进，制造经济实惠的翻盖式现代膝上计算机成为可能——IBM、康柏以及其他制造商的产品逐年变得更薄、更轻、功能更强大。膝上计算机（如今通常称为笔记本计算机）的性价比已接近台式计算机；而凭借移动性的优势，膝上计算机的产量在2008年超过台式计算机。

尽管随身携带膝上计算机（尤其是在工作中）变得越来越普遍，但受制于尺寸和重量，它们很难成为随身设备。仅当智能手机出现并日益普及后，计

[①] laptop computer 的标准名称为"膝上计算机"，notebook computer 的标准名称为"笔记本计算机"。膝上型计算机是一种便携式计算机，因可以放在膝盖上操作而得名，重量和尺寸较笔记本计算机略大。但两种计算机的区别日益模糊，公众通常不作严格区分，经常统称为"笔记本电脑"。——译者注

[②] 1 磅约等于 0.45 千克。——译者注

算机才成为随处可见的日常设备。智能手机改变了人们的交流、工作与社交方式，开创了移动计算的变革新时代。

智能手机是一种兼具无线电话功能的手持式计算机，它是计算技术与电信技术广泛融合的产物。智能手机主要从名为个人数字助理的早期技术发展而来；这种技术与智能手机类似，同样由操作系统或平台界定。2007 年之前，塞班、黑莓 OS、奔迈 OS、Windows Mobile 是四大移动平台。此后，苹果的 iOS 系统与谷歌的安卓系统横空出世，主导了智能手机市场，两种新平台从第三方应用软件提供商那里获利良多。探索各种平台的发展，对于理解迅速扩张的智能手机市场具有指导意义。

1980 年成立的赛意昂公司很快进军硬件领域，这家英国软件公司在 1986 年推出基于操作系统的个人数字助理 Psion Organizer II。虽然赛意昂开发的操作系统 EPOC 在本土市场取得了成功，但直到公司与当时全球领先的手机制造商诺基亚公司携手合作后，EPOC 才在世界范围内获得一定影响力并发展为塞班系统。截至本书写作时，诺基亚是塞班系统的主要用户，其首款智能手机于 2002 年上市。在诺基亚如日中天的 2007 年，三分之二的智能手机（通常称为手机）均采用塞班平台。

然而，竞争对手的手机功能与软件应用很快削弱了塞班系统在早期市场拥有的领先优势。20 世纪 90 年代初，总部位于硅谷的奔迈公司在手写识别个人数字助理市场受挫，直到 1996 年推出 PalmPilot 后才取得成功。尽管奔迈培育出一个由第三方应用开发者构成的适度生态系统，预示着智能手机市场将变得至关重要，但过小的内存难以运行真正有吸引力的应用程序。奔迈的市场份额从未超过 3%，在以商业用户为主的市场中很快被动态研究公司（RIM）甩开身位。RIM 是加拿大一家专门从事寻呼、短信、数据捕获与调制解调器设备业务的企业，1999 年推出名为"黑莓"的个人数字助理。凭借 RIM 的私有数据网络、简单易用的电子邮件以及袖珍 QWERTY 键盘，黑莓从商业和政府手机市场获利颇丰。微软通过授权用户使用基于 Windows 的移动操作系统进入个人数字助理 / 智能手机平台市场，虽然起步较晚，但在智能手机成为以消费者为导向的产品、基于触摸屏的 iOS 与安卓系统占据主导地位之前，微软在企业市场小有斩获。

1984年，苹果公司推出麦金塔计算机。虽然这款计算机在技术上取得了成功，但它对微软的帮助远远超过对苹果自身的帮助（由于参与麦金塔项目，微软掌握了如何开发简单易用的图形操作系统）。20世纪80年代中期，苹果计算机公司陷入困境，联合创始人、麦金塔团队负责人史蒂夫·乔布斯在董事会之争中落败，他被逐出苹果管理层，不得不辞去公司职务。1985年，乔布斯成立NeXT，这是一家专注于教育和商业市场的计算机平台开发公司。NeXT将卢卡斯影业有限公司的小型计算机图形部门收归旗下，后来分拆出皮克斯动画工作室——乔布斯因皮克斯的首次公开募股而跻身亿万富豪之列。华特迪士尼收购皮克斯后，乔布斯成为华特迪士尼的最大个人股东与董事会成员。1997年，当乔布斯受邀再次执掌苹果时，计算机行业以外的丰富经历对于他了解新媒体和消费类电子产品蕴含的机遇具有重要影响。

乔布斯回归苹果时，公司已在便携式计算机行业深耕多年。除1989年上市的Macintosh Portable之外，苹果还在1993年推出名为"牛顿"的个人数字助理。但是，"牛顿"不仅售价过高，尺寸过大，而且与奔迈发布的第一批产品一样，过分注重消费者并非真正关心的手写识别功能，因而未能在商业上取得成功。1998年，苹果放弃"牛顿"。再次执掌苹果之初，乔布斯设想将公司业务范围扩展至消费类电子产品。在苹果推出iPod之前，基于压缩数字音乐标准MP3的小型数字音乐播放器已问世多年，但苹果的播放器令消费者痴迷，并迅速取得市场领先地位。iPod之所以能大获成功，不仅得益于平滑的设计以及乔布斯在产品介绍时所展现的魅力，也与苹果在电视广告中大胆运用动画和流行乐队U2的音乐有关，但关键在于苹果同步推出的iTunes商店。由于唱片行业遭到网络盗版和文件共享的冲击，苹果抓住机会与行业高层管理人员积极协商，获得了有利的音乐销售条款，并最终将iTunes商店扩展到其他媒体。依靠iPod系列产品与iTunes商店，苹果在主流手持设备的营销与内容提供方面声名远扬，这两点对于iPhone的成功至关重要。

iPhone于2007年上市，凭借易于使用的触摸屏以及成功培养出的第三方应用开发者，短时间内就克服了进入智能手机市场较晚的劣势。大量游戏以及数以千计的娱乐、工作与教育类 iPhone 应用迅速出现。iPhone 应用商店类似于用户熟悉的 iTunes 商店，不仅令竞争对手的产品相形见绌，也刺激了消费者对苹果手机的需求。多年来，苹果手机的售价远高于其他智能手机。

与此同时，谷歌在 2005 年收购安卓公司，这家企业曾开发基于 Linux 的开源移动操作系统。谷歌保留安卓商标，确保标准不变，并在开源、无版税的基础上授权用户使用安卓平台。包含大量第三方安卓应用的生态系统很快破茧而出。随着 iOS 与安卓的崛起，RIM 的黑莓被迫直面挑战，以期保住商业市场并试图增加以消费者为导向的机型；而诺基亚的塞班平台日渐式微，奔迈几乎消失不见。在此期间，苹果与安卓扩大产品种类，推出深受欢迎的平板计算机（如苹果的 iPad），将膝上计算机的功能与智能手机的移动性合二为一。2010 年至 2012 年间，微软大举进军消费类智能手机与平板计算机市场。截至本书写作时，苹果、三星（使用安卓系统）、微软以及一些小品牌正在为争夺智能手机市场的主导地位展开激烈竞争。但相对于移动计算对社交网络的冲击，这场商业大战的结果显得不甚重要。

Web 2.0

万维网的应用在 20 世纪 90 年代后 5 年提速，但内容生产者（主要是企业和其他组织）与众多内容消费者之间的区别仍然较为明显。可以肯定的是，eBay 等早期的网络公司为用户提供添加文本与图片的平台（以便有效拍卖商品），部分精通计算机的用户则建立了网络日志或"博客"（以发表政治观点、体育评论或其他文章）。总体而言，与每天浏览万维网的数百万用户相比，在万维网上创造内容的用户寥寥无几。21 世纪初，由于促进并鼓励用户生成内容和交互的平台越来越普遍，相对静态的万维网（以有限的主动生产者与众多被动消费者为特征）开始迅速发生变化。一位富有先见之明的行业顾问在 1999 年提出"Web 2.0"一词来描述这种处于襁褓期的趋势，2004 年召开的 Web 2.0 大会使这个术语更加深入人心。Web 2.0 以及其他概念的出现不仅改变了百科全书的制作和使用，也改变了商业的本质，还为惯有的社交方式创造出新的模式。

第 11 章曾经讨论过，数字版简明百科全书的制作成本大幅下降使《不列颠百科全书》受到冲击，新东家被迫在 1996 年推出廉价的 CD-ROM 版本。2012 年 3 月，《不列颠百科全书》宣布停止发行印刷版，以便完全专注于在线版本。早在 2008 年，《不列颠百科全书》就宣布开始接受用户主动提交的内容。这些内容一旦获得编辑批准，将公布在百科全书网站的一个专门模块中。全面转向电子化并接受用户提供的内容，意味着维基百科的模式得到默许——维基百科已成为全世界最受欢迎的百科全书。

2001 年，吉米·威尔士与拉里·桑格创立维基百科（Wikipedia），其名称是由夏威夷语"快点"（wiki）和英语"百科全书"（encyclopedia）构成的混合词。维基百科几乎完全是志愿者的劳动成果，本质上是一种由用户撰写、阅读并编辑的平台。这种模式有助于在短时间内以极低的成本创建综合性百科全书，而制作印刷版百科全书需要付出数十年代价高昂的努力，二者形成了鲜明对比。2005 年，英国科学期刊《自然》从维基百科与《不列颠百科全书》中挑选出若干科学文章进行同行评审，结果发现，两者"准确性的差异不算特别大"[26]，用户生成内容的价值由此得到印证。截至本书写作时，维基百科已包括 200 多种语言版本以及数百万篇文章；"每个月有近 5 亿用户阅读维基百科"[27]，它是全球访问量最大的网站之一。然而，如何确保高质量志愿编辑者的参与不会随时间推移而减少，始终是维基百科面临的挑战。

交互平台在电子商务中的重要性日益显现，在不少情况下，用户对使用交互平台充满期待。亚马逊是最早从图书、电影、消费类电子产品以及几乎所有其他商品的用户评论中获利的商业企业之一。利用所收集的大量用户数据，亚马逊得以根据过往的消费和浏览记录以及其他用户的偏好模式，有针对性地提供产品推荐。但传统零售商正迎头赶上：史泰博、沃尔玛等历史悠久的实体企业从北美互联网零售中收入颇丰。与亚马逊一样，这些企业鼓励用户评价产品，用户的贡献有助于企业了解客户偏好。

这些企业收集并在网站上显示的数据一般位于服务器场①，通过冗余配置，

---

① 服务器场是服务器的集合，通常由数千台计算机构成，主要用于集群计算。——译者注

服务器场能减少服务中断的概率。虽然许多人认为亚马逊只是一家在线零售商，但亚马逊利用自己在维护海量服务器方面的专业知识，向企业和其他组织客户大量销售网络基础设施与应用服务。过去更愿意在本地维护数据的企业和组织，如今已越来越多地与亚马逊、软营、易安信、IBM、谷歌等专业公司以及云计算领域其他快速增长的领军者签约，利用远程服务器来满足各种数据与软件应用需求。因此，客户公司和组织的员工不仅能随时访问并与同事、消费者、供应商以及其他授权用户共享数据，还可从供应商的规模经济以及专业的数据存储和交付服务中受益。

社交网络：Facebook 与推特

云计算也是在线社交网络的核心所在。一般来说，基于万维网的社交网络便于用户创建个人资料并与他人交流。在很多人看来，社交网络已成为 Web 2.0 中对生活改变最大的要素。发达国家（以及越来越多的发展中国家）的不少用户每周要花几个小时浏览社交网站。以万维网为基础的社交网络已经与一部分人（尤其是青少年与年轻人）的日常生活融为一体，成为构成社交生活的基本要素。

21 世纪初涌现出大量社交网络公司，较有影响力的早期社交网站包括 Friendster（2002 年诞生）与 MySpace（2003 年诞生）。两家公司均在加利福尼亚州成立，最初专注于美国市场，支持用户创建公开或半公开的个人资料网页并与他人联系。Friendster 与 MySpace 在诞生后的最初 5 年中增长迅速，用户数量达到上百万人，但近年来已被行业领军者 Facebook 远远甩在身后。

哈佛大学新生马克·扎克伯格在与他人同住的柯克兰楼[①]宿舍套间里创立 Thefacebook，后来更名为 Facebook。扎克伯格在第一个学期经常忙于设计并编写计算机应用程序，他开发了两款热门程序。第一款程序名为"课程搭配"，用于匹配不同的课程；第二款程序名为 FaceMash，学生可以利用它比较两位

---

① 柯克兰楼是哈佛大学的 12 栋本科宿舍楼之一，以 1810 年至 1828 年间担任哈佛大学校长的约翰·桑顿·柯克兰的名字命名。扎克伯格当时住在 H33 房间。——译者注

哈佛新生的肖像照片，并选出更吸引人的一位。扎克伯格利用这两款程序以及 Friendster（他也有账户），在 2004 年 1 月初注册了域名 thefacebook.com，哈佛大学学生、教职工与校友可以使用他开发的平台创建个人资料、发布照片并邀请其他成员作为“朋友”与自己联系。网站于同年 2 月 4 日上线，4 天内就有数百名哈佛学生注册并创建资料，3 周后，Thefacebook 已拥有 6000 多名成员。从一开始，扎克伯格就计划将 Thefacebook 从哈佛扩展到其他学院和大学。

扎克伯格与几位好友（包括他的室友达斯廷·莫斯科维茨）合作，将 Thefacebook 扩展到另外几所常春藤盟校以及其他大学。截至 2004 年春末，Thefacebook 的用户数量已超过 10 万人。当年夏天，扎克伯格看到在硅谷运营企业的优势，将已成立公司的 Thefacebook 迁往加利福尼亚州帕洛阿尔托，搬到他和小团队租住的房子里。这次搬迁立见成效，几个早期 Web 2.0 项目的创始人肖恩·帕克主动找到扎克伯格。两人很快成为好友，帕克同意出任 Thefacebook 首任总裁。虽然当时只有 25 岁的帕克很年轻，但他的经验在早期融资并帮助扎克伯格最大限度控制所有权方面尤其有用。为筹集运营资金，Thefacebook 引入了不易察觉的非侵入式广告[①]。

Thefacebook 每次只面向一所大学的学生、教职工与校友进行推广。这种方式有很多好处，令其他竞争对手提供的服务相形见绌（早期用户多半是学生）。就这样，扎克伯格创造出预期和潜在需求，将目标锁定在了解计算机并特别关注社交生活的群体，减少了对运营资金的初期需求，并控制网站有节制地发展，从而更加注重可靠性。相比之下，服务问题严重损害了 Friendster 的声誉。2005 年 8 月，Thefacebook 更名为 Facebook 并启用新域名 www.facebook.com。此外，Facebook 最初将用户范围限制在大学以内，根据大学签发的“edu”地址验证账户，从而能确认所有用户的身份，间或困扰 Friendster 与 MySpace 的虚假个人资料问题得以解决（用户有时将 Friendster 戏称为“fakester”）。向大部分高等教育机构开放后，Facebook 随即进军高

---

① 非侵入式广告指不那么烦人、用户可以接受的广告，而侵入式广告指强制弹出、难以关闭、内容可能令人反感的广告（如网络弹窗）。——译者注

中市场。到 2006 年春，已有超过 100 万名高中生成为 Facebook 用户。同年秋天，Facebook 向所有 13 岁以上的用户开放，并很快开始专注于国际扩张——Facebook 在 2008 年底完成翻译项目，彼时已包括 35 种语言。"在当时 Facebook 的 1.45 亿名活跃用户中，美国之外的用户已达七成"。[28]Facebook 的扩张不再局限于大学和 "edu" 地址，导致一些欺诈性账户乘虚而入（备受争议的纪录片《鲶鱼》对此做了有趣的描述），但 Facebook 拥有大量好友验证方式，有助于增强用户账户的真实性。与其他大型社交网站相比，Facebook 的欺诈性账户比例实际上一直较低。

随着 Facebook 的发展，平台功能也在有条不紊地增加，公司从一开始就致力于保持网站的简洁和易用性。除添加个人信息和照片或修改感情状态（如从 "单身" 改为 "约会中"）外，"戳一下" 也是为数不多的早期功能之一。这种模棱两可的动作可以表示从天真举动到性暗示的各种含义，不出所料受到大学生的欢迎。Facebook 在诞生之初增加了照片分享功能。虽然某些专业网站有助于照片的展示和分享（Flickr 最为知名），但 Facebook 的照片分享基于更广阔的个人平台，对不少用户而言更有价值。2006 年，Facebook 推出信息流服务，可以根据好友资料的变化和最新进展自动更新一系列新闻。Facebook 因这项服务遭到前所未有的抨击。尽管信息流不会展示任何尚未提供的信息，但通过用户的好友网络自动推送信息令许多人不寒而栗，他们对这种 "跟踪狂式" 的行为感到毛骨悚然。当时，Facebook 允许为用户可以加入的公司、组织或兴趣小组创建资料（或 "点赞"，相当于小组版的 "加为好友"）。这项应用上线后，一个名为 "学生反对 Facebook 信息流" 的小组迅速成立，几天内就吸引了 70 万人参与在线抗议活动，占当时 Facebook 用户总数的 7% 以上。长期以来，扎克伯格一直在意识形态上偏向于信息共享和透明，用户的反应令他措手不及。扎克伯格在几周后道歉，Facebook 也强化了隐私设置和选择，提供禁用信息流服务的选项。虽然大部分用户并未选择禁用这项服务，但这一事件揭示出 Facebook 的一大漏洞，这就是用户隐私问题。

如果平台依赖于自愿分享的个人信息，那么疏远用户对平台而言是致命的，所有社交网站以及其他重要的因特网应用（如搜索）概莫能外。

Facebook与谷歌维护并使用大量个人信息，达到前所未有的程度，这些数据对于广告商锁定客户价值连城。负责任地使用这些信息是两家企业赖以存在的基础。长期以来将"不作恶"①作为公司座右铭的谷歌或许更容易受到影响，因为用户可以方便快捷地换用其他搜索引擎，不需要付出任何代价。对Facebook这样的社交网站而言，用户的大部分价值源于投入大量时间建立起来的网络与个人资料内容。与现实中一样，在虚拟空间里，人们总是希望和自己的朋友保持联系。

在本章写作之时，活跃的社交网站不计其数，但拥有约10亿用户的Facebook是最大的社交网站，令其他竞争对手相形见绌。Facebook于2012年5月上市，估值达到创纪录的1000亿美元，但在短短几个月内，公司市值就蒸发一半以上。截至2013年初，由于收益出现强劲增长，加之移动设备用户带来的可观收入，Facebook已恢复了大部分损失的市值。

推特是Facebook最大的竞争对手，但其用户数量远不及Facebook。2006年，杰克·多尔西创立推特，这家总部位于旧金山的企业为"微博"（microblog）提供平台。微博是一种基于文本的短消息，长度在140个字符以内，称为"推文"。一些推特用户（通常是年轻人）已养成整天发微博的习惯——从平淡无奇的生活（去趟杂货店）到更有意义的活动（参加政治集会），不一而足。对经常使用Facebook或推特的用户而言，智能手机有助于扩大交流渠道，"推文"由此成为人与人沟通的代名词：让他人了解自己身在何处、在做何事以及何时回来。其他推特用户则更注重就政治事件、娱乐新闻、欣赏或厌恶的产品发表简要的看法。

---

① 2018年4月，谷歌将"不作恶"从公司行为准则的序言中删除，仅在最后一句中予以保留。此举据称和谷歌参与美国军方的一个人工智能项目有关，该项目致力于使用机器学习技术分析无人机拍摄的视频，从而提高识别目标的速度。谷歌员工担心这项技术会使人工智能技术武器化，违背了"不作恶"的道德准则。数千名员工致信管理层表示抗议，多名员工因此事提出辞职。——译者注

因特网政治

因特网的应用范围因万维网的出现而大大拓展，不少记者、政治家与其他人士将因特网视为自由和民主的变革性技术。捍卫个人因特网权益的组织相继出现，1990 年由莲花公司创始人米奇·卡普尔与"感恩而死"乐队词作者约翰·佩里·巴洛创立的电子前沿基金会就是其中之一。在这些组织中，部分倡导者来自政治左派，更多人属于自由主义右派。越来越多的用户开始在网络上创造内容（Web 2.0 的关键特征），加之新出现的智能手机移动计算技术，不仅推动了因特网这种框架的发展，也凸显出它是帮助对抗专制政权的民主化工具。

据报道，推特不仅有助于在抗议活动中快速传播信息，而且便于持不同政见者表达意见，而进一步的分析"揭示出人们希望信息技术是解放者而非压迫者的心愿"。[29] 在 2011 年席卷全球的"占领运动"①中，Facebook 与推特的作用都不容小觑，社交网络似乎在其中扮演了相当重要的角色。老式的手机短信技术在各种抗议活动中同样发挥了重要作用，信息借此迅速传至整个社区内的每个人。因为担心可能遭到报复，一些反对派的组织者和抗议者对于是否使用社交网站犹豫不决。问题随之而来：因特网主要是实现个人自由的工具，还是政府和企业控制民众的手段？比如在政局动荡时，政府有可能与服务提供商合作，关闭因特网与手机服务。

应该在多大程度上以及采用何种方式监管因特网，是各国内部与国家之间争论不休的话题。长期以来，许多运输和通信技术都是国际合作的成果，不过也许没有哪种技术能比肩几乎无国界的因特网。无线电的发展历程可能会提供些许参考：这项技术起初鲜有监管，但在 20 世纪二三十年代，美国和部分欧洲国家制定了许多全国性法规，一些规范短波广播的国际监管条例也浮出水面。少数企业巨头逐渐占据主导地位，成为连接无线电与因特网历史的另一条

---

① "占领运动"是反对政治和经济不平等以及企业权力集中的静坐示威，始于美国曼哈顿下城祖科蒂公园的"占领华尔街"运动。——译者注

共同主线。但真正的新颖之处在于，谷歌、Facebook、亚马逊、推特等因特网与电子商务公司为谋取商业利益，系统地收集并使用个人数据。

在部分社会科学家看来，Web 2.0、社交网站与移动计算是提高生活品质的积极力量和重要工具（新的"社会操作系统"）；其他学者则强调，这些技术最终无法提供深刻而有意义的社会联系，往往使人们陷入"群体性孤独"。在尝试描述现代技术在社会、政治、文化与心理变化中的独特作用时，历史学家最好绕开前进道路上遍布的陷阱。目前可以明确的是，随着移动计算和因特网以前所未有的方式融入大部分人的工作、经济与社会生活，在涉及因特网及其使用的问题上，企业、各类组织、立法者、法官以及我们自己所做的决定将对未来产生日益深远的影响。

注释

资料来源说明

在完全没有引文的通俗化写作与全篇充斥注释的学术化写作这两个极端之间，我们选择了一条中间路线，试图区别对待迂腐和充分——肯尼斯·加尔布雷思已雄辩地指出了这一点。各章注释均给出简短的文献综述，其中确定了十几处可靠的二次文献。本书尽可能采用专题文献，仅在专题文献匮乏时才使用较难获得的期刊文献。除非明确指出，读者可以认为书中的所有论断都不难在这些二次文献中找到。基于此，我们将引文限制为两种类型，即直接引用与未曾出现在已引用专著中的信息。

详细内容载于参考文献。请注意，参考文献主要用作管理，旨在将所有来源集中在一起，它并非书单。如果读者希望深入研究某个主题，我们建议从各章注释中文献综述引用的某本书入手。

第 1 章　人类计算员

马丁·坎贝尔-凯利等人编辑的 *The History of Mathematical Tables*（2003）探讨了制表的相关内容，包括纳皮尔对数、德普罗尼地籍表、巴贝奇差分机以及制表史上的其他事件。关于"制表危机"与巴贝奇设计的计算工具，多伦·斯沃德曾撰写了可读性极强的 *The Difference Engine: Charles Babbage and the Quest to Build the First Computer*（2001）以及更早的优秀作品 *Charles Babbage and His Calculating Engines*（1991）。斯沃德是差分机二号项目的负责人，他的写作极具权威性且充满激情；为纪念巴贝奇诞辰 200 周年，差分机二号于 1991 年制造完成。如果希望详细了解维多利亚时代的数据处理情况，请参阅马丁·坎贝尔-凯利关于保诚保险公司、铁路清算所、邮政储蓄银行与英国人口普查的文章（1992、1994、1996、1998），以及乔恩·阿加尔撰写的 *The Government Machine*（2003）。帕特里夏·克莱因·科恩在 *A Calculating People*（1982）中描述了美国早期的情况。

马戈·安德森的 *The American Census*（1988）介绍了美国人口普查的政治、行政与数据处理背景。托马斯·C. 马丁在 *Counting a Nation by Electricity*（1891）中尤为生动地描述了 1890 年美国人口普查，利昂·特鲁斯德尔的 *The Development of Punch Card Tabulation in the Bureau of the Census, 1890–1940*（1965）则提供了略显平淡的叙述。何乐礼的标准传记见于杰弗里·D. 奥斯特里恩的 *Herman Hollerith: Forgotten Giant of Information Processing*（1982）。早期的办公制度运动在乔安妮·耶茨的 *Control Through Communication*（1989）中有所提及。

[1]   科姆里.1933: 2.

[2]   引自格拉顿－吉尼斯.1990: 179.

[3]   同上.

[4]   巴贝奇.1822a.

[5]   拉德纳.1834.

[6]   引自斯瓦德.1991: 2.

[7]   海曼.1982: 49.

[8]   巴贝奇.1834.

[9]   有关英美两国清算所的描述，参见坎农.1910.

[10]   引自阿尔伯恩.1994: 10.

[11]   巴贝奇.1835: 89.

[12]   佚名.1920: 2.

[13]   佚名.1876: 504.

[14]   安德森在 1988 年出版的书中对该机构有所描述；总人数与页数统计信息参见第 242 页。

[15]   相关描述参见特鲁斯德尔在 1965 年出版的著作第 1 章。

[16]   马丁.1891: 521.

[17]   奥斯特里恩.1982: 15.

[18]   坎贝尔－凯利.1989: 16–17.

[19]   奥斯特里恩.1982: 59.

[20]   同上.1982: 58.

[21]   马丁.1891: 522.

[22]   引自奥斯特里恩.1982: 76、86.

[23]   马丁.1891: 528.

[24]   同上.1891: 525.

[25]   同上.1891: 522.

[26]　同上.1891: 525.

[27]　引自坎贝尔－凯利.1989: 13.

[28]　参见梅与奥斯勒.1950. 耶茨.1993.

[29]　引自耶茨.1989: 12.

第 2 章　办公机械化

当代对办公设备行业的最佳论述见于詹姆斯·W. 科尔塔达撰写的 *Before the Computer*（1993）。

威尔弗雷德·比钦的 *Century of the Typewriter* 与布鲁斯·布利文的 *Wonderful Writing Machine*（1954）是介绍打字机历史的优秀著作。乔治·恩格勒在 *The Typewriter Industry*（1969）中对打字机行业进行了独一无二的细致分析。据我们所知，有关归档系统的唯一分析性描述载于乔安妮·耶茨撰写的精彩文章 *From Press Book and Pigeon Hole to Vertical Filing*（1982）。雷明顿－兰德、费尔特－塔兰特或伯勒斯尚无可靠的详细历史资料，但科尔塔达的 *Before the Computer* 涵盖了大部分内容。

艾萨克·F. 马科森的 *Wherever Men Trade*（1945）与斯坦利·C. 阿林的 *My Half Century with NCR*（1967）是介绍全美现金出纳机公司（NCR）历史的精彩之作。1984 年，NCR 编写了一份出色的公司历史报告。这份名为 *NCR 1984* 的报告分为四个部分，但已较难找到。在约翰·帕特森的传记中，塞缪尔·克劳瑟的 *John H. Patterson, Pioneer in Industrial Welfare*（1923）堪称个中翘楚。斯图尔特·W. 莱斯利的 *Boss Kettering*（1983）介绍了 NCR 的研发活动。

有关 IBM 历史的资料俯拾皆是。在介绍 IBM 早期发展史的著作中，索尔·恩格尔伯格的 *International Business Machines: A Business History*（1954、1976）、埃默森·W. 皮尤的 *Building IBM*（1995）以及罗伯特·索贝尔的 *Colossus in Transition*（1981）最为出色。托马斯·J. 沃森的官方传记 *The Lengthening Shadow*（1962）由托马斯·贝尔登斯与玛瓦·贝尔登斯撰写。该传记不算很理想，威廉·罗杰斯的 *Think: A Biography of the Watsons and IBM*（1969）可作为有益的补充。截至本书写作时，沃森的最新传记见于凯文·梅尼的 *The Maverick and His Machine*（2003）。IBM 与其人寿保险客户之间的相互作用以何种方式影响到公司的产品，乔安妮·耶茨的 *Structuring the Information Age*（2005）对此做了重要论述。

[1]　引自布利文.1954: 18.

[2]　参见戴维.1986.

[3] 霍克.1990: 133.

[4] 科尔塔达.1993a: 16.

[5] 引自布利文.1954: 62.

[6] 戴维斯.1982: 178–179.

[7] 同上.

[8] 黑森.1973.

[9] 由于不需要在结果中添加零，因此没有 0 键.

[10] 摘自特克的一则广告.1921: 142.

[11] 科尔塔达.1993a: 66.

[12] 引自克劳瑟.1923: 72.

[13] 阿林.1967: 54.

[14] 引自科尔塔达.1993a: 69.

[15] 托马斯·贝尔登斯与玛瓦·贝尔登斯.1962: 18.

[16] 克劳瑟.1923: 156.

[17] 引自罗杰斯.1969: 34.

[18] 佚名.1932: 37.

[19] 引自坎贝尔－凯利.1989: 31.

[20] 同上.

[21] 同上.

[22] 同上.1989: 39.

[23] 托马斯·贝尔登斯与玛瓦·贝尔登斯.1962: 114.

[24] 佚名.1940: 126.

[25] 引自埃姆斯.1973: 109.

[26] 佚名.1940: 36.

第 3 章　巴贝奇梦想成真

对于本章探讨的计算机发展，迈克尔·R. 威廉斯的 *A History of Computing Technology*（1997）与威廉·阿斯普雷的 *Computing Before Computers*（1990）都做了很好的概述。艾伦·布罗姆利撰写的文章 *Charles Babbage's Analytical Engine, 1838*（1982）是介绍巴贝奇分析机最完整（且技术方面要求最高）的资料。布鲁斯·科利尔与詹姆斯·麦克拉克伦合著的 *Charles Babbage and the Engines of Perfection*（1998）通

俗易懂，虽然面向年轻读者，但对专业人士也极具参考价值。在阿斯普雷的 *Computing Before Computers* 一书中，布罗姆利撰写了"模拟计算"一章，简要介绍了模拟计算的发展史。查尔斯·凯尔的 *Technology for Modelling*（2010）则对模拟计算进行了深入讨论。弗雷德里克·内贝克的 *Calculating the Weather*（1995）是探讨数值气象学的优秀著作。在 *Early Scientific Computing in Britain*（1990）中，玛丽·克罗肯介绍了科姆里创办的科学计算服务有限公司。戴维·格里尔斯的 *When Computers Were Human*（2005）是介绍美国计算员的权威之作。

　　本章通过介绍查尔斯·巴贝奇、莱斯利·约翰·科姆里、刘易斯·弗里·理查森、开尔文勋爵、万尼瓦尔·布什、霍华德·艾肯以及艾伦·图灵等关键人物所做的贡献来探寻自动化计算的发展史。除科姆里外，所有人都有标准传记，包括安东尼·海曼的 *Charles Babbage: Pioneer of the Computer*（1984）、奥利弗·阿什福德的 *Prophet-or Professor? The Life and Work of Lewis Fry Richardson*（1985）、克罗斯比·史密斯与诺顿·怀斯的 *Energy and Empire: A Biographical Study of Lord Kelvin*（1989）、G. 帕斯卡尔·扎卡里的 *Endless Frontier: Vannevar Bush, Engineer of the American Century*（1997）、I. 伯纳德·科恩的 *Howard Aiken: Portrait of a Computer Pioneer*（1999）以及安德鲁·霍奇斯的 *Alan Turing: The Enigma*（1988）。玛丽·克罗肯在 *L. J. Comrie: A Forgotten Figure in the History of Numerical Computation*（2000）一文中扼要介绍了科姆里的生平，并在 *Early Scientific Computing in Britain*（1990）一书中详细叙述了他的背景。

[1]　科姆里.1946: 567.

[2]　引自布罗姆利.1990a: 75.

[3]　巴贝奇.1834: 6.

[4]　同上.

[5]　洛夫莱斯.1843: 121.

[6]　图尔.1992: 236–239.

[7]　引自坎贝尔-凯利对巴贝奇的介绍.1994: 28.

[8]　巴贝奇.1852: 41.

[9]　参见林格伦.1990.

[10]　有关模拟计算（包括太阳系仪和潮汐预报器）发展历程的简要介绍，参见布罗姆利.1990b.

[11]　范登恩德.1992 和 1994.

[12]　布什.1970: 55–56.

[13] 照片摘自扎卡里.1997: 248，以及怀尔兹与林格伦.1986: 86.

[14] 布什.1970: 161.

[15] 理查森.1922: 219–220.

[16] 同上.

[17] 阿什福德.1985: 89.

[18] 1942 年 1 月 10 日《画报》头版标题（*Girls Do World's Hardest Sums*）.

[19] 塞卢齐.1991: 239.

[20] 参见布伦南.1971.

[21] 科恩.1998: 22、30、66.

[22] 同上.

[23] 参见 I. B. 科恩对蔡斯的介绍.1980.

[24] 皮尤.1995: 73.

[25] 科恩.1988: 179.

[26] 巴贝奇.1864: 450.

[27] 伯恩斯坦.1981: 62.

[28] 艾肯.1937.

[29] 同上.1937: 201.

[30] 巴什等.1986: 26.

[31] 艾肯等人 1946 年所著图书再版，塞卢齐的引言.1985: xxv.

[32] 伯恩斯坦.1981: 64.

[33] 霍珀.1981: 286.

[34] 艾肯等人 1946 年所著图书再版，科恩的前言.1985: xiii.

[35] 同上.

[36] 托马斯·贝尔登斯与玛瓦·贝尔登斯.1962: 260–261.

[37] 引自查尔斯·埃姆斯与蕾·埃姆斯.1973: 123，以及艾肯等人 1946 年所著图书再版，塞卢齐的引言.1985: xxxi.

[38] 科姆里.1946: 517.

[39] 巴贝奇.1864: 450.

[40] 霍奇斯.2004.

[41] 图灵.1957: 7.

[42] 霍奇斯.2004.

[43] 同上.

第4章 计算机诞生

在论述莫尔学院发展史的学术著作中，南希·斯特恩的 *From ENIAC to UNIVAC: An Appraisal of the Eckert-Mauchly Computers*（1981）是最出色的作品。赫尔曼·H. 戈德斯坦的 *The Computer: From Pascal to von Neumann*（1972）包含作者参与 ENIAC 和 EDVAC 研制工作的第一手资料。赫尔曼·儒科夫的 *From Dits to Bits*（1979）给出了"基层人员的看法"；儒科夫曾作为初级工程师参与 ENIAC 项目，后来担任斯佩里－兰德公司 UNIVAC 事业部的高级工程师。斯科特·麦卡特尼的 *ENIAC*（1999）是部引人入胜的作品，包含未见于他处的埃克特与莫奇利的传记资料。

阿塔纳索夫对计算技术的贡献见于以下两部著作：艾丽斯·伯克斯与阿瑟·伯克斯合著的 *The First Electronic Computer: The Atanasoff Story*（1988）以及克拉克·R. 莫伦霍夫撰写的 *Atanasoff: Forgotten Father of the Computer*（1988）。

斯特恩与戈德斯坦的书中都曾提及存储程序概念发明方面的争议，斯特恩支持埃克特与莫奇利，而戈德斯坦支持冯·诺依曼。威廉·阿斯普雷的 *John von Neumann and the Origins of Modern Computing*（1990）对此做了更为客观的描述。

马丁·坎贝尔－凯利与迈克尔·R. 威廉斯的 *The Moore School Lectures*（1985）介绍了莫尔学院系列讲座的背景。有关曼彻斯特大学与剑桥大学计算技术发展史的最佳论述，分别收录在西蒙·H. 拉文顿的 *Manchester University Computers*（1976）与莫里斯·V. 威尔克斯的 *Memoirs of a Computer Pioneer*（1988）中。

[1] 引自巴克斯特.1946: 14.

[2] 布什.1970: 48.

[3] 同上.

[4] 儒科夫.1979: 21.

[5] 同上.1979: 18.

[6] 莫伦霍夫.1988.

[7] 斯特恩.1981: 8.

[8] 戈德斯坦.1972: 149.

[9] 埃克特.1976: 8.

[10] 参见赖德诺尔.1947. 第 16 章.

[11] 莫奇利.1942.

[12] 戈德斯坦.1972: 164-166.

[13] 斯特恩. 1981: 21.

[14] 同上. 1981: 12.

[15] 戈德斯坦. 1972: 154.

[16] 同上. 1972: 182.

[17] 同上.

[18] 同上. 1972: 190.

[19] 斯特恩. 1981: 219–220.

[20] 戈德斯坦. 1972: 217.

[21] 威廉斯. 1975: 328.

[22] 同上. 1975: 330.

[23] 威尔克斯. 1985: 108.

[24] 同上. 1985: 116.

[25] 同上. 1985: 119.

[26] 同上. 1985: 120.

[27] 同上. 1985: 127.

[28] 同上. 1985: 130–131.

第 5 章　步入商界

　　有关埃克特－莫奇利计算机公司最详尽的描述见于南希·斯特恩撰写的 *From ENIAC to UNIVAC: An Appraisal of the Eckert-Mauchly Computers*（1981），赫尔曼·儒科夫的 *From Dits to Bits*（1979）则包括 UNIVAC 制造的大量细节信息。阿瑟·诺伯格的 *Computing and Commerce*（2005）在广泛的行业背景下介绍了埃克特－莫奇利计算机公司与工程研究协会。艾拉·奇诺伊在博士论文 *Battle of the Brains: Election-Night Forecasting at the Dawn of the Computer Age*（2010）中详细探讨了 UNIVAC 的发展史，以及这台计算机在 1952 年美国总统选举时的情况。

　　埃默森·W. 皮尤的 *Building IBM*（1995）是全面论述 IBM 计算机发展史的最佳著作。查尔斯·J. 巴什等人所著的 *IBM's Early Computers*（1986）介绍了技术方面的发展。在 IBM 高层看来，托马斯·J. 沃森的自传 *Father and Son & Co.*（1990）存在一定的修正主义观点，但仍有参考价值。

　　20 世纪 50 年代，众多企业涉足计算机行业，有关它们的详细介绍请参阅保罗·塞卢齐的 *History of Modern Computing*（2003）、詹姆斯·W. 科尔塔达的 *The*

Computer in the United States: From Laboratory to Market, 1930–1960（1993）、凯瑟琳·菲什曼的 *The Computer Establishment*（1981）以及富兰克林·M. 费希尔等人所著的 *IBM and the U.S.Data Processing Industry*（1983）。

[1]　斯特恩.1981: 106.

[2]　儒科夫.1979: 81.

[3]　引自斯特恩.1981: 124.

[4]　坎贝尔－凯利.1989: 106.

[5]　引自皮尤.1995: 122.

[6]　同上.1995: 131.

[7]　鲍登.1953: 174–175.

[8]　佚名.1950.

[9]　同上.

[10]　皮尤.1995: 170.

[11]　沃森.1990: 198–199.

[12]　同上.

[13]　斯特恩.1981: 148.

[14]　儒科夫.1979: 96.

[15]　同上.1979: 106.

[16]　同上.

[17]　同上. 1979: 75.

[18]　同上. 1979: 99–100.

[19]　同上.

[20]　复制同上. 1979: 130.

[21]　同上. 1979: 130–131.

[22]　沃森.1990: 27.

[23]　同上.1990: 228.

[24]　佚名.1952: 114.

[25]　沃森.1990: 244.

[26]　罗杰斯.1969: 199.

[27]　阿林.1967: 161.

[28]　引自费希尔等.1983: 81.

第6章 大型机成熟：IBM 崛起

杰拉尔德·W. 布罗克在 *The U.S. Computer Industry*（1975）中描述了 1960 年至 1975 年间计算机行业的竞争环境。肯尼思·弗拉姆的专著 *Targeting the Computer: Government Supportand International Competition*（1987）与 *Creating the Computer: Government, Industry and High Technology*（1988）也是不错的参考资料。

查尔斯·J. 巴什等人所著的 *IBM's Early Computers*（1986）介绍了 IBM 1401 的发展史，而 IBM System/360 与 System/370 系列计算机的技术发展史载于埃默森·W. 皮尤等人所著的 *IBM's 360 and Early 370 Systems*（1991）。汤姆·怀斯为《财富》杂志撰写的文章 *I.B.M.'s $5,000,000,000 Gamble*（1966a）与 *The Rocky Road to the Market Place*（1966b）仍然是外界对 System/360 项目的最佳介绍，托马斯·德拉马特的 *Big Blue*（1986）则是不错的内部记述。托马斯·黑格在 *Inventing Information Systems*（2001）中探讨了计算机系统管理专家的崛起。詹姆斯·W. 科尔塔达的三卷本 *Digital Hand* 全面论述了计算机在行业中的应用。有关计算机在医学领域应用的案例研究，请参阅约瑟夫·诺薇贝尔的 *Biomedical Computing*（2012）。

[1] 巴什等.1986: 476.

[2] 同上.

[3] 希恩.1956: 114.

[4] 伯克.1964: 198.

[5] 索贝尔.1981: 163.

[6] 伯克.1964: 202.

[7] 引自皮尤等.1991: 119.

[8] 沃森.1990: 348.

[9] 怀斯.1966a: 228.

[10] 同上.

[11] 同上.1966a: 118–119.

[12] 同上.

[13] 罗杰斯.1969: 272.

[14] 沃森.1990: 350.

[15] 皮尤等.1991: 167.

[16] 怀斯.1966b: 205.

[17] 同上. 1966b: 138.

[18] 同上.

[19] 怀斯. 1966a: 119.

[20] 同上.

[21] 引自德拉马特. 1986: 60.

[22] 引自坎贝尔－凯利. 1989: 232.

[23] 菲什曼. 1981: 182.

[24] 科尔塔达. 2004.

[25] 引自施纳尔斯与卡瓦略. 2004: 10.

[26] 同上. 2004: 12.

[27] 贾马里－大不里士. 2004: 164.

[28] 伯克. 1964: 196.

第 7 章 实时：旋风降临

关于"旋风计划"、SAGE 计划以及冷战期间其他军用计算机项目的发展情况，保罗·爱德华兹的 *The Closed World: Computers and the Politics of Discourse in Cold War America*（1996）做了很好的概述。斯图尔特·W. 莱斯利的 *The Cold War and American Science*（1993）从广泛的政治与行政角度探讨了这些发展。肯特·C. 雷德蒙与托马斯·M. 史密斯的专著 *Project Whirlwind: The History of a Pioneer Computer*（1980）详细介绍了"旋风计划"的发展史，两位作者之后撰写的 *From Whirlwind to MITRE: The R&D Story of the SAGE Air Defense Computer*（2000）补充了更多资料。*Annals of the History of Computing* 的特刊（1981，第 5 卷，第 4 期）是了解 SAGE 计划的最佳途径之一。约翰·F. 雅各布斯的 *The SAGE Air Defense System*（1986）是一部趣味性甚强的个人记述（该书由罗伯特·R. 埃弗里特出任总裁的 MITRE 公司出版）。

关于美国航空开发的 SABRE 系统，有多部很好的著作可供参考，最新（且最好）的描述见于詹姆斯·L. 麦肯尼的 *Waves of Change*（1995）。本书有关 Visa 支付系统的讨论参考了戴维·L. 斯特恩的优秀研究成果 *Electronic Value Exchange*（2011），以及丹尼斯·W. 理查森撰写的 *Electric Money*（1970）。贝尔纳多·鲍蒂兹－拉索的 *The Development of Cash-Dispensing Technology in the UK*（2011）与詹姆斯·W. 科尔塔达的 *The Digital Hand*（2006，第 2 卷）对取款机和自动柜员机的发展史进行了有益探索。目前尚无完整论述条码历史的资料，但本书充分借鉴了艾伦·Q. 莫顿的文章 *Packaging*

History: The Emergence of the Uniform Product Code（1994）。读者还可以参考史蒂文·布朗的个人记述 *Revolution at the Checkout Counter*（1997），其中记录了美国食品杂货行业实施条码协商的过程。

[1]　雷德蒙与史密斯.1980: 33.

[2]　坎贝尔－凯利与威廉斯.1985: 375–392.

[3]　引自雷德蒙与史密斯.1980: 38.

[4]　同上.

[5]　同上. 1980: 41.

[6]　同上. 1980: 46.

[7]　同上. 1980: 47.

[8]　同上. 1980: 96.

[9]　引用同上.1980: 183.

[10]　引用同上.1980: 145、150.

[11]　同上.

[12]　同上.

[13]　引用同上.1980: 172.

[14]　瓦利.1985: 207–208.

[15]　同上.

[16]　雅各布斯.1986: 74.

[17]　弗拉姆.1987: 176.

[18]　参见弗拉姆.1987、1988.

[19]　本宁顿.1983: 351.

[20]　沃森与彼得.1990: 230.

[21]　有关 Reservisor 系统的描述，参见埃克隆.1994.

[22]　麦肯尼.1995: 98.

[23]　引自巴什等.1986: 5.

[24]　引自麦肯尼.1995: 111.

[25]　普拉奇与佩里.1961: 593.

[26]　伯克.1965: 34.

[27]　麦肯尼.1995: 119.

[28]　迪博尔德.1967: 39–40.

[29]　斯特恩斯.2011: 40.

[30] 引自莫顿.1994: 105.

第8章 软件

软件史方面的文献较为零散。尽管这类文献质量不错，但大部分属于"内部"和技术性资料，偏重于描述有限的软件类型，导致非专业人士很难把握这一主题。史蒂夫·洛尔撰写的 *Go To: The Story of the Programmers Who Created the Software Revolution*（2001）是一部引人入胜的传记作品，可由此入手研究。库尔特·拜尔的 *Grace Hopper and the Invention of the Information Age*（2009）较好地描述了格雷丝·默里·霍珀在推广编程语言方面发挥的作用。2000 年，德国帕德博恩的海因茨·尼克斯多夫博物馆论坛与美国明尼苏达大学的巴贝奇研究所共同组织了一次会议，试图梳理软件领域的发展史。提交给这次会议的论文以 *History of Computing: Software Issues*（2002，哈舍根等）为题出版，它是迄今为止全面论述软件行业的最佳资料。

索尔·罗森的 *Programming Systems and Languages*（1967）对编程语言的早期发展做了最全面的论述。有关编程语言历史的文献浩如烟海，个中翘楚当属琼·萨米特的 *Programming Languages: History and Fundamentals*（1969），以及根据 1976 年和 1993 年举行的编程语言史会议编纂而成的两卷本资料：*History of Programming Languages*（理查德·韦克塞尔布拉特，1981）与 *History of Programming Languages, vol. 2*（托马斯·伯金等，1996）。论述编程语言史的许多文献扭曲了人们对软件史的看法，因此经过比较，我们舍弃了大部分其他资料。弗雷德里克·布鲁克斯的经典作品 *The Mythical Man-Month* 与埃默森·W. 皮尤等人所著的 *IBM's 360 and Early 370 Systems*（1991）详细探讨了 OS/360 系统的折戟沉沙。目前尚无论述软件危机历史的专著，但彼得·诺尔与布赖恩·兰德尔编辑的加尔米施-帕滕基兴会议记录 *Software Engineering*（1968）提供了相当丰富的社会学细节。有关计算机程序员的发展史，请参阅内森·恩斯门格的 *The Computer Boys Take Over: Computers, Programmers, and the Politics of Technical Expertise*。

探讨软件行业发展史的两部最佳著作是马丁·坎贝尔-凯利的 *From Airline Reservations to Sonic the Hedgehog: A History of the Software Industry*（2003），侧重介绍美国的情况；以及戴维·莫厄里编辑的 *The International Computer Software Industry*（1996）。

[1] 威尔克斯.1985: 145.

[2] 巴克斯.1979: 22.

[3] 同上.1979: 24.

[4] 同上.1979: 27.

[5] 同上.1979: 29.

[6] 罗森.1967: 7.

[7] 布赖特.1979: 73.

[8] 同上.

[9] 麦克拉肯.1961.

[10] 罗森.1967: 12.

[11] 参见萨米特.1969.

[12] 参见鲍姆.1981.

[13] 引自坎贝尔－凯利.1995: 83.

[14] 诺尔与兰德尔.1968: 41.

[15] 皮尤等.1991: 326.

[16] 布鲁克斯.1975: 154.

[17] 皮尤等.1991: 336、340.

[18] 同上.

[19] 同上.1991: 342.

[20] 引自沃森.1990: 353.

[21] 皮尤等.1991: 336.

[22] 布鲁克斯.1975: 14、17.

[23] 同上.

[24] 沃森.1990: 353.

[25] 皮尤等.1991: 344.

[26] 恩斯门格.2010: 19.

[27] 恩斯门格.2010: 146.

[28] 同上.2010: 144.

[29] 同上.2010: 159.

[30] 同上.2010: 133.

[31] 诺尔与兰德尔.1968: 7.

[32] 同上.

[33] 同上.

[34] 引自坎贝尔－凯利.1995: 89.

[35] 同上.1995: 92.

[36] 同上.

第 9 章　计算新模式

朱迪·E. 奥尼尔的博士论文 *The Evolution of Interactive Computing Through Time-Sharing and Networking*（1992）是全面介绍分时发展历程的最佳资料。J. A. N. 李编辑的 *Annals of the History of Computing* 两期特刊（1992a 与 1992b）专门探讨了麻省理工学院研制的兼容分时系统。关于达特茅斯分时系统的最佳论述，请参阅约翰·凯梅尼与托马斯·库尔茨发表在《科学》期刊上的文章 *Dartmouth Time-Sharing*（1968）。凯梅尼曾为理查德·韦克塞尔布拉特的 *History of Programming Languages*（1981）撰写了部分章节，读者可从中了解达特茅斯 BASIC 的发展历程。彼得·萨卢斯的 *A Quarter Century of Unix*（1994）探讨了 Unix 的历史，格林·穆迪的 *Rebel Code*（2001）描述了 Linux 现象。

保罗·塞卢齐的 *History of Modern Computing*（2003）较好地概述了微型计算机行业。在探讨数字设备公司（DEC）发展史的资料中，*DEC Is Dead, Long Live DEC*（埃德加·沙因等，2003）最为权威，格伦·里夫金与乔治·哈拉合著的 *The Ultimate Entrepreneur: The Story of Ken Olsenand Digital Equipment Corporation*（1985）也是不错的参考资料。

有关微电子行业崛起的历史记述，埃内斯特·布劳恩与斯图尔特·麦克唐纳合著的 *Revolution in Miniature*（1982）、P. R. 莫里斯的 *A History of the World Semiconductor Industry*（1990）以及安德鲁·戈尔茨坦与威廉·阿斯普雷共同编辑的 *Facets: New Perspectives on the History of Semiconductors*（1997）都是不错的资料。迈克尔·马隆的 *The Microprocessor: A Biography*（1995）同样值得一读。莱斯莉·伯林的 *The Man Behind the Microchip*（2005）是罗伯特·诺伊斯的优秀传记。安娜-李·萨克森妮安撰写的 *Regional Advantage: Culture and Competition in Silicon Valley and Route 128*（1994）、马丁·肯尼编辑的 *Understanding Silicon Valley*（2000）以及克里斯托夫·勒屈耶撰写的 *Making Silicon Valley*（2006）均探讨了硅谷现象。

目前尚无针对计算器行业的专题研究，但王安的 *Lessons*（1986）与埃德温·达比的 *It All Adds Up*（1968）就美国计算器行业的衰落提供了有益见解。对于美国早期的电子游戏行业，条理性最强的分析来自拉尔夫·沃特金斯为美国商务部撰写的报告 *A Competitive Assessment of the U.S. Video Game Industry*（1984）。在描述电子游戏行业的畅销书中，史蒂文·普尔的 *Trigger Happy*（2000）与斯科特·科恩的 *Zap! The Rise and Fall of Atari*（1984）提供了很好的历史见地。伦纳德·赫尔曼的 *Phoenix: The Fall and Rise of Home Videogames*（1997）包括大量按时间排序的数据。尼克·蒙特福特与伊恩·博格斯特合著的 *Racing the Beam*（2009）是新兴电子游戏平台研究领域的佼佼者。

[1]　凯梅尼与库尔茨.1968: 225.

[2]　利克里德.1960: 132.

[3]　法诺与科巴托.1966: 77.

[4]　李.1992a: 46.

[5]　梅因.1967: 187.

[6]　引自奥尼尔.1992: 113–114.

[7]　伯克.1968: 142–143.

[8]　参见罗尔斯顿与赖利.1993: 586. 格劳希.1989: 180–182.

[9]　格林伯格.1964: 67.

[10]　巴兰.1970: 83.

[11]　格林贝格尔.1971: 40.

[12]　梅因.1967: 187.

[13]　里奇.1984a: 1578.

[14]　同上.1984a: 1580.

[15]　斯莱特.1987: 278.

[16]　参见巴兰.1971: 1.

[17]　里奇.1984b: 758.

[18]　同上.

[19]　冈珀斯.1994: 5.

[20]　引自费希尔等.1983: 273.

[21]　沃尔夫.1983: 352.

[22]　引自摩尔.1965.

[23]　克林格利.17.

第 10 章　个人计算机登场

　　保罗·弗赖伯格与迈克尔·斯韦因合著的 *Fire in the Valley*（1984、1999）概括叙述了个人计算机的早期发展。斯坦·法伊特的 *History of the Personal Computer*（1993）提供了行业早期发展中的许多轶事与见地，这些内容未见于他处。法伊特曾是一位零售商，后来担任《计算机购物者》杂志的编辑，他见证了个人计算机的崛起。罗伯特·X. 克林格利的 *Accidental Empires*（1992）描述了个人计算机行业之后的发展；尽管不像其他著作那样以学术性见长，但这本书十分可靠，令人不忍释卷。弗雷德·特

纳的 *Counterculture to Cyberculture*（2006）从学术角度探讨了"新公社主义者"与个人计算技术和在线社区之间的联系和贡献。

关于早期个人计算机行业的创业活动，罗伯特·利弗林等人所著的 *The Computer Entrepreneurs*（1984）与罗伯特·斯莱特撰写的 *Portraits in Silicon*（1987）进行了有趣的分析。对个人计算机行业大部分主要企业的论述散见于多部著作。在我们看来，对苹果计算机公司最有价值的探讨来自吉姆·卡尔顿的 *Apple: The Inside Story*（1997）与迈克尔·莫里茨的 *The Little Kingdom: The Private Story of Apple Computer*（1984）。微软公司的历史故事似乎取之不尽。关于微软的早期发展史，我们认为最有用的资料包括斯蒂芬·马内斯与保罗·安德鲁斯合著的 *Gates: How Microsoft's Mogul Reinvented an Industry*（1994）、詹姆斯·华莱士与吉姆·埃里克森合著的 *Hard Drive: Bill Gates and the Making of the Microsoft Empire*（1992）以及丹尼尔·伊克比亚与苏珊·L. 内珀合著的 *The Making of Microsoft*（1991）。詹姆斯·奇波斯基与特德·莱昂西斯共同撰写的 *Blue Magic*（1988）是描述 IBM PC 诞生过程的最佳资料。本书有关戴尔计算机公司的讨论借鉴自加里·菲尔德的 *Territories of Profit*（2004）、杰弗里·R. 约斯特的 *The Computer Industry*（2005）以及迈克尔·戴尔与凯瑟琳·弗雷德曼合著的 *Direct from Dell: Strategies That Revolutionized an Industry*（1999）。

在探讨无线电广播与个人计算机发展之间的相似之处时，我们参考了苏珊·J. 道格拉斯的 *Inventing American Broadcasting*（1987）、苏珊·斯穆里安的 *Selling Radio*（1994）以及埃里克·巴尔诺的 *A Tower in Babel*（1966）。

[1] 广告转自奥加唐.1984: 264.

[2] 道格拉斯.1987: 303.

[3] 特纳.2006: 4.

[4] 同上.2006: 84.

[5] 乔布斯.2005: 1.

[6] 《大众电子》.1975.1: 33；转自朗格卢瓦.1992: 10.

[7] 莫里茨.1984: 136.

[8] 参见 1992 年朗格卢瓦对个人计算机行业精彩的经济分析.

[9] 引自莫里茨.1984: 224.

[10] 有关个人计算机软件行业的探讨，参见坎贝尔－凯利.2003.

[11] 弗赖伯格与斯温.1984: 135.

[12] 伊克比亚与内珀.1991: 77.

[13] 奇波斯基与莱昂西斯.1988: 107.

[14]　同上.1988: 80.

[15]　《时代》.1983.7.11.引自奇波斯基与莱昂西斯.1988: 80.

第 11 章　魅力渐长

关于个人计算机软件行业的发展史，马丁·坎贝尔－凯利的 *From Airline Reservations to Sonic the Hedgehog*（2003）做了最全面的描述。有关微软公司的不少历史记述（部分资料参见第 10 章注释）均采用以微软为中心的软件世界观，但也探讨了微软的一些竞争对手。

阿黛尔·戈德堡的 *A History of Personal Workstations*（1988）是介绍图形用户界面发展史的权威之作。施乐帕洛阿尔托研究中心的内情见于迈克尔·希尔齐克撰写的 *Dealers of Lightning: Xerox PARC and the Dawn of the Computer Age*（1999）以及道格拉斯·史密斯与罗伯特·亚历山大合著的 *Fumbling the Future: How Xerox Invented, Then Ignored, the First Personal Computer*（1988）。在个人计算机革命中，道格拉斯·恩格尔巴特曾是一位默默无闻的英雄，蒂埃里·巴尔迪尼在 *Bootstrapping: Douglas Engelbart, Coevolution, and the Origins of Personal Computing*（2000）一书中对他进行了公正的评价。

侧重介绍麦金塔计算机发展史的著作包括由内部人士约翰·斯卡利编写的 *Odyssey: Pepsi to Apple*（1987）以及史蒂文·利维从外部角度撰写的 *Insanely Great*（1994）。第 10 章注释列出了微软公司的部分商业发展史，所有资料均涉及 Windows 操作系统。在讨论微软涉足 CD-ROM 出版与消费类网络业务的资料中，我们认为兰德尔·斯特罗斯的 *The Microsoft Way*（1996）最具思想性。

消费类网络的发展史很大程度上由于因特网的兴起而边缘化。瓦莱丽·谢弗与邦雅曼·G. 蒂埃里合著的 *Le Minitel: L'enfance numérique de la France*（2012）是论述 Minitel 系统的权威之作，而艾米·L. 弗莱彻的文章 *France Enters the Information Age: A Political History of Minitel*（2002）尤其有用。卡拉·斯威舍的 *Aol.com*（1999）是探讨美国在线的最佳著作，它回顾了美国在线的早期历史及其在 20 世纪 90 年代的飞速增长。*Aol.com* 一书扼要介绍了 CompuServe、The Source、神童通信、Genie 等早期公司的历史，目前尚无关于这些企业的实质性历史记述。

[1]　引自坎贝尔－凯利.1995: 103.

[2]　引自西格尔.1984: 126.

[3]　参见彼得.1985.

[4]　引自戈德堡.1988: 195-196.

[5] 同上.

[6] 兰普森.1988: 294–295.

[7] 同上.

[8] 同上.

[9] 同上.

[10] 同上.

[11] 史密斯与亚历山大.1988: 241.

[12] 参见拉默斯对拉斯金的采访.1986: 227–245.

[13] 斯卡利.1987: 157.

[14] 华莱士与埃里克森.1992: 267.

[15] 斯卡利.1987: 248.

[16] 参见马尔科夫.1984.

[17] 斯莱特.1987: 260.

[18] 卡罗尔.1994: 86.

[19] 引自华莱士与埃里克森.1992: 252.

[20] 伊克比亚与内珀.1991: 189.

[21] 见于苹果计算机公司年度报告.

[22] 伊克比亚与内珀.1991: 239.

[23] 同上.

[24] 拉默斯.1986: 69.

[25] 引自坎贝尔－凯利.2003: 294.

[26] 博斯曼.2012.

[27] 经济合作与发展组织（OECD）科技工业司.1998: 14.

[28] 同上.

[29] 库珀史密斯.2000: 31.

[30] 萨亚尔.2012: A8.

[31] 斯威舍.1998: 66.

[32] 同上. 1998: 99.

第 12 章　因特网

自本书第一版付梓以来，一系列关于因特网的通史相继出版，其中一些作品非常出色。我们推荐珍妮特·阿巴特的 *Inventing the Internet*（1999）、约翰·诺顿的 *A Brief History of the Future*（2001）、迈克尔·奥邦与龙达·奥邦合著的 *Netizens: On the History and Impact of Usenet and the Internet*（1997）以及克里斯托·莫索维蒂斯的 *History of the Internet*（1999）。在引用因特网统计数据时，我们使用了互联网软件系统联盟（www.isc.org）发布的信息。

关于世界脑的历史背景，请参阅由艾伦·梅恩编辑的新版威尔斯1938年经典著作：*World Brain: H. G. Wells on the Future of World Education*（1995）。詹姆斯·M. 尼斯与保罗·卡恩编辑的 *From Memex to Hypertext: Vannevar Bush and the Mind's Machine*（1991）以及科林·伯克撰写的 *Information and Secrecy: Vannevar Bush, Ultra, and the Other Memex*（1994）记载了布什的麦麦克斯系统的发展史。

美国高级研究计划局信息处理技术处在因特网的创建过程中功不可没，该机构的发展史在阿瑟·L. 诺伯格与朱迪·E. 奥尼尔合著的 *Transforming Computer Technology: Information Processing for the Pentagon, 1962–1986*（2000）以及亚历克斯·罗兰与菲利普·希曼共同编写的 *Strategic Computing: DARPA and the Quest for Machine Intelligence, 1983–1993*（2002）中有详细叙述。米切尔·沃尔德罗普撰写了信息处理技术处创始人、个人计算技术先驱 J. C. R. 利克里德的传记：*The Dream Machine: J.C.R. Licklider and the Revolution That Made Computing Personal*（2001），这是一部优秀的作品。

有关万维网的背景和发展，可参阅发明者蒂姆·伯纳斯－李撰写的 *Weaving the Web*（1999），以及伯纳斯－李在欧洲核子研究组织的同事詹姆斯·吉利斯与罗伯特·卡约合著的 *How the Web Was Born*（2000）。迈克尔·库苏马诺与戴维·约菲共同编写的 *Competing on Internet Time*（1998）详细叙述了"浏览器大战"。

罗伯特·里德的 *Architects of the Web: 1,000 Days That Built the Future of Business*（1997）记录了因特网的早期发展，约翰·卡西迪的 *Dot.con*（2003）则探讨了因特网泡沫。随着企业的崛起，它们的商业史也很快出现。我们推荐罗伯特·斯佩克特的 *Amazon.com: Get Big Fast*（2000）与卡伦·安杰尔的 *Inside Yahoo!*（2001）。迄今为止，关于谷歌公司最重要的论述当属史蒂文·利维的 *Into the Plex: How Google Works and Shapes Our Lives*（2011）。安德鲁·利赫的 *The Wikipedia Revolution: How a Bunch of Nobodies Created the World's Greatest Encyclopedia*（2009）备受推崇，是一部很有价值的作品。本书关于社交网络的讨论，部分借鉴自戴维·柯克帕特里克对 Facebook 的研究：*The Facebook Effect: The Inside Story of the Company That Is Connecting the World*（2010）。

对因特网与社交网络的政治局限性、社会和心理弊端进行分析的最佳著作是叶夫根尼·莫罗佐夫的 *The Net Delusion: The Dark Side of Internet Freedom*（2001）以及雪莉·特克尔的 *Alone Together: Why We Expect More from Technology and Less from Each Other*。

[1]　威尔斯.1938: 46.

[2]　同上.1938: 48–49.

[3]　同上.1938: 60.

[4]　参见史密斯.1986.

[5]　布什.1945.

[6]　同上.

[7]　同上.

[8]　同上.

[9]　布什.1967: 99.

[10]　利克里德.1965: xiii.

[11]　引自戈德堡.1988: 235–236.

[12]　利克里德.1965: 135.

[13]　引自戈德堡.1988: 144.

[14]　参见坎贝尔－凯利.1988.

[15]　引自阿巴特.1994: 41.

[16]　引自同上.1994: 82.

[17]　《财富》头条.1984.8.20.

[18]　伯纳斯－李.1999: 28.

[19]　同上.1999: 56.

[20]　库苏马诺与约菲.1998: 10、12.

[21]　威尔斯.1938: 54.

[22]　同上.1938: 60.

[23]　利维.2011: 31.

[24]　卡西迪.2003: 163.

[25]　谷歌公司.2007.

[26]　贾尔斯.2005: 900.

[27]　艾尔斯.2012.

[28]　柯克帕特里克.2010: 275.

[29]　莫罗佐夫.2011: 5.

译名对照表

A

B

C

D

H

J

加里·基尔代尔（第 10 章、第 11 章）Gary Kildall

加拿大动态研究公司（第 12 章）Research in Motion (RIM)

加拿大康懋达商业机器公司（第 10 章）Commodore Business Machines, Inc.

加拿大麦吉尔大学（第 12 章）McGill University

加斯帕尔·德普罗尼（第 1 章、第 3 章）Gaspard de Prony

家酿计算机俱乐部（第 10 章）Homebrew Computer Club

兼容分时系统（第 9 章）Compatible Time-Sharing System (CTSS)

舰队街（第 1 章）Fleet Street

交通数据公司（第 10 章）Traf-O-Data

接口信息处理机（第 12 章）Interface Message Processor (IMP)

杰夫·贝索斯（第 12 章）Jeff Bezos

杰夫·拉斯金（第 11 章）Jef Raskin

杰夫·威尔金斯（第 11 章）Jeff Wilkins

杰克·多尔西（第 12 章）Jack Dorsey

杰伊·W. 福里斯特（第 5 章、第 7 章、第 8 章）Jay W. Forrester

杰伊·贝尔（第 10 章）Jay Bell

界面管理器（第 11 章）Interface Manager

金·库仑超市（第 7 章）King Kullen

巨像计算机（第 4 章）Colossus computer

K

卡迪斯系统（第 2 章）Kardex System

卡片编程电子计算器（第 5 章）Card Programmed Calculator (CPC)

开尔文勋爵（第 3 章）Lord Kelvin

凯瑟琳·赫本（第 6 章）Katherine Hepburn

康拉德·楚泽（第 4 章）Konrad Zuse

康懋达 PET（第 10 章）Commodore PET

康普托计算器（第 1 章、第 2 章、第 3 章）Comptometer

科学计算服务有限公司（第 3 章）Scientific Computing Service Limited

可视计算器（第 10 章、第 11 章）VisiCalc (Visible Calculator)

L

林纳斯·托瓦兹（第 9 章）Linus Torvalds

刘易斯·弗里·理查森（第 3 章、第 6 章）Lewis Fry Richardson

卢卡斯数学教授（第 3 章）Lucasian Professor of Mathematics

卢卡斯影业有限公司（第 12 章）Lucasfilm Ltd.

鲁布·戈德堡（第 3 章）Rube Goldberg

路易吉·梅纳布雷亚（第 3 章）Luigi Menabrea

路易斯·T. 雷德（第 6 章）Louis T. Rader

伦巴第街（第 1 章）Lombard Street

伦敦金融城（第 1 章）City of London

罗伯特·P. 波特（第 1 章、第 2 章）Robert P. Porter

罗伯特·R. 埃弗里特（第 7 章）Robert R. Everett

罗伯特·法诺（第 9 章）Robert Fano

罗伯特·卡里奥（第 12 章）Robert Cailliau

罗伯特·诺伊斯（第 9 章、第 10 章）Robert Noyce

罗伯特·皮尔（第 3 章）Robert Peel

罗伯特·塔兰特（第 2 章）Robert Tarrant

罗伯特·泰勒（第 11 章、第 12 章）Robert Taylor

罗杰·埃伯特（第 11 章）Roger Ebert

罗斯·佩罗（第 6 章、第 8 章）Ross Perot

罗斯福新政（第 2 章）Roosevelt's New Deal

M

麻省理工学院伺服机构实验室（第 7 章）Servomechanisms Laboratory at MIT

马丁·格林伯格（第 9 章）Martin Greenberger

马克·安德森（第 12 章）Marc Andreessen

马克·吐温（第 2 章）Mark Twain

马克·扎克伯格（第 10 章、第 12 章）Mark Zuckerberg

马克斯·纽曼（第 4 章）Max Newman

马克四号（第 8 章）Mark IV

马拉奇·希钦斯（第 1 章）Malachy Hitchins

美国波音公司（第 8 章）Boeing Company

美国伯勒斯加法机公司（第 1 章、第 2 章、第 4 章、第 5 章、第 6 章、第 7 章、第 8 章）Burroughs Adding Machine Company

美国博尔特·贝拉尼克－纽曼公司（第 9 章、第 12 章）Bolt, Beranek and Newman (BBN)

美国博思艾伦咨询公司（第 6 章）Booz-Allen & Hamilton Inc.

美国不列颠百科全书公司（第 11 章）Encyclopedia Britannica Inc.

美国布罗德邦德软件公司（第 10 章、第 11 章）Broderbund Software, Inc.

美国达美航空公司（第 7 章、第 8 章）Delta Air Lines

美国达特茅斯学院（第 6 章、第 8 章、第 9 章）Dartmouth College

美国大西洋与太平洋茶叶公司（第 7 章）The Great Atlantic & Pacific Tea Company (A&P)

美国大学计算公司（第 8 章、第 9 章）University Computing Company (UCC)

美国戴尔公司（第 8 章）Dell Inc.

美国戴尔计算机公司（第 10 章）Dell Computer Corporation

美国得克萨斯大学奥斯汀分校（第 10 章）University of Texas at Austin

美国德福雷斯特无线电报公司（第 10 章）American DeForest Wireless Telegraph Company

美国德州仪器公司（第 9 章）Texas Instruments Inc.

美国电子控制公司（第 4 章、第 5 章）Electronic Control Company

美国电子数据系统公司（第 6 章、第 8 章）Electronic Data Systems (EDS)

美国东北大学（第 10 章）Northeastern University

美国东方航空公司（第 7 章、第 8 章）Eastern Air Lines

美国赌金计算器公司（第 5 章）American Totalisator Company

美国杜克大学（第 12 章）Duke University

美国泛美航空公司（第 7 章、第 8 章）Pan American Airways

美国飞歌公司（第 5 章、第 9 章）Philco

美国哥伦比亚大学（第 1 章、第 3 章、第 5 章）Columbia University

美国哥伦比亚广播公司（第 5 章）Columbia Broadcasting System (CBS)

美国格林内尔学院（第 9 章）Grinnell College

美国网景通信公司（第 12 章）Netscape Communications Corporation

美国微软公司（第 8 章、第 9 章、第 10 章、第 11 章、第 12 章）Microsoft Corporation

美国沃尔玛公司（第 12 章）Walmart Inc.

美国乌尔辛纳斯学院（第 4 章）Ursinus College

美国无线电公司（第 2 章、第 3 章、第 5 章、第 6 章、第 10 章、第 11 章）Radio Corporation of America (RCA)

美国无线电器材公司（第 10 章、第 11 章）RadioShack

美国无线电研究公司（第 10 章）American Radio and Research Corporation (AMRAD)

美国西北大学（第 3 章）Northwestern University

美国西部电气公司（第 1 章）Western Electric

美国西尔斯公司（第 10 章、第 11 章、第 12 章）Sears Company

美国西联公司（第 12 章）Western Union

美国西屋电气公司（第 3 章、第 10 章）Westinghouse Electric

美国西雅图计算机产品公司（第 10 章）Seattle Computer Products

美国系统开发公司（第 8 章）System Development Corporation (SDC)

美国仙童半导体公司（第 9 章、第 10 章）Fairchild Semiconductor Inc.

美国仙童摄影器材公司（第 9 章）Fairchild Camera and Instrument Corporation

美国信息学公司（第 8 章）Informatics Inc.

美国休斯动力公司（第 8 章）Hughes Dynamics

美国研究与发展公司（第 9 章）American Research and Development Corporation (ARD)

美国伊利诺伊大学（第 9 章、第 12 章）University of Illinois

美国伊利诺伊大学厄巴纳－香槟分校（第 12 章）University of Illinois at Urbana-Champaign

美国伊士曼柯达公司（第 2 章）Eastman Kodak Company

美国易安信公司（第 12 章）EMC Corporation

美国银行（第 6 章、第 7 章）Bank of America

美国银行家协会（第 5 章）American Bankers Association

N

英国皇家学会（第 1 章、第 12 章）Royal Society

英国皇家学会会士（第 3 章）Fellow of the Royal Society

英国剑桥大学（第 1 章、第 3 章、第 4 章、第 8 章、第 12 章）University of Cambridge

英国剑桥大学国王学院（第 3 章）King's College, Cambridge

英国剑桥大学三一学院（第 1 章）Trinity College, Cambridge

英国剑桥大学圣约翰学院（第 4 章）St John's College, Cambridge

英国军需部（第 4 章）Ministry of Supply

英国空军部（第 3 章）Air Ministry

英国陆军部（第 3 章）War Office

英国伦敦大学（第 12 章）University of London

英国伦敦公平保险社（第 1 章）Equitable Society of London

英国伦敦科学博物馆（第 1 章、第 4 章）Science Museum, London

英国曼彻斯特大学（第 3 章、第 4 章、第 5 章）University of Manchester

英国牛津大学（第 12 章）University of Oxford

英国气象局（第 3 章）British Meteorological Office

英国赛意昂公司（第 12 章）Psion

英国天文学会（第 3 章）British Astronomical Association

英国研制的可视图文系统（第 11 章）Prestel

英国邮政（第 4 章、第 11 章）British Post Office

英国邮政研究局（第 4 章）British Post Office Research Station

英国制表机公司（第 1 章、第 2 章）British Tabulating Machine Company

英国中央电报局（第 1 章、第 4 章）Central Telegraph Office

英卡塔（微软推出的多媒体百科全书）（第 11 章）Encarta

优质计算机公司（第 9 章）Prime Computer, Inc.

约翰·H. 帕特森（第 2 章）John H. Patterson

约翰·W. 莫奇利（第 4 章、第 5 章）John W. Mauchly

约翰·奥佩尔（第 10 章）John Opel

约翰·巴丁（第 9 章）John Bardeen

约翰·巴克斯（第 8 章）John Backus

出版物译名对照表

《007 之生死关头》（第 9 章）*Live and Let Die*

《1935 年社会保障法》（第 2 章）*Social Security Act of 1935*

《2001 太空漫游》（第 9 章）*2001: A Space Odyssey*

《ACS 通讯》（第 9 章）*ACS Newsletter*

《EDVAC 报告书的第一份草案》（第 4 章、第 5 章）*A First Draft of a Report on the EDVAC*

《NCR 初级读本》（第 2 章）*NCR Primer*

《爱丁堡评论》（第 3 章）*Edinburgh Review*

《百科全书》（第 12 章）*Encyclopédie*

《波士顿先驱报》（第 1 章）*Boston Herald*

《不列颠百科全书》（第 11 章、第 12 章）*Encyclopedia Britannica*

《财富》（第 2 章、第 5 章、第 6 章、第 9 章）*Fortune*

《大众电子》（第 10 章）*Popular Electronics*

《大众计算》（第 10 章）*Popular Computing*

《电脑风云》（第 6 章）*Desk Set*

《电子计算仪器问题的规划与编码》（第 8 章）*Planning and Coding of Problems for an Electronic Computing Instrument*

《电子数字计算机程序编制》（第 8 章）*The Preparation of Programs for an Electronic Digital Computer*

《电子新闻》（第 10 章）*Electronics News*

《电子学》（第 9 章）*Electronics*

《多布氏杂志：计算机健美操与口腔正畸》（第 10 章）*Dr. Dobb's Journal of Computer Calisthenics and Orthodontia*

《分析机概论》（第 3 章、第 4 章）*Sketch of the Analytical Engine*

《芬克－瓦格纳尔新百科全书》（第 11 章）*Funk and Wagnall's New Encyclopedia*

《福布斯》（第 11 章）*Forbes*

《高尔夫球杂志》（第 11 章）*Golf Magazine*

《高速电子管计算装置的使用》（第 4 章）*The Use of High Speed Vacuum Tube Devices for Calculating*

《哥伦布快讯》（第 11 章）*Columbus Dispatch*

《格罗利尔百科全书》（第 11 章）*Grolier Encyclopedia*

《个人计算机世界》（第 11 章）*PC World*

《滚石》（第 10 章）*Rolling Stone*

《国富论》（第 1 章）*Wealth of Nations*

《国家人物传记大辞典》（第 1 章、第 3 章）*Dictionary of National Biography*

《哈佛商业评论》（第 6 章）*Harvard Business Review*

《行动的片段》（第 3 章）*Pieces of the Action*

《航海天文历》（第 1 章、第 3 章）*Nautical Almanac*

《华尔街日报》（第 6 章）*Wall Street Journal*

《画报》（第 3 章）*Illustrated*

《计算机解放／梦想机器》（第 10 章）*Computer Lib/Dream Machines*

《巨脑》（第 5 章）*Giant Brains*

《康普顿百科全书》（第 11 章）*Compton's Encyclopedia*

《科技新时代月刊》（第 3 章）*Popular Science Monthly*

《科学的贫乏》（第 12 章）*Science Is Not Enough*

《科学美国人》（引言、第 1 章、第 2 章）*Scientific American*

《科学新闻》（第 3 章）*Science News*

《利用数值方法进行天气预报》（第 3 章）*Weather Forecasting by Numerical Process*

《推销员》（第 2 章）*The Hustler*

《未来图书馆》（第 12 章）*Libraries of the Future*

《我和奶奶的独处时光》（第 11 章）*Just Grandma and Me*

《无线电电子学》（第 10 章）*Radio-Electronics*

《星际迷航》（第 10 章）*Star Trek*

《一个哲学家的生命历程》（第 3 章）*Passages from the Life of a Philosopher*

《一位计算机先驱的回忆》（第 4 章）*Memoirs of a Computer Pioneer*

《有求必应》（第 12 章）*Enquire Within Upon Everything*

《月球运动表》（第 3 章）*Tables of the Motion of the Moon*

《自动数据处理》（第 9 章）*Datamation*

《自动顺序控制计算机操作手册》（第 3 章）*Manual of Operation for the Automatic Sequence Controlled Calculator*

《自然》（第 3 章、第 12 章）*Nature*

《字节》（第 10 章）*Byte*

参考文献

Abbate, Janet. 1994. "From Arpanet to Internet: A History of ARPA-Sponsored Computer Networks, 1966–1988." PhD diss., University of Pennsylvania.

Abbate, Janet. 1999. *Inventing the Internet.* Cambridge, MA: MIT Press.

Agar, Jon. 2003. *The Government Machine: A Revolutionary History of the Computer.*Cambridge, MA: MIT Press.

Aiken, Howard H. 1937. "Proposed Automatic Calculating Machine." In Randell 1982: 195–201.

Aiken, Howard H., et al. 1946. *A Manual of Operation of the Automatic Sequence Controlled Calculator.* Cambridge, MA: Harvard University Press. Reprint, with a foreword by I. Bernard Cohen and an introduction by Paul Ceruzzi, volume 8,Charles Babbage Institute Reprint Series for the History of Computing, Cambridge, MA, and Los Angeles: MIT Press and Tomash Publishers, 1985.

Akera, Atsushi. 2007. *Calculating a Natural World: Scientists, Engineers, and Computers During the Rise of U.S. Cold War Research.* Cambridge, MA: MIT Press.

Alborn, Tim. 1994. "Public Science, Private Finance: The Uneasy Advancement of J. W. Lubbock." In *Proceedings of a Conference on Science and British Culture inthe 1830s* (pp. 5–14), 6–8 July, Trinity College, Cambridge.

Allyn, Stanley C. 1967. *My Half Century with NCR.* New York: McGraw-Hill.

Anderson, Margo J. 1988. *The American Census: A Social History.* New Haven, CT:Yale University Press.

Angel, Karen. 2001. *Inside Yahoo! Reinvention and the Road Ahead.* New York: John Wiley.

Anonymous. 1874. "The Central Telegraph Office." *Illustrated London News,* 28 November, p. 506, and 10 December: 530.

Anonymous. 1920. "The Central Telegraph Ofce, London." British Telecom Archives, London, POST 82/66.

Anonymous. 1932. "International Business Machines." *Fortune,* January: 34–50.

Anonymous. 1940. "International Business Machines." *Fortune,* January: 36.

Anonymous. 1950. "Never Stumped: International Business Machines' Selective Sequence Electronic Calculator." *The New Yorker,* 4 March: 20–21.

Anonymous. 1952. "Ofce Robots." *Fortune,* January: 82.

Ashford, Oliver M. 1985. *Prophet—or Professor? The Life and Work of Lewis Fry Richardson.* Boston: Adam Hilger.

Aspray, William. 1990. *John von Neumann and the Origins of Modern Computing.* Cambridge, MA: MIT Press.

Aspray, William, ed. 1990. *Computing Before Computers.* Ames: Iowa State University Press.

Augarten, Stan. 1984. *Bit by Bit: An Illustrated History of Computers.* New York:Ticknor & Fields.

Austrian, Geoffrey D. 1982. *Herman Hollerith: Forgotten Giant of Information Processing.* New York: Columbia University Press.

Ayers, Phoebe. 2012. "If You Liked Britannica, You'll Love Wikipedia." *New York Times,* 14 March.

Babbage, Charles. 1989. *Works of Babbage.* Ed. M. Campbell-Kelly. 11 vols. New York: American University Press.

Babbage, Charles. 1822a. "A Letter to Sir Humphrey Davy." In Babbage 1989, vol. 2: 6–14.

Babbage, Charles. 1822b. "The Science of Number Reduced to Mechanism." In Babbage 1989, vol. 2: 15–32.

Babbage, Charles. 1834. "Statement Addressed to the Duke of Wellington." In Babbage 1989, vol. 3: 2–8.

Babbage, Charles. 1835. *Economy of Machinery and Manufactures.* In Babbage 1989, vol. 5.

Babbage, Charles. 1852. "Thoughts on the Principles of Taxation." In Babbage 1989, vol. 5: 31–56.

Babbage, Charles. 1994. *Passages from the Life of a Philosopher.* Edited with a new introductionby Martin Campbell-Kelly. 1864. New Brunswick, NJ: IEEE Press and Rutgers University Press. Also in Babbage 1989, vol. 11.

Backus, John. 1979. "The History of FORTRAN I, II, and III." *Annals of the History of Computing* 1, no. 1: 21–37.

Baran, Paul. 1970. "The Future Computer Utility." In Taviss 1970: 81–92.

Bardini, Thierry. 2000. *Bootstrapping: Douglas Engelbart, Coevolution, and the Origins of Personal Computing.* Stanford: Stanford University Press.

Barnett, C. C., Jr., B. R. Anderson, W. N. Bancroft et al. 1967. *The Future of the Computer Utility.* New York: American Management Association.

Barnouw, Erik. 1967. *A Tower in Babel (History of Broadcasting in the United States).* New York: Oxford University Press.

Barron, David W. 1971. *Computer Operating Systems.* London: Chapman and Hall.

Bashe, Charles J., Lyle R. Johnson, John H. Palmer, and Emerson W. Pugh. 1986. *IBM's Early Computers.* Cambridge, MA: MIT Press.

Bátiz-Lazo, Bernardo and R.J.K. Reid. 2011. "The Development of Cash-Dispensing Technology in the UK." *IEEE Annals of the History of Computing* 33, no. 3: 32–45.

Baum, Claude. 1981. *The System Builders: The Story of SDC.* Santa Monica, CA: System Development Corporation.

Baxter, James Phinney. 1946. *Scientists Against Time.* Boston: Little, Brown.Beeching, Wilfred A. 1974. *Century of the Typewriter.* London: Heinemann.

Belden, Thomas G., and Marva R. Belden. 1962. *The Lengthening Shadow: The Life of Thomas J. Watson.* Boston: Little, Brown.

Bennington, Herbert D. 1983, "Production of Large Computer Programs." *Annals of the History of Computing* 5, no. 4: 350–361. Reprint of 1956 article with a new introduction.

Bergin, Thomas J., Richard G. Gibson, and Richard G. Gibson Jr., eds. 1996. *History of Programming Languages,* vol. 2. Reading, MA: Addison-Wesley.

Berkeley, Edmund Callis. 1949. *Giant Brains or Machines That Think.* New York: John Wiley.

Berlin, Leslie. 2005. *The Man Behind the Microchip: Robert Noyce and the Invention of Silicon Valley.* New York: Oxford University Press.

Berners-Lee, Tim. 1999. *Weaving the Web: The Past, Present, and Future of the World Wide Web by Its Inventor.* London: Orion Business Books.

Bernstein, Jeremy. 1981. *The Analytical Engine.* New York: Random House.

Beyer, Kurt W. 2009. *Grace Hopper and the Invention of the Information Age.* Cambridge MA: MIT Press.

Bliven, Bruce, Jr. 1954. *The Wonderful Writing Machine.* New York: Random House.

Bosman, Julie. 2012. "After 244 Years, Encyclopaedia Britannica Stops the Presses." *New York Times,* 13 March.

Bowden, B. V., ed. 1953. *Faster Than Thought.* London: Pitman.

Braun, Ernest, and Stuart Macdonald. 1978. *Revolution in Miniature: The History andImpact of Semiconductor Electronics.* Cambridge: Cambridge University Press.

Brennan, Jean F. 1971. *The IBM Watson Laboratory at Columbia University: A History.* New York: IBM Corp.Bright, Herb. 1979. "FORTRAN Comes to Westinghouse-Bettis, 1957." *Annals of the History of Computing* 7, no. 1: 72–74.

Brock, Gerald W. 1975. *The U.S. Computer Industry: A Study of Market Power.* Cambridge, MA: Ballinger.

Bromley, Alan G. 1982. "Charles Babbage's Analytical Engine, 1838." *Annals of theHistory of Computing* 4, no. 3: 196–217.

Bromley, Alan G. 1990a. "Difference and Analytical Engines." In Aspray 1990: 59–98.

Bromley, Alan G. 1990b. "Analog Computing Devices." In Aspray 1990: 156–199.

Brooks, Frederick P., Jr. 1975. *The Mythical Man-Month: Essays in Software Engineering.* Reading, MA: Addison-Wesley.

Brown, Steven A. 1997. *Revolution at the Checkout Counter: The Explosion of the Bar Code.* Cambridge, MA: Harvard University Press.

Bud-Frierman, Lisa, ed. 1994. *Information Acumen: The Understanding and Use of Knowledge in Modern Business.* London and New York: Routledge.

Burck, Gilbert. 1964. "The Assault on Fortress I.B.M." *Fortune,* June: 112.

Burck, Gilbert. 1965. *The Computer Age and Its Potential for Management.* New York: Harper Torchbooks.

Burck, Gilbert. 1968. "The Computer Industry's Great Expectations." *Fortune,* August: 92.

Burke, Colin B. 1994. *Information and Secrecy: Vannevar Bush, Ultra, and the Other Memex.* Metuchen, NJ: Scarecrow Press.

Burks, Alice R., and Arthur W. Burks. 1988. *The First Electronic Computer: The Atanasoff Story.* Ann Arbor: University of Michigan Press.

Bush, Vannevar. 1945. "As We May Think." *Atlantic Monthly,* July: 101–108.Reprinted in Goldberg 1988: 237–247.

Bush, Vannevar. 1967. *Science Is Not Enough.* New York: Morrow.

Bush, Vannevar. 1970. *Pieces of the Action.* New York: Morrow.

Campbell-Kelly, Martin. 1982. "Foundations of Computer Programming in Britain1945–1955." Annals of the History of Computing 4: 133–162.

Campbell-Kelly, Martin. 1988. "Data Communications at the National Physical Laboratory (1965–1975)." Annals of the History of Computing 9, no. 3–4: 221–247.

Campbell-Kelly, Martin. 1989. ICL: A Business and Technical History. Oxford: Oxford University Press.

Campbell-Kelly, Martin. 1992. "Large-Scale Data Processing in the Prudential, 1850–1930." Accounting, Business and Financial History 2, no. 2: 117–139.

Campbell-Kelly, Martin. 1994. "The Railway Clearing House and Victorian Data Processing." In BudFrierman 1994: 51–74.

Campbell-Kelly, Martin. 1995. "The Development and Structure of the International Software Industry, 1950–1990." Business and Economic History 24, no. 2: 73–110.

Campbell-Kelly, Martin. 1996. "Information Technology and Organizational Change in the British Census, 1801–1911."Information Systems Research 7, no. 1: 22–36. Reprinted in Yates and Van Maanen 2001: 35–58.

Campbell-Kelly. 1998. "Data Processing and Technological Change: The Post Ofce SavingsBank, 1861–1930." Technology and Culture 39: 1–32.

Campbell-Kelly. 2003. From Airline Reservations to Sonic the Hedgehog: A History of the Software Industry. Cambridge, MA: MIT Press.

Campbell-Kelly, Martin, Mary Croarken, Eleanor Robson, and Raymond Flood, eds.2003. The History of Mathematical Tables: Sumer to Spreadsheets. Oxford: Oxford University Press.

Campbell-Kelly, Martin, and Michael R. Williams, eds. 1985. The Moore School Lectures. Cambridge, MA, and Los Angeles: MIT Press and Tomash Publishers.

Cannon, James G. 1910. Clearing Houses. Washington, DC: National Monetary Commission.

Care, Charles. 2010. Technology for Modelling: Electrical Analogies, Engineering Practice, and the Development of Analogue Computing. London: Springer.

Carlton, Jim. 1997. Apple: The Inside Story of Intrigue, Egomania, and Business Blunders. New York: Random House.

Carroll, Paul. 1994. Big Blues: The Unmaking of IBM. London: Weidenfeld & Nicolson.

Cassidy, John. 2003. Dot.con: The Real Story of Why the Internet Bubble Burst. London: Penguin.

Ceruzzi, Paul E. 1983. Reckoners: The Prehistory of the Digital Computer, from Relays to the Stored Program Concept, 1935–1945. Westport, CT: Greenwood Press.

Ceruzzi, Paul E. 1991. "When Computers Were Human." Annals of the History of Computing 13, no. 3: 237–244.

Ceruzzi, Paul E. 2003. A History of Modern Computing. Cambridge, MA: MIT Press.

Chase, G. C. 1980. "History of Mechanical Computing Machinery." Annals of the History of Computing 2, no. 3: 198–226. Reprint of 1952 conference paper, with an introduction by I. B. Cohen.

Chinoy, Ira. 2010. "Battle of the Brains: Election-Night Forecasting at the Dawn of the Computer Age." PhD diss., Philip Merrill College of Journalism, University of Maryland.

Chposky, James, and Ted Leonsis. 1988. Blue Magic: The People, Power and Politics Behind the IBM Personal Computer. New York: Facts on File.

Cohen, I. Bernard. 1988. "Babbage and Aiken." Annals of the History of Computing 10, no. 3: 171–193.

Cohen, I. Bernard. 1999. Howard Aiken: Portrait of a Computer Pioneer. Cambridge, MA: MIT Press.

Cohen, Patricia Cline. 1982. A Calculating People: The Spread of Numeracy in Early America. Chicago: University of Chicago Press.

Cohen, Scott. 1984. Zap! The Rise and Fall of Atari. New York: McGraw-Hill.

Collier, Bruce, and James MacLachlan. 1998. Charles Babbage and the Engines of Perfection. New York: Oxford University Press.

Comrie, L. J. 1933. "Computing the 'Nautical Almanac.'" Nautical Magazine, July: 1–16.

Comrie, L. J. 1946. "Babbage's Dream Comes True." Nature 158: 567–568.

Coopersmith, Jonathan. 2000. "Pornography, Videotape, and the Internet." IEEE Technology and Society Magazine 19, no. 1: 27–34.

Cortada, James W. 1993a. Before the Computer: IBM, NCR, Burroughs, and Remington Rand and the Industry They Created, 1865–1956. Princeton: Princeton University Press.

Cortada, James W. 1993b. The Computer in the United States: From Laboratory to Market, 1930–1960. Armonk, NY: M. E. Sharpe.

Cortada, James W. 2004. The Digital Hand, Vol. 1: How Computers Changed the Work of American Manufacturing, Transportation, and Retail Industries. New York: Oxford University Press.

Cortada, James W. 2006. The Digital Hand, Vol. 2: How Computers Changed the Work of American Financial, Telecommunications, Media, and Entertainment Industries. New York: Oxford University Press.

Cortada, James W. 2007. The Digital Hand, Vol. 3. How Computers Changed the Work of American Public Sector Industries. New York: Oxford University Press.

Cringley, Robert X. 1992. Accidental Empires: How the Boys of Silicon Valley Make Their Millions, Battle Foreign Competition, and Still Can't Get a Date. Reading, MA:Addison-Wesley.

Croarken, Mary. 1989. Early Scientific Computing in Britain. Oxford: Oxford University Press.

Croarken, Mary. 1991. "Case 5656: L. J. Comrie and the Origins of the Scientific Computing Service Ltd." IEEE Annals of the History of Computing 21, no. 4: 70–71.

Croarken, Mary. 2000. "L. J. Comrie: A Forgotten Figure in the History of Numerical Computation." Mathematics Today 36, no. 4 (August): 114–118.

Crowther, Samuel. 1923. John H. Patterson: Pioneer in Industrial Welfare. New York: Doubleday, Page.

Cusumano, Michael A., and Richard W. Selby. 1995. Microsoft Secrets: How the World's Most Powerful Software Company Creates Technology, Shapes Markets, and Manages People. New York: Free Press.

Cusumano, Michael A., and David B. Yofe. 1998. Competing on Internet Time: Lessons from Netscape and Its Battle with Microsoft. New York: Free Press.

Darby, Edwin. 1968. It All Adds Up: The Growth of Victor Comptometer Corporation.Chicago: Victor Comptometer Corp.

David, Paul A. 1986. "Understanding the Economics of QWERTY: The Necessity ofHistory." In Parker 1986: 30–49.

Davies, Margery W. 1982. Woman's Place Is at the Typewriter: Office Work and Office Workers, 1870–1930. Philadelphia: Temple University Press.

DeLamarter, Richard Thomas. 1986. Big Blue: IBM's Use and Abuse of Power. New York: Dodd, Mead.

Dell, Michael, with Catherine Fredman. 1999. Direct from Dell: Strategies That Revolutionized an Industry. New York: HarperBusiness.

Diebold, John. 1967. "When Money Grows in Computers." Columbia Journal of World Business, November-December: 39–46.

Douglas, Susan J. 1987. Inventing American Broadcasting, 1899–1922. Baltimore: Johns Hopkins University Press.

Eames, Charles, and Ray Eames, 1973. A Computer Perspective. Cambridge, MA: Harvard University Press.

Eckert, J. Presper. 1976. "Thoughts on the History of Computing." Computer, December: 58–65.

Edwards, Paul N. 1996. The Closed World: Computers and the Politics of Discourse in Cold War America. Cambridge, MA: MIT Press.

Eklund, Jon. 1994. "The Reservisor Automated Airline Reservation System: Combining Communications and Computing." Annals of the History of Computing 16, no. 1: 6–69.

Engelbart, Doug. 1988. "The Augmented Knowledge Workshop." In Goldberg 1988: 187–232.

Engelbart, Douglas C., and William K. English. 1968. "A Research Center for Augmenting Human Intellect." Proceedings of the AFIPS 1968 Fall Joint Computer Conference: 395–410. Washington, DC: Spartan Books.

Engelbourg, Saul. 1976. International Business Machines: A Business History. New York: Arno Press.

Engler, George Nichols. 1969. The Typewriter Industry: The Impact of a Significant Technological

Revolution. Los Angeles: University of California, Los Angeles. Available from University Microfilms International, Ann Arbor, Mich.

Ensmenger, Nathan. 2010. The Computer Boys Take Over: Computers, Programmers,and the Politics of Technical Expertise. Cambridge, MA: MIT Press.

Fano, R. M., and P. J. Corbato. 1966. "Time-Sharing on Computers." Scientific American: 76–95.

Fields, Gary. 2004. Territories of Profit: Communications, Capitalist Development, and the Innovative Enterprises of G. E. Swift and Dell Computer. Stanford: Stanford University Press.

Fisher, Franklin M., James N. V. McKie, and Richard B. Mancke. 1983. IBM and the US. Data Processing Industry: An Economic History. New York: Praeger.

Fishman, Katherine Davis. 1981. The Computer Establishment. New York: Harper & Row.

Flamm, Kenneth. 1987. Targeting the Computer: Government Support and International Competition. Washington, DC: Brookings Institution.

Flamm, Kenneth. 1988. Creating the Computer: Government, Industry, and High Technology. Washington, DC: Brookings Institution.

Fletcher, Amy L. 2002. "France Enters the Information Age: A Political History of Minitel." History and Technology 18, no. 2: 103–119.

Foreman, R. 1985. Fulfilling the Computer's Promise: The History of Informatics, 1962–1968. Woodland Hills, CA: Informatics General Corp.

Forrester, Jay. 1971. World Dynamics. Cambridge, MA: Wright-Allen Press.

Frieberger, Paul, and Michael Swaine. 1999. Fire in the Valley: The Making of the Personal Computer, 2nd ed. New York: McGraw-Hill.

Ghamari-Tabrizi, Sharon. 2000. "Simulating the Unthinkable: Gaming Future War in the 1950s and 1960s." Social Studies of Science 30, no. 2: 163–223.

Giles, Jim. 2005. "Internet Encyclopaedias Go Head to Head." Nature 438: 900–901.

Gillies, James, and Robert Cailliau. 2000. How the Web Was Born: The Story of the World Wide Web. Oxford: Oxford University Press.

Goldberg, Adele, ed. 1988. A History of Personal Workstations. New York: ACM Press.

Goldsmith, Jack L., and Tim Wu. 2006. Who Controls the Internet? Illusions of a Borderless World. New York: Oxford University Press.

Goldstein, Andrew, and William Aspray, eds. 1997. Facets: New Perspectives on the History of Semiconductors. New York: IEEE Press.

Goldstine, Herman H. 1972. The Computer: From Pascal to von Neumann. Princeton: Princeton University Press.

Gompers, Paul. 1994. "The Rise and Fall of Venture Capital." Business and Economic History 23, no. 2 (1994): 1–26.

Google Inc. 2007. Annual Report.

Grattan-Guinness, Ivor. 1990. "Work for the Hairdressers: The Production of deProny's Logarithmic and Trigonometric Tables." Annals of the History of Computing 12, no. 3: 177–185.

Greenberger, Martin. 1964. "The Computers of Tomorrow." Atlantic Monthly, July: 63–67.

Grier, David A. 2005. When Computers Were Human. Cambridge, MA: MIT Press.

Grosch, Herbert R. J. 1989. Computer: Bit Slices from a Life. Lancaster, PA: Third Millennium Books.

Gruenberger, Fred, ed. 1971. Expanding Use of Computers in the 70's: Markets-Needs Technology. Englewood Cliffs, NJ: Prentice-Hall.

Haigh, Thomas. 2001. "Inventing Information Systems: The Systems Men and the Computer, 1950–1968." Business History Review 75, no. 1: 15–61.

Hashagen, Ulf, Reinhard Keil-Slawik, and Arthur Norberg, eds. 2002. History of Computing: Software Issues. Berlin, Germany: Springer-Verlag.

Hauben, Michael, and Ronda Hauben. 1997. Netizens: On the History and Impact of Usenet and the Internet. New York: Wiley-IEEE Computer Society Press.

Herman, Leonard. 1997. Phoenix: The Fall and Rise of Home Videogames, 2nd ed.Union, NJ: Rolenta Press.

Hessen, Robert. 1973. "Rand, James Henry, 1859–1944." Dictionary of American Biography, supplement 3: 618–619.

Hiltzik, Michael. 1999. Dealers of Lightning: Xerox PARC and the Dawn of the Computer Age. New York: Harper Business.

Hock, Dee. 1999. Birth of the Chaordic Age. San Francisco: Berrett-Koehler.

Hodges, Andrew. 1988. Alan Turing: The Enigma. New York: Simon & Schuster.

Hodges, Andrew. 2004. "Turing, Alan Mathison (1912–1954)." Dictionary of National Biography.

Hoke, Donald R. 1990. Ingenious Yankees: The Rise of the American System of Manufactures in the Private Sector. New York: Columbia University Press.

Hopper, Grace Murray. 1981. "The First Bug." Annals of the History of Computing 3, no. 3: 285–286.

Housel, T. J. and W. H. Davidson. 1991. "The Development of Information Services in France: The Case of Minitel." International Journal of Information Management 11, no. 1: 35–54.

Hyman, Anthony. 1982. Charles Babbage: Pioneer of the Computer. Princeton: Princeton University Press.

Ichbiah, Daniel, and Susan L. Knepper. 1991. The Making of Microsoft. Rocklin, CA: Prima Publishing.

Jacobs, John F. 1986. The SAGE Air Defense System: A Personal History. Bedford, MA: MITRE Corp.

Jobs, Steve. 2005. "You've Got to Find What You Love." Stanford Report. http://news.stanford.edu/news/2005/june15/jobs-061505.html.

Kemeny, John G., and Thomas E. Kurtz. 1968. "Dartmouth Time-Sharing." Science162, no. 3850 (11 October): 223–228.

Kenney, Martin, ed. 2000. Understanding Silicon Valley: The Anatomy of an Entrepreneurial Region. Palo Alto, CA: Stanford University Press.

Kirkpatrick, David. 2010. The Facebook Effect: The Inside Story of the Company That Is

Connecting the World. New York: Simon & Schuster.

Lammers, Susan. 1986. Programmers at Work: Interviews with Nineteen Programmers Who Shaped the Computer Industry. Washington, DC: Tempus, Redmond.

Langlois, Richard N. 1992. "External Economies and Economic Progress: The Case of the Microcomputer Industry." Business History Review 66, no. 1: 1–50.

Lardner, Dionysius. 1834. "Babbage's Calculating Engine." In Babbage 1989, vol. 2: 118–186.

Lavington, Simon H. 1975. A History of Manchester Computers. Manchester, England: NCC.

Lécuyer, Christophe. 2006. Making Silicon Valley: Innovation and the Growth of High Tech, 1930–1970. Cambridge, MA: MIT Press.

Lee, J. A. N., ed. 1992a and 1992b. "Special Issue: Time-Sharing and Interactive Computing at MIT." Annals of the History of Computing 14, nos. 1 and 2.

Leslie, Stuart W. 1983. Boss Kettering. New York: Columbia University Press.

Leslie, Stuart W. 1993. The Cold War and American Science: The Military-Industrial-Academic Complex at MIT and Stanford. New York: Columbia University Press.

Levering, Robert, Michael Katz, and Milton Moskowitz. 1984. The Computer Entrepreneurs. New York: New American Library.

Levy, Steven. 1994. Insanely Great: The Life and Times of Macintosh, the Computer That Changed Everything. New York: Viking.

Levy, Steven. 2011. Into the Plex: How Google Thinks, Works, and Shapes Our Lives. New York: Simon & Schuster.

Licklider, J.C.R. 1960. "Man-Computer Symbiosis." IRE Transactions on Human Factors in Electronics (March): 4–11. Also in Goldberg 1988: 131–140.

Licklider, J.C.R. 1965. Libraries of the Future. Cambridge, MA: MIT Press.

Lih, Andrew. 2009. The Wikipedia Revolution: How a Bunch of Nobodies Created the World's Greatest Encyclopedia. New York: Hyperion.

Lindgren, Michael. 1990. Glory and Failure: The Difference Engines of Johann Müller, Charles Babbage, and Georg and Edvard Scheutz. Cambridge, MA: MIT Press.

Lohr, Steve. 2001. Go To: The Story of the Programmers Who Created the Software Revolution. New York: Basic Books.

Lovelace, Ada A. 1843. "Sketch of the Analytical Engine." In Babbage 1989, vol. 3: 89–170.

Lukoff, Herman. 1979. From Dits to Bits. Portland, OR: Robotics Press.

Main, Jeremy. 1967. "Computer Time-Sharing—Everyman at the Console." Fortune, August: 88.

Malone, Michael S. 1995. The Microprocessor: A Biography. New York: Springer-Verlag.

Manes, Stephen, and Paul Andrews. 1994. Gates: How Microsoft's Mogul Reinvented an Industry—and Made Himself the Richest Man in America. New York: Simon & Schuster.

Maney, Kevin. 2003. The Maverick and His Machine: Thomas Watson, Sr. and the Making of IBM. Hoboken, NJ: Wiley.

Marcosson, Isaac F. 1945. Wherever Men Trade: The Romance of the Cash Register. New York:

Dodd, Mead.

Markoff, John. 1984. "Five Window Managers for the IBM PC." Byte Guide to the IBMPC, Fall: 65–87.

Martin, Thomas C. 1891. "Counting a Nation by Electricity." Electrical Engineer 12:521–530.

Mauchly, John. 1942. "The Use of High Speed Vacuum Tube Devices for Calculating." In Randell 1982: 355–358.

May, Earl C., and Will Oursler. 1950. The Prudential: A Story of Human Security. New York: Doubleday.

McCartney, Scott. 1999. ENIAC: The Triumphs and Tragedies of the World's First Computer. New York: Walker.

McCracken, Daniel D. 1961. A Guide to FORTRAN Programming. New York: JohnWiley.

McKenney, James L., with Duncan G. Copeland and Richard Mason. 1995. Waves of Change: Business Evolution Through Information Technology. Boston: Harvard Business School Press.

Mollenhoff, Clark R. 1988. Atanasoff: Forgotten Father of the Computer. Ames: Iowa State University Press.

Montfort, Nick, and Ian Bogost. 2009. Racing the Beam: The Atari Video Computer System. Cambridge, MA: MIT Press.

Moody, Glyn. 2001. Rebel Code: Linux and the Open Source Revolution. New York: Perseus.

Moore, Gordon E. 1965. "Cramming More Components onto Integrated Circuits." Electronics 38 (19 April): 114–117.

Moritz, Michael. 1984. The Little Kingdom: The Private Story of Apple Computer. New York: Morrow.

Morozov, Evgeny. 2011. The Net Delusion: The Dark Side of Internet Freedom. New York: Public Affairs.

Morris, P. R. 1990. A History of the World Semiconductor Industry. London: Peter Perigrinus/IEE.

Morton, Alan Q. 1994. "Packaging History: The Emergence of the Uniform Product Code (UPC) in the United States, 1970–75." History and Technology 11: 101–111.

Moschovitis, Christos J. P., et al. 1999. History of the Internet: A Chronology 1843 to Present. Santa Barbara, CA: ABC-CLIO.

Mowery, David C., ed. 1996. The International Computer Software Industry. New York: Oxford University Press.

Naughton, John. 2001. A Brief History of the Future: From Radio Days to Internet Years in a Lifetime. Woodstock and New York: Overlook.

Naur, Peter, and Brian Randell, eds. 1969. "Software Engineering." Report on a conference sponsored by the NATO Science Committee, Garmisch-Partenkirchen, Germany, 7–11 October 1968. Brussels: NATO Scientific Affairs Division.

NCR. 1984a. NCR: 1884–1922: The Cash Register Era. Dayton, OH: NCR.

NCR. 1984b. NCR: 1923–1951: The Accounting Machine Era. Dayton, OH: NCR.

NCR. 1984c. NCR: 1952–1984: The Computer Age. Dayton, OH: NCR.

NCR. 1984d. NCR: 1985 and Beyond: The Information Society. Dayton, OH: NCR.

Nebeker, Frederik. 1995. Calculating the Weather: Meteorology in the Twentieth Century. New York: Academic Press.

Nelson, Theodor H. 1974. Computer Lib: You Can and Must Understand Computers Now. Chicago: Theodor H. Nelson.

Nelson, Theodor H. 1974. Dream Machines: New Freedoms Through Computer Screens—A MinorityReport. Chicago: Theodor H. Nelson.

Norberg, Arthur L. 1990. "High-Technology Calculation in the Early 20th Century: Punched Card Machinery in Business and Government." Technology and Culture31, no. 4: 753–779.

Norberg, Arthur L. 2005. Computers and Commerce: A Study of Technology and Management at Eckert-Mauchly Computer Company, Engineering Research Associates, and Remington Rand, 1946–1957. Cambridge, MA: MIT Press.

Norberg, Arthur L., and Judy E. O'Neill. 2000. Transforming Computer Technology: Information Processing for the Pentagon, 1962–1986. Baltimore: Johns Hopkins University Press.

November, Joseph. 2012. Biomedical Computing: Digitizing Life in the United States. Baltimore: Johns Hopkins University Press.

Nyce, James M., and Paul Kahn, eds. 1991. From Memex to Hypertext: Vannevar Bushand the Mind's Machine. Boston: Academic Press.

OECD Directorate for Science, Technology and Industry, Committee for Information, Computer and Communications Policy. 1998. France's Experience with the Minitel: Lessons for Electronic Commerce over the Internet. Paris: OECD.

O'Neill, Judy. 1992. "The Evolution of Interactive Computing Through Time Sharing and Networking." PhD diss., University of Minnesota. Available from University Microfilms International, Ann Arbor, Mich.

Owens, Larry. 1986. "Vannevar Bush and the Differential Analyzer: The Text and Context of an Early Computer." Technology and Culture 27, no. 1: 63–95.

Parker,William N., ed. 1986. Economic History and the Modern Economist. Oxford: Basil Blackwell.

Parkhill, D. F. 1966. The Challenge of the Computer Utility. Reading, MA: Addison Wesley.

Petre, Peter. 1985. "The Man Who Keeps the Bloom on Lotus" (profile of Mitch Kapor). Fortune, 10 June: 92–100.

Plugge, W. R., and M. N. Perry. 1961. "American Airlines' 'SABRE' Electronic Reservations System." Proceedings of the AFIPS 1961 Western Joint Computer Conference: 592–601. Washington, DC: Spartan Books.

Poole, Steven. 2000. Trigger Happy: The Inner Life of Videogames. London: Fourth Estate.

Pugh, Emerson W. 1984. Memories That Shaped an Industry: Decisions Leading to IBM System/360. Cambridge, MA: MIT Press.

Pugh, Emerson W. 1995. Building IBM: Shaping an Industry and Its Technology. Cambridge, MA: MIT Press.

Pugh, Emerson W., Lyle R. Johnson, and John H. Palmer. 1991. IBM's 360 and Early 370 Systems. Cambridge, MA: MIT Press.

Ralston, Anthony, Edwin D. Reilly, and David Hemmendinger, eds. 2000. Encyclopedia of Computer Science, 4th ed. London: Nature Publishing.

Randell, Brian. 1982. Origins of Digital Computers: Selected Papers. New York: Springer-Verlag.

Redmond, Kent C., and Thomas M. Smith. 1980. Project Whirlwind: The History of a Pioneer Computer. Bedford, MA: Digital.

Redmond, Kent C., and Thomas M. Smith. 2000. From Whirlwind to MITRE: The R&D Story of the SAGE Air Defense Computer. Cambridge, MA: MIT Press.

Reid, Robert H. 1997. Architects of the Web: 1,000 Days That Built the Future of Business. New York: John Wiley.

Richardson, Dennis W. 1970. Electric Money: Evolution of an Electronic Funds-Transfer System. Cambridge, Mass: MIT Press.

Richardson, L. F. 1922. Weather Prediction by Numerical Process. Cambridge: Cambridge University Press.

Ridenour, Louis N. 1947. Radar System Engineering. New York: McGraw-Hill.

Rifkin, Glenn, and George Harrar. 1985. The Ultimate Entrepreneur: The Story of Ken Olsen and Digital Equipment Corporation. Chicago: Contemporary Books.

Ritchie, Dennis M. 1984a. "The Evolution of the UNIX Time-Sharing System." AT&T Bell Laboratories Technical Journal 63, no. 8: 1577–1593.

Ritchie, Dennis M. 1984b. "Turing Award Lecture: Reflections on Software Research." Communications of the ACM 27, no. 8: 758.

Rodgers, William. 1969. Think: A Biography of the Watsons and IBM. New York: Stein & Day.

Rojas, Raul, and Ulf Hashagen, eds. 2000. The First Computers: History and Architectures. Cambridge, MA: MIT Press.

Roland, Alex, and Philip Shiman. 2002. Strategic Computing: DARPA and the Quest for Machine Intelligence, 1983–1993. Cambridge, MA: MIT Press.

Rosen, Saul, ed. 1967. Programming Systems and Languages. New York: McGraw-Hill.

Sackman. Hal. 1968. "Conference on Personnel Research." Datamation 14, no. 7: 74–76, 81.

Salus, Peter H. 1994. A Quarter Century of Unix. Reading, MA: Addison-Wesley.

Sammet, Jean E. 1969. Programming Languages: History and Fundamentals. Englewood Cliffs, NJ: Prentice-Hall.

Saxenian, Anna Lee. 1994. Regional Advantage: Culture and Competition in Silicon Valley and Route 128. Cambridge, MA: Harvard University Press.

Sayare, Scott. 2012. "On the Farms of France, the Death of a Pixelated Workhorse." New York Times 28 June: A8.

Schafer, Valérie, and Benjamin G. Thierry. 2012. Le Minitel: L'enfance numérique de la Franc. Paris: Nuvis, Cigref.

Schein, Edgar H., Peter S. DeLisi, Paul J. Kampas, and Michael M. Sonduck. 2003. DEC Is Dead, Long Live DEC: The Lasting Legacy of Digital Equipment Corporation. San Francisco: Berrett-Koehler.

Schnaars, Steven, and Carvalho, Sergio. 2004. "Predicting the Market Evolution of Computers: Was the Revolution Really Unforeseen?" Technology in Society 26,no. 1: 1–16.

Scientific American. 1966. Information. San Francisco: W. H. Freeman.

Scientific American. 1984. Computer Software. Special issue. September.

Scientific American. 1991. Communications, Computers and Networks. Special issue. September.

Sculley, John, and J. A. Byrne. 1987. Odyssey: Pepsi to Apple...A Journey of Adventure, Ideas, and the Future. New York: Harper & Row.

Sheehan, R. 1956. "Tom Jr.'s I.B.M." Fortune, September: 112.

Sigel, Efrem. 1984. "The Selling of Software." Datamation, 15 April: 125–128.

Slater, Robert. 1987, Portraits in Silicon. Cambridge, MA: MIT Press.

Smith, Crosbie, and M. Norton Wise. 1989. Energy and Empire: A Biographical Study of Lord Kelvin. Cambridge: Cambridge University Press.

Smith, David C. 1986. H. G. Wells: Desperately Mortal: A Biography. New Haven, CT: Yale University Press.

Smith, Douglas K., and Robert C. Alexander. 1988. Fumbling the Future: How Xerox Invented, Then Ignored, the First Personal Computer. New York: Morrow.

Smulyan, Susan. 1994. Selling Radio: The Commercialization of American Broadcasting, 1920–1934. Washington, DC: Smithsonian Institution Press.

Sobel, Robert. 1981. IBM: Colossus in Transition. New York: Times Books.

Spector, Robert. 2000. Amazon.com: Get Big Fast. New York: Random House.

Stearns, David L. 2011. Electronic Value Exchange: Origins of the Visa Electronic Payment System. London: Springer-Verlag.

Stern, Nancy. 1981. From ENIAC to UNIVAC: An Appraisal of the Eckert-Mauchly Computers. Bedford, MA: Digital Press.

Stross, Randall E. 1996. The Microsoft Way: The Real Story of How the Company Outsmarts Its Competition. Reading, MA: Addison-Wesley.

Swade, Doron. 1991. Charles Babbage and His Calculating Engines. London: Science Museum.

Swade, Doron. 2001. The Difference Engine: Charles Babbage and the Quest to Build the First Computer. New York: Viking.

Swisher, Kara. 1998. AOL.COM: How Steve Case Beat Bill Gates, Nailed the Netheads, and Made Millions in the War for the Web. New York: Times Books.

Taviss, Irene. 1970. The Computer Impact. Englewood Cliffs, NJ: Prentice-Hall.

Toole, B. A. 1992. Ada, the Enchantress of Numbers. Mill Valley, CA: Strawberry Press.

Truesdell, Leon E. 1965. The Development of Punch Card Tabulation in the Bureau of the Census, 1890–1940. Washington, DC: US Department of Commerce.

Turck, J. A. V. 1921. Origin of Modern Calculating Machines. Chicago: Western Society of Engineers.

Turing, A. M. 1954. "Solvable and Unsolvable Problems." Science News, no. 31: 7–23.

Turkle, Sherry. 2011. Alone Together: Why We Expect More from Technology and Lessfrom Each

Other. New York: Basic Books.

Turner, Fred. 2006. From Counterculture to Cyberculture: Stewart Brand, the Whole Earth Network, and the Rise of Digital Utopianism. Chicago: University of Chicago Press.

Valley, George E., Jr. 1985. "How the SAGE Development Began." Annals of the History of Computing 7, no. 3: 196–226.

van den Ende, Jan. 1992. "Tidal Calculations in the Netherlands." Annals of the History of Computing 14, no. 3: 23–33.

van den Ende, Jan. 1994. The Turn of the Tide: Computerization in Dutch Society, 1900–1965. Delft: Delft University Press.

Veit, Stan. 1993. Stan Veit's History of the Personal Computer. Asheville, NC: WorldComm.

Waldrop, M. Mitchell. 2001. The Dream Machine: J.C.R. Licklider and the Revolution That Made Computing Personal. New York: Viking.

Wallace, James, and Jim Erickson. 1992. Hard Drive: Bill Gates and the Making of the Microsoft Empire. New York: John Wiley.

Wang, An, with Eugene Linden. 1986. Lessons: An Autobiography. Reading, MA: Addison-Wesley.

Watkins, Ralph. 1984. A Competitive Assessment of the U.S. Video Game Industry. Washington, DC: US Department of Commerce.

Watson, Thomas, Jr., and Peter Petre. 1990. Father and Son & Co: My Life at IBM and Beyond. London: Bantam Press.

Webster, Bruce. 1996. "The Real Software Crisis." Byte 21, no. 1: 218.

Wells, H. G. 1938. World Brain. London: Methuen.

Wells, H. G. 1995. World Brain: H. G. Wells on the Future of World Education. Ed. A. J. Mayne. 1928. London: Adamantine Press.

Wexelblat, Richard L., ed. 1981. History of Programming Languages. New York: Academic Press.

Wildes, K. L., and N. A. Lindgren. 1986. A Century of Electrical Engineering and Computer Science at MIT, 1882–1982. Cambridge, MA: MIT Press.

Wilkes, Maurice V. 1985. Memoirs of a Computer Pioneer. Cambridge, MA: MIT Press.

Wilkes, Maurice V., David J. Wheeler, and Stanley Gill. 1951. The Preparation of Programs for an Electronic Digital Computer. Reading, MA: Addison-Wesley.

Reprint, with an introduction by Martin Campbell-Kelly, Los Angeles: Tomash.

Publishers, 1982. See also volume 1, Charles Babbage Institute Reprint Series for the History of Computing, introduction by Martin Campbell-Kelly.

Williams, Frederick C. 1975. "Early Computers at Manchester University." The Radio and Electronic Engineer 45, no. 7: 327–331.

Williams, Michael R. 1997. A History of Computing Technology. Englewood Cliffs, NJ: Prentice-Hall.

Wise, Thomas A. 1966a. "I.B.M.'s $5,000,000,000 Gamble." Fortune, September: 118.

Wise, Thomas A. 1966b. "The Rocky Road to the Market Place." Fortune, October: 138.

Wolfe, Tom. 1983. "The Tinkerings of Robert Noyce: How the Sun Rose on Silicon Valley."

Esquire, December: 346–374.

Yates, JoAnne. 1982. "From Press Book and Pigeonhole to Vertical Filing: Revolution in Storage and Access Systems for Correspondence." Journal of Business Communication 19 (Summer): 5–26.

Yates, JoAnne. 1989. Control Through Communication: The Rise of System in American Management. Baltimore: Johns Hopkins University Press.

Yates, JoAnne. 1993. "Co-evolution of Information-Processing Technology and Use: Interaction Between the Life Insurance and Tabulating Industries." Business History Review 67, no. 1: 1–51.

Yates, JoAnne. 2005. Structuring the Information Age: Life Insurance and Information Technology in the 20th Century. Baltimore: Johns Hopkins University Press.

Yates, JoAnne, and John Van Maanen. 2001. Information Technology and Organizational Transformation: History, Rhetoric, and Preface. Thousand Oaks, CA: Sage.

Yost, Jeffrey R. 2005. The Computer Industry. Westport, CT: Greenwood Press.

Zachary, G. Pascal. 1997. Endless Frontier: Vannevar Bush, Engineer of the American Century. New York: Free Press.

版 权 声 明